U0166689

THE
MATHS
BOOK

"人类的思想"百科丛书
精品书目

 经济学百科

 心理学百科

 哲学百科

 科学百科

 商业百科

 政治学百科

 莎士比亚百科

 社会学百科

 文学百科

 福尔摩斯百科

 电影百科

 历史百科

 艺术百科

 罪案百科

 宗教学百科

 天文学百科

 生态学百科

 数学百科

 古典音乐百科

 法律百科

 神话百科

 化学百科

更多精品图书陆续出版，
敬请期待！

"人类的思想"百科丛书

数学百科

英国DK出版社 著

赵朝熠 译

电子工业出版社

Publishing House of Electronics Industry

北京·BEIJING

Original Title: The Maths Book

Copyright ©2019 Dorling Kindersley Limited

A Penguin Random House Company

本书中文简体版专有出版权由 Dorling Kindersley Limited 授予电子工业出版社。未经许可，不得以任何方式复制或抄袭本书的任何部分。

版权贸易合同登记号　图字：01-2021-5485

图书在版编目（CIP）数据

数学百科 / 英国 DK 出版社著；赵朝熠译 . —北京：电子工业出版社，2022.1
（"人类的思想"百科丛书）
书名原文：The Maths Book
ISBN 978-7-121-34422-0

Ⅰ . ①数… Ⅱ . ①英… ②赵… Ⅲ . ①数学—通俗读物 Ⅳ . ① O1-49

中国版本图书馆 CIP 数据核字（2021）第 225358 号

责任编辑：郭景瑶
文字编辑：刘　晓
印　　刷：鸿博昊天科技有限公司
装　　订：鸿博昊天科技有限公司
出版发行：电子工业出版社
　　　　　北京市海淀区万寿路 173 信箱　邮编：100036
开　　本：850×1168　1/16　印张：22　字数：704 千字
版　　次：2022 年 1 月第 1 版
印　　次：2024 年 8 月第 9 次印刷
定　　价：168.00 元

　　凡所购买电子工业出版社图书有缺损问题，请向购买书店调换。若书店售缺，请与本社发行部联系，联系及邮购电话：（010）88254888，88258888。

　　质量投诉请发邮件至 zlts@phei.com.cn，盗版侵权举报请发邮件至 dbqq@phei.com.cn。

　　本书咨询联系方式：（010）88254210，influence@phei.com.cn，微信号：yingxianglibook。

www.dk.com

"人类的思想" 百科丛书

　　本丛书由著名的英国DK出版社授权电子工业出版社出版，是介绍全人类思想的百科丛书。本丛书以人类从古至今各领域的重要人物和事件为线索，全面解读各学科领域的经典思想，是了解人类文明发展历程的不二之选。

　　无论你还未涉足某类学科，或有志于踏足某领域并向深度和广度发展，还是已经成为专业人士，这套书都会给你以智慧上的引领和思想上的启发。读这套书就像与人类历史上的伟大灵魂对话，让你不由得惊叹与感慨。

　　本丛书包罗万象的内容、科学严谨的结构、精准细致的解读，以及全彩的印刷、易读的文风、精美的插图、优质的装帧，无不带给你一种全新的阅读体验，是一套独具收藏价值的人文社科类经典读物。

　　"人类的思想"百科丛书适合10岁以上人群阅读。

《数学百科》的主要贡献者有 Karl Warsi, Jan Dangerfield, Heather Davis, John Farndon, Jonny Griffiths, Tom Jackson, Mukul Patel, Sue Pope, Matt Parker 等人。

目 录

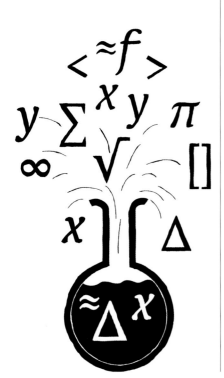

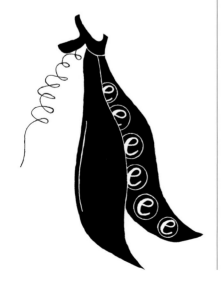

近现代数学
1900年至今

序 言

将所有数学知识凝缩成一本书是一项艰巨且注定无法完成的任务。几千年来，人类一直处于探索、发现数学真理的征途中。在实践方面，人类用数学让自身得以进化，将早期的算术与几何知识作为城市与文明的奠基石；而在哲学方面，人类将数学作为纯粹思想活动，试图从中找寻特征与逻辑。

我们极难用一个笼统的定义来概括数学。"数学"并非像许多人想象的那样仅仅是"关于数的学问"。倘若这样定义，大量的数学主题将被排除在外，例如本书涉及的几何与拓扑等领域。当然，即便是在最深奥的数学领域中，"数"仍是一种行之有效的辅助理解的工具，但并非数学最具趣味性的一面。如果我们只着眼于"数"，就会只见树木，不见森林。

数学试图为伟大的思想找寻最简洁的解释方法。数学致力于发现特征并总结特征。这种特征可能是在建造金字塔或分割土地时会用到的三角形，也可能是抽象代数中26种散在群的分类方法。

将所有数学理论整理到一起并没有特定套路，按时间顺序审视不失为一个好方法。本书以人类探索数学的历史进程为主线，对数学理论加以划分、整合，使之直线式向前演进。这是个前所未有的挑战。建立起我们今天的数学知识体系的，是一群身处不同时代和不同文化的人。

因此，像幻方这种细分领域的历史就延绵了数千年。幻方（一种数的排列方式，每行、每列和每条对角线上的数字之和都相等）是最古老的趣味数学领域之一。幻方起源于公元前9世纪的中国，借助公元100年左右的古印度文字传播开来，而后又通过中世纪的阿拉伯学者、文艺复兴时期的欧洲学者得以进一步传播，最终演变为现代的数独游戏。2001年几何幻方出现，这段历史才告一段落。幻方的故事延续了几千年，但在本书中仅占两页。即便是幻方这一微小的数学领域，也有许多其他发展内容，但我们根本没有足够的篇幅展开书写。本书应被视作经过精心筛选后的一场数学精华之旅。

即使只学习数学的一小部分内容，我们也能知晓人类在数学上取得了多少成就。然而，它们也揭示数学在哪些方面本可以做得更好：例如，我们不应忽视，女性在数学史上难以拥有一席之地。几个世纪以来，许多数学女天才泯然众人，未获得应有的荣誉。但我希望，我们能尽力去改善数学家的多元性，并鼓励全人类探索并学习数学。

历史的车轮滚滚向前，数学的体系将进一步发展。倘若本书在一个世纪前就已问世，那么其应当终结于第280页左右，将不会有艾米·诺特（Emmy Noether）的环论，不会有艾伦·图灵（Alan Turing）的计算理论，也不会有凯文·贝肯（Kevin Bacon）的六度分隔理论。而若本书在一个世纪后出版，那么新版本应从第325页开始续写，讲述一些我们尚不了解的内容。人人皆可研究数学，因此究竟会是谁、在何时、在何地发现这些新知识，我们无从知晓。为使数学能在21世纪取得更大的进步，我们需要全员参与。我希望本书能激励所有人加入数学的行列。

马特·帕克（Matt Parker）

INTRODUCTION

前言

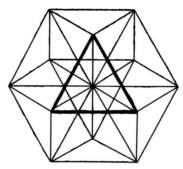

数学的历史可追溯至史前时代。早期的史前人类发明了计数和量化事物的方法。之后，他们开始在数字、大小和形状等概念中找寻某些特定的模式与法则。他们发现了加法与减法的基本原理，例如，将两个物体（卵石、浆果或猛犸象）与另外两个物体相加，总能得到4个物体。尽管如今我们认为这些思想理所当然，但在当时，这已然是深刻的见解了。他们的故事也表明，数学的历史首先应是发现之史，而非发明之史。好奇心与直觉让人类发现数学的基本原理，创造力又让人类用各种方法记录并标注这些发现。可尽管如此，这些数学原理本身并非由人类创造。不论人类是否存在，$2+2=4$ 都永远成立；数学的法则与物理的定律一样，都是普遍且亘古不变的。当数学家首次证明"平面上任意一个三角形的内角之和等于180°（平角）"时，他们并非"发明"了这一定理——他们只是"发现"了一个之前始终存在（并将永远存在）的事实而已。

早期应用

人类从史前时代便开始对需要量化的事物加以计数。随着计数法的不断发展，数学的探索之旅也拉开了帷幕。在兽骨或木棍上刻记号是最简单的计数法。这种方法虽然原始，但十分可靠。此后，数字有了对应的单词和符号，首个计数系统随之出现。人们可以用计数系统表示基本的算术运算，例如"获得了额外的物品"或"消耗了一定的库存"等。

随着人类从狩猎采集转向贸易与农耕，社会变得日益复杂，数学运算与计数系统也成为人类生存必不可少的工具。为使油、面粉和土地等无法计数的商品得以交易，人类开发出了测量系统，在重量、长度等维度上进行数值计算。计算也变得愈发复杂。人类在加法与减法的基础上发明了乘法和除法，从而可以进行土地面积等的计算。

早期的这些数学新发现（尤其是对空间物体的测量）造就了几何学，人类可将几何知识应用于建筑与工具制造等领域中。人类在将测量方法应用于实际场景时，还发现了一些特殊现象，这些现象反过来又为人类的实际应用助力。例如，我们可用边长分别为3个单位、4个单位和5个单位的三角形构造一个简单而准确的建筑用角尺。若没有精确的工具与精湛的技术，美索不达米亚平原上的早期人类和古埃及人就不可能建成那些道

没有诗人的灵魂就不可能成为数学家。

——索菲娅·柯瓦列夫斯卡娅（Sofiya Kovalevskaya）
俄国数学家

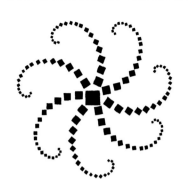

路、运河、庙塔与金字塔。随着这些数学发现在天文、航海、工程、簿记和税收等方面得以应用，更深邃的思想相继涌现。

数学应用与数学探索相辅相成，各个古代文明借此奠定了数学的基础。与此同时，人类愈发痴迷于数学本身，即所谓的纯数学。早期的工程师、天文学家和探险家等为后人留下了丰厚的数学遗产。在此基础上，自公元前500年左右开始，首批纯数学家在古希腊涌现，随后不久又在古印度和中国出现。

尽管这些早期数学家不太关注研究成果的实际应用，但他们并未将目光局限于数学领域。在研究数字、形状和过程的特征时，他们探索出了一些普遍的规则与模式。在此之上，他们提出了关于宇宙本质的形而上的问题，甚至认为这些模式具有某种神秘属性。因此，数学常被视作一门与哲学互补的学科。几个世纪以来，许多伟大的数学家本身也是哲学家，反之亦然。时至今日，这两个学科依然息

几何学是关于永恒存在的知识。

——毕达哥拉斯(Pythagoras)
古希腊数学家

息相关、紧密相连。

算术与代数

我们所认识的数学的历史滥觞于此。历史上各个数学家的发现、猜想与洞见构成了本书的主线。除了这些数学家及他们的思想，数学的历史还是一部社会与文化的发展史，是一条不断成长的思想脉络。随着数学历史的洪流滚滚向前，人们逐渐将数学划分为几个不尽相同又密切联系的研究领域。

最先出现的（从各个角度看也是最根本的）领域是对"数和数

量"的研究，如今我们称之为"算术"（arithmetic）。"算术"一词源自希腊语arithmos（"数"）。从根本上讲，算术研究的是计数和对事物赋值的方法，以及加、减、乘、除等有关数的运算。基于"计数系统"这一简单的概念，人们开始研究数的性质，甚至研究"计数系统"这一概念本身。一些数（例如常数、素数和无理数）具有特殊的魅力，成为人们研究的主题。

另一个重要的数学领域是代数。代数是对结构的研究，即对数学之组织方式的研究。因此，代数与其他领域都有一定的相关性。与算术不同的是，代数用字母等符号表示变量（未知数）。基本的代数理论研究的是如何在数学中（例如方程中）使用这些符号。早在古巴比伦时期，人们就已经提出了方程的解法，即便是解十分复杂的二次方程也不在话下。然而，直到中世纪，身处伊斯兰黄金时代的数学家才首次借助符号简化了求解过程，为我们创造了"代数"一

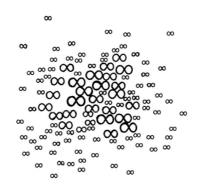
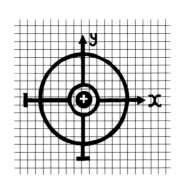

词。"代数"（algebra）一词源自阿拉伯语al-jabr。近年来，"将抽象思维引入对代数体系的研究之中"成为代数研究的热潮，即所谓的抽象代数。

几何与微积分

数学的第 3 个主要领域是几何，它研究的是空间以及空间中物体的关系，即图形的形状、大小与位置。几何学源自一个非常现实的问题——如何度量物体的尺寸。在工程与建筑项目中，在测量和分配土地时，在分析历法编制与航海学中需要用到的天文观测数据时，人们都要面对这一问题。三角学（对三角形性质的研究）是几何学的一个特殊分支，其对解决这些问题大有裨益。几何学"天生"拥有明确的应用背景，因此对于许多古代文明来说，几何学是数学的基石，是求解或证明其他领域问题的利器。

对古希腊尤其如此。在古希腊，几何和数学几乎是同义词。欧几里得（Euclid）将毕达哥拉

在数学领域，提出问题的艺术比解答问题的艺术更为重要。

——格奥尔格·康托尔
（Georg Cantor）
德国数学家

斯、柏拉图（Plato）和亚里士多德（Aristotle）等伟大的数学家和哲学家的思想整合到一起，将几何与逻辑结合，作为其数学原理的基础。大约 2,000 年来，人们始终认为欧几里得的思想乃数学之基。然而，到了 19 世纪，人们提出了可以替代的新的理论，开辟了全新的研究领域。拓扑学即为其中之一，其研究对象不仅是空间中物体的性质与特征，还包括空间本身。

古典时期以来，数学始终着

眼于静态情形或某一给定时刻的情形，而未能找到一种度量或计算连续变化情形的工具。17 世纪，戈特弗里德·莱布尼茨（Gottfried Leibniz）与艾萨克·牛顿（Isaac Newton）各自独立创设的微积分理论解决了这一难题。微积分包括微分与积分两个分支，它们给出了描述和计算变量的方法，例如如何分析曲线的斜率，以及如何计算曲线下方的面积。

微积分理论开辟了分析学领域。这一领域与20世纪的许多理论密切相关，例如量子力学和混沌理论。

重新审视逻辑

19 世纪末至 20 世纪初，另一个数学领域——数学基础问世。哲学与数学再次建立起了联系。戈特洛布·弗雷格（Gottlob Frege）和伯特兰·罗素（Bertrand Russel）等学者像欧几里得在公元前 3 世纪所做的那样，试图探索数学原理的逻辑基础。他们的成果让人们开

 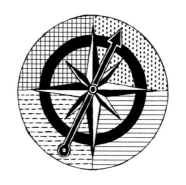 

始重新审视数学的本质，重新思考数学如何工作以及数学的界限在哪里。这些对数学基本概念的研究均属于"元数学"的范畴。这或许是一个最为抽象的领域，但仍是现代数学其他各个领域不可或缺的辅助工具。

新技术，新思想

数学的各个领域（算术、代数、几何、微积分等）自身都具备研究价值，而人们对学院派数学的印象普遍是"抽象得几乎难以理解"。然而，这些抽象的数学成果往往有相应的实际应用场景，科技的进步也推动了数学思维的创新。

数学与计算机的共生关系便是一个典型实例。人们发明计算机，最初是想将其作为"苦力"，以帮助数学家和天文学家计算表格中的数据。然而，要发明计算机，就需要一套全新的数学思维。数学家与工程师共同提出了打造机械计算设备与电子计算设备的方法，而这些计算设备反过来又成为发现数

学新思维的工具。毋庸置疑，一个个抽象的数学定理终将拥有崭新的实际应用场景。如今，大量问题尚未被解决，数学的探索之旅也永无止境。

数学的发展历程既包括对这些不同领域的探索，也包括新领域的发现。同时，数学的发展历程也是众多"探险家"的探索历程。这些"探索家"中，有的怀揣明确的目标，去找寻尚未解决的问题的答案，或前往未知领域"开辟"新的思想；有的只是在数学之旅中偶然发现一些想法，并试图寻找这些想法所指示的方向。有时他们会受到颠覆性的启发，找到一条通向新领域的道路；而更多时候他们只是"站在巨人的肩膀上"，将此前思想家的观点发扬光大，或找到对应的实际应用场景。

本书介绍了数学领域的诸多"伟大思想"，并用通俗易懂的语言阐释这些思想，讲述它们从何而来、由谁发现，以及它们为何十分重要。其中有些可能广为人知，而

有些大家可能并不了解。当我们对这些思想以及发现这些思想的人物与社会环境有所了解后，我们不但可以理解数学的普遍性与实用性，还能体味数学家们在数学世界中探索到的优雅与美丽。∎

公正而论，数学不仅拥有真理，而且拥有至高无上的美。

——伯特兰·罗素
英国哲学家与数学家

ANCIENT PERIODS
3500 BCE—475 CE

上古时代

公元前3500年—公元475年

苏美尔人使用的泥板上刻有表示不同数量的记号，这预示着计数系统的出现。

古埃及人描述了面积和体积的计算方法，并将其记录在了莱因德纸草书之上。

古希腊学者希帕索斯（Hippasus）发现了无法以分数形式表示的无理数。

当时最具影响力的课本——欧几里得的《几何原本》问世，此书涵盖了诸多数学新发现。

约公元前 3500 年　　　**约公元前 1650 年**　　　**约公元前 430 年**　　　**约公元前 300 年**

约公元前 3000 年　　　**约公元前 530 年**　　　**约公元前 387 年**

古巴比伦人创立了以60为基数的计数系统。这套系统用小锥形表示数字1，用大锥形表示数字60。

毕达哥拉斯建立了一个学派，他向他的信徒讲授自己形而上的信仰和在数学上的发现，其中就包括我们现在熟知的勾股定理。

柏拉图兴办了雅典学院，学院入口处的标牌上写道："不懂几何者不得入内。"

早 在 40,000 年前，人类就已采用在木头和兽骨上刻记符号的方式来计数了。毋庸置疑，当时的人类对数字和算术均已有了初步认知，但严格来说，数学的历史应是伴随着早期文明中计数系统的发展才真正展开的。公元前 3500 年左右，最早的计数系统在全世界农业和城市的早期发源地——美索不达米亚平原诞生了。苏美尔人曾详细阐述计数符号的思想，即利用不同的符号表示不同的数量。随后，古巴比伦人将其发展成一套基于楔形文字的复杂计数系统。大约公元前 1800 年，古巴比伦人开始使用初级的几何与代数工具来解决实际问题，例如建筑、工程和土地分配中涉及的计算问题等。与此同时，他们还利用算术知识从事经商和征税活动。

相似的故事在古埃及文明中再次上演。古埃及人的贸易与税收同样需要一套复杂的计数系统；他们的建筑与工程同样依赖度量手段及一些几何与代数知识。这些古埃及人还会把他们的数学知识与对天象的观测结合起来，借此预测天文周期与季节更替，并编制宗教年历和农业年历。早在公元前 2000 年，他们就开始了对算术与几何原理的探究。

古希腊的严谨

古希腊学者们将古巴比伦人和古埃及人的数学思想迅速吸收。古希腊人使用一套源自古埃及的以 10 为基数（有 10 个数字符号）的计数系统。他们对形状美与对称美极其崇拜，因而几何学与他们的文化思想尤为契合。数学反映在他们的艺术、建筑，甚至哲学之中，并成为古希腊思想的根基。毕达哥拉斯与他的信徒受到几何与数字近乎神秘的特质的启发，建立了一个集体组织，共同学习探讨这宇宙万物的基础——数学原理。

在毕达哥拉斯之前的几个世纪里，古埃及人曾借助边长分别为 3、4、5 的三角形制作建筑工具，以确保拐角处是直角。他们因日常观察而产生这一想法，并将此作为

古希腊数学家阿波罗尼奥斯（Apollonius）的《圆锥曲线论》带来了几何学的重大进步。

古代中国人建立了一套计数系统。该系统分别用黑色和红色的竹棒表示负数和正数。

刘徽为《九章算术》写下了重要注解。《九章算术》是由公元1世纪左右的中国学者编纂的。

约公元前 200 年　　　　**约公元前 150 年**　　　　**公元 263 年**

约公元前 250 年　　　　**约公元前 150 年**　　　　**约公元 250 年**　　　　**公元 470 年**

阿基米德（Archimedes）利用多边形近似计算了圆周率。

尼西亚的喜帕恰斯（Hipparchus）编制了首张三角函数表。

丢番图（Diophantus）用新符号替代方程中出现的未知数冥，并将其发表在他所著的《算术》一书中。

祖冲之得到了圆周率小数点后7位的近似值，这一计算成果在此后1,000年中都未被超越。

一条经验法则。但与古埃及人不同的是，毕达哥拉斯希望能严格证明这一法则，他最终给出了一个对全部直角三角形都成立的法则。这种证明的观点和严谨的思想正是古希腊人对数学最伟大的贡献。

柏拉图兴办的雅典学院致力研究哲学与数学。柏拉图本人就曾描绘过5种柏拉图立体（正四面体、正六面体、正八面体、正十二面体、正二十面体）。以埃利亚的芝诺（Zeno）为代表的其他哲学家将逻辑方法应用于数学的基础上，并由此揭示了"无穷"与"变化"等概念所蕴含的深意。他们还对无理数的奇怪特性进行了探索。柏拉图的学生亚里士多德根据他对逻辑形式的系统性分析，对归纳推理与演绎推理这两个概念加以区分辨析。

在此基础上，欧几里得将"从事实出发进行数学证明"的原则写入了《几何原本》之中。同样具备严谨精神的丢番图在他提出的方程中开创性地用符号表示未知数冥，迈出了走向代数领域的第一步。

东方的新曙光

与将数学作为一个值得研究的对象相比，古罗马人更愿意将其看作一个实用的工具。与此同时，古印度与中国分别独立地将他们自己的计数系统发展了起来。中国的数学于公元2世纪至5世纪蓬勃发展，其中少不了刘徽在改写并扩展中国数学经典读本方面所做的巨大贡献。∎

各个数字符号
占据不同位置

位值制计数系统

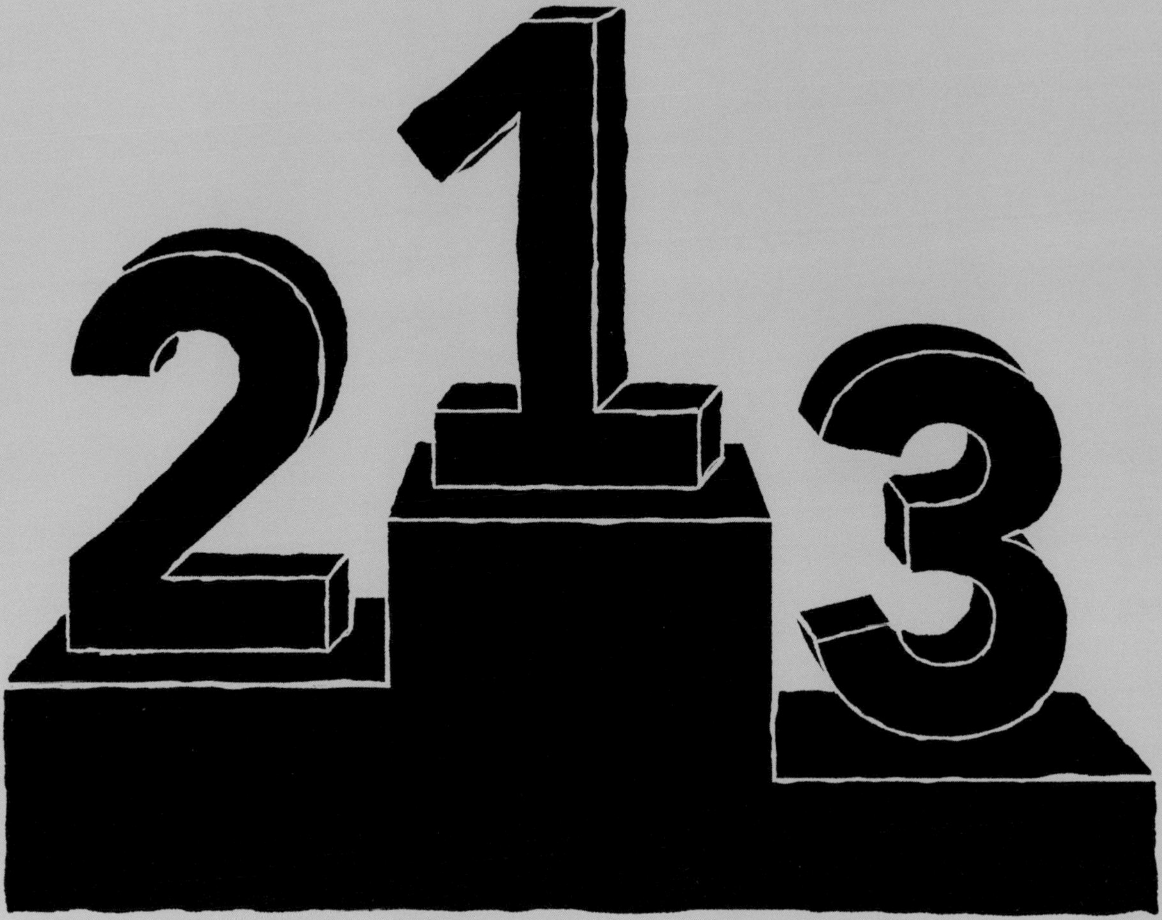

背景介绍

主要文明
古巴比伦（约公元前1600年）

领域
算术

此前

40,000年前 欧洲与非洲石器时代的人采用在木头和兽骨上刻记符号的方式计数。

公元前3500年—公元前3200年 苏美尔人发明了早期的计算系统，并用以测量土地和研究夜空星象。

公元前3200年—公元前3000年 古巴比伦人用小锥形表示1，用大锥形表示60。随着以60为基数的计数系统的不断发展，他们后来又用球体表示10。

此后

2世纪 中国人基于十进制计数系统发明了算盘。

7世纪 古印度的婆罗摩笈多（Brahmagupta）不仅把0看作一个占位符，还将0本身视作一个数。

上天让我们去计算、去称重、去测量、去观察。这是自然的哲学。

——伏尔泰（Voltaire）
法国哲学家

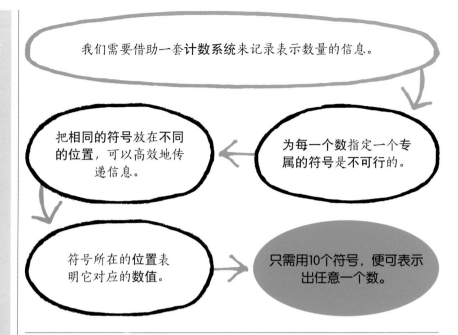

我们需要借助一套**计数系统**来记录表示数量的信息。

为每一个数指定一个专属的符号是不可行的。

把相同的符号放在不同的位置，可以高效地传递信息。

符号所在的位置表明它对应的**数值**。

只需用10个符号，便可表示出任意一个数。

居住于美索不达米亚平原的苏美尔人被认为是最早使用高级计数系统的一批人。早在公元前3500年左右，苏美尔人就开始在使用的泥板上刻记符号以表示不同的数量。苏美尔人及之后的古巴比伦人，都需要借助一套强有力的数学工具来统治他们的国家。

古巴比伦的人们使用的是位值制计数系统。在这套系统中，一个数的真实值由符号与位置共同决定。例如，按照现行的十进制计数系统，一个数中单个数字符号所在的位置决定了它属于个位（小于10）、十位、百位，还是更高位。这种计数系统只用很少的几个数字符号便可表示范围巨大的数，因此能使计算变得更高效。古埃及人则与之不同，他们没有这种位值制计数系统。他们使用不同的符号分别表示个、十、百、千位，甚至更高位。因此，如果他们想表示更大的数，可能要用50个甚至更多个楔形文字。

使用不同的基数

现在我们使用的阿拉伯数字是十进制（以10为基数）计数系统。这一系统只需要10个符号——9个数字（1，2，3，4，5，6，7，8，9）和1个占位符（0）。与古巴比伦的计数系统类似，在十进制计数系统中，数字符号所在的位置决定它的真实值，真实值最小的数字符号永远位于最右边。例如，在十进制计数系统中，两位数22表示的即为$(2 \times 10^1) + 2$；左边的2的真实值是右边的2的十倍。如果再在22的后面放置其他数字符号，就会形成百位、千位，甚至更高位的数。若在整数部分后面加一个特殊符号（也就是现在的小数点），便可将其与小数部分分开。古巴比伦人使

参见: 莱因德纸草书 32~33页,算盘 58~59页,负数 76~79页,零 88~91页,斐波那契数列 106~111页,十进制小数 132~137页。

用的是一套更为复杂的六十进制(以60为基数)计数系统,这套系统可能源于之前的苏美尔文明。如今,世界各地仍在时间度量、圆中角的度量($360° = 6 × 60°$)和地理坐标等情境中使用六十进制计数系统。至于当时他们为何选择以60为基数,我们目前尚不了解。

六十进制计数系统有明显的缺陷。与十进制计数系统相比,它需要使用更多的符号。几个世纪以来,六十进制计数系统中一直没有出现表示进位的占位符,也没有出现区分整数部分与小数部分的标识符。直到很久之后,古巴比伦人才开始使用两个楔形符号来表示"没有值",这与我们现在以0作为占位符的思想十分相似。这或许就是0的最早使用。

其他计数系统

公元前1000年左右,玛雅文明独创了一套高级的计数系统。玛雅人使用的是二十进制(以20为基数)计数系统,这或许受到了人们使用手指和脚趾计数这种朴素计数法的启发。其实,在欧洲、非洲和亚洲,世界各地都使用过二

古巴比伦的太阳神沙玛什(Shamash)将木棒和绳卷奖励给接受培训的新测量员。木棒与绳卷是古代的测量工具。这一幕被记录在这块约公元前1000年的泥板之上。

楔形文字

19世纪末,学者们成功破译了一些泥板上的楔形文字符号。这些泥板出土于位于伊拉克及其附近地区的古巴比伦遗址所在地。泥板上的符号由尖杆在潮湿的泥板上刻印而成,它们表示各种字母、词语,甚至是高级的计数系统。同古埃及人一样,古巴比伦人也需要书吏来管理他们复杂的社会生活。因此,据说许多写有数学内容的泥板原本出自培养书吏的学校。

与古埃及的纸草书不同,古巴比伦的泥板得以完整保存至今。因此,现在人们已经了解了大量与古巴比伦数学相关的内容,涵盖乘法、除法、几何、分数、平方根、立方根、方程等诸多方面。世界各地的博物馆共收藏了几千块泥板,其中大多可追溯到公元前1800年至公元前1600年。

楔形文字(Cuneiform)一词来自拉丁语cuneus(楔子),意指这些符号的形状。楔形文字被刻在潮湿的泥板、石头及金属之上。

1	11	21	31	41	51
2	12	22	32	42	52
3	13	23	33	43	53
4	14	24	34	44	54
5	15	25	35	45	55
6	16	26	36	46	56
7	17	27	37	47	57
8	18	28	38	48	58
9	19	29	39	49	59
10	20	30	40	50	60

古巴比伦人使用的六十进制计数系统由两个符号组成。将代表"一个单位"的符号单独使用或组合到一起，便可表示数字1到9；重复使用代表10的符号2~5次，便可依次表示出20、30、40和50。

十进制计数系统，许多语言中也有这种计数系统的痕迹。例如，法语使用quatre-vingt（4×20）表示80；威尔士语、爱尔兰语也同样会将一些数表示为20的倍数。

自大约公元前500年开始，中国人就使用木制算筹来表示数字。直到16世纪，中国才正式改用阿拉伯数字。中国的算筹是第一套十进制计数系统。同当今使用的十进制计数系统类似，其用纵横交替摆放的算筹数量来表示个、十、百、千位，以及更高位。例如，人们用4个横向放置的算筹表示4×10^1（等于40），用5个纵向放置的算筹表示5×1（等于5），组合起来就是45。若在4个纵向放置的算筹后面再放置5个纵向的算筹，则表示405，即$4 \times 10^2 + 5 \times 1$。这是因为，如果中间不放置横向的算筹，则表示该数没有十位。人们可以通过移动计数板上的算筹来进行运算。正数和负数可分别由红色和黑色的算筹表示，亦可由不同形状（三角形、长方形）的算筹来表示。正如现在西方社会中偶尔还会使用罗马数字一样，如今在中国，算筹仍有用武之地。

中国的算盘体现了中国人位值制计数的思想，它可以追溯到至少公元前200年，可以说中国的算盘是最古老的珠算工具，尽管古罗马人也使用过类似的工具。中国的算盘目前仍被使用。这种算盘中间有一道横梁，还有一些竖直放置的柱子，将个、十、百位等分隔开。不同算盘的位数不尽相同。每一位的横梁上方有两颗算珠，每颗表示5；下方有5颗算珠，每颗表示1。

14世纪时，日本人借鉴中国的算盘，发明了日本式算盘。日本式算盘每位的横梁上方有一颗表示5的算珠，下方有4颗表示1的算珠。如今，日本式算盘在日本仍被使用。在日本，甚至还有专门为年轻人举办的比赛，以测试被他们称作"暗算"的珠心算能力。

现代计数法

当今世界广泛使用的阿拉伯十进制计数系统起源于古印度。公元1至4世纪，人们按位值制计数的方式使用9个符号和1个占位符，便可高效地写出任意一个数。到了9世纪，这一计数系统被阿拉伯数学家采用，并加以改善。他们引入了小数点，进而使小数部分亦可在这一计数系统中得以表示。

3个世纪后，比萨的列奥纳多（Leonardo），即斐波那契（Fibonacci）凭借他的著作《计算之书》（*Liber Abaci*，1202年）让阿拉伯数字得以普及。然而，对于

古巴比伦文明和亚述文明已经消失了……然而古巴比伦人的数学仍颇有趣，并且他们使用的基数60在天文学中仍被应用。
——G. H. 哈代（G. H. Hardy）
英国数学家

> 我们之所以用10而非其他数字来计数，纯粹出于解剖学上的原因。我们用十根手指计数。
>
> ——马库斯·杜·索托伊 (Marcus du Sautoy) 英国数学家

到底该使用新的阿拉伯数字，还是该使用罗马数字或传统计数法，人们争论了数百年。直到阿拉伯数字被正式采用，现代数学的发展才被铺平了道路。

随着电子计算机的问世，除10以外的其他基数也变得愈发重要，尤其是以2为基数的二进制计数系统。与需要10个符号的十进制计数系统不同，二进制计数系统只需要两个符号：1和0。二进制也是一个位值制计数系统，但与

惠比寿是日本的渔民之神，是七福神之一。在歌川丰广的作品《红鲷鱼之梦》中，惠比寿正用一个算盘计算自己的收益。

十进制的"乘10进位"不同，二进制需要"乘2进位"，各个数位分别表示2^0、2^1、2^2、2^3，以此类推。在二进制计数系统中，111表示的是$1 \times 2^2 + 1 \times 2^1 + 1 \times 2^0$。

与现代其他计数系统一样，在二进制的世界里，位值制计数的原则永恒不变。位值制计数是古巴比伦人为我们留下的一笔遗产，它为表示庞大的数字提供了一种强大、易懂又高效的方式。∎

《德累斯顿法典》（*The Dresden Codex*）可以追溯到13至14世纪，是现存最古老的玛雅图书。这一法典图解了玛雅人使用的许多数字符号和铭文。

玛雅人的计数系统

生活于中美洲的玛雅人，在公元前1000年左右开始使用二十进制（以20为基数）计数系统，并借此进行与天文和历法相关的计算。与古巴比伦人类似，玛雅人把太阳年的365.24天拆分成360天外加一些节假日，作为他们的历法。他们借这种历法来计算农作物的生长周期。

玛雅人的计数系统使用一些特殊符号：一个点表示数字1，一条短线表示数字5。将点和线组合到一起，便可写出1~19的全部数字。大于19的数按竖直方向书写，最低位被写在最下面。有证据表明，玛雅人甚至进行过数量级高达百万的计算。公元前36年的一篇铭文表明，他们会用一种形如贝壳的符号表示0，这种表示方式在4世纪之前被广泛使用。

在16世纪之前，玛雅人的这种计数系统在中美洲一直被应用。然而，这种计数系统并未传播至更远的地方。

以平方为 最高次数

二次方程

背景介绍

主要文明
古埃及（约公元前2000年）
古巴比伦（约公元前1600年）

领域
代数

此前
约公元前1800年　柏林纸草书上记录了一个古埃及时期的二次方程。

此后
7世纪　印度数学家婆罗摩笈多在求解二次方程时只使用正整数。

10世纪　埃及学者阿布・卡米勒（Abu Kamil）在求解二次方程时用了负数和无理数。

1545年　意大利数学家吉罗拉莫・卡尔达诺（Gerolamo Gardano）创作了《大术》一书，阐述了代数的基本规则。

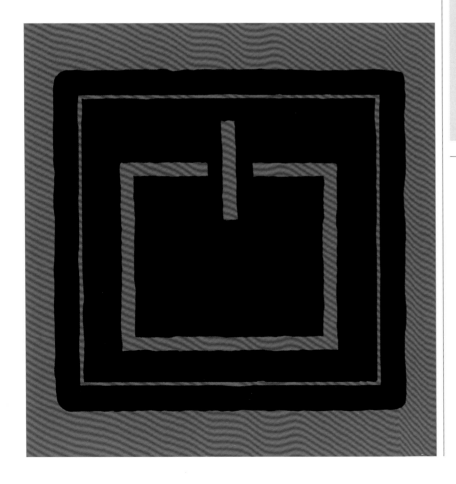

■■次方程指包含未知数的二次方但没有更高次方的方程。这种方程里会出现 x^2，但没有 x^3、x^4 等高次项。借助方程来解答现实世界中遇到的问题是一种基本的数学能力。当遇到与抛物线或其他曲线的路径和围成区域的面积相关的问题，或是想要描述小球和火箭的飞行轨迹等物理现象时，二次方程便可大显身手。

早期的方程求根

　　二次方程的发展历史涉及世界各地。这类方程之所以会应运而

参见: 无理数 44~45页, 负数 76~79页, 丢番图方程 80~81页, 零 88~91页, 代数 92~99页, 二项式定理 100~101页, 三次方程 102~105页, 虚数与复数 128~131页。

二次方程包含2次方, 所以在计算二维问题时会被派上用场。

问题的维数与方程实数解的最大个数相等。

二次方程最多有2个实数解, 三次方程最多有3个, 以此类推。

在只有一个未知数的情况下, 二次方程的解也称作根。

从图象上看, 二次方程的**两个根**即为对应的二次曲线与 x **轴**的交点。

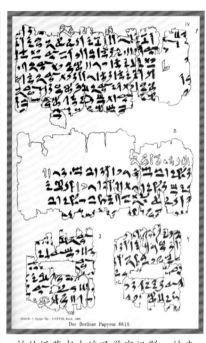

柏林纸草书由埃及学家汉斯·沙克 (Hans Schack) 于1900年复印并公开。该纸草书上有两个数学问题, 二次方程就是其中之一。

生, 可能与人们继承家产、分割土地时的计算需求有关, 也可能与解决一些涉及加法与乘法的问题的需要有关。

现存最早的一个有关二次方程的例子见于古埃及人流传下来的柏林纸草书(约公元前1800年)之上。这一问题是说: 一个正方形的面积为100肘, 它等于两个小正方形的面积之和, 其中一个小正方形的边长等于另一个小正方形边长的 $\frac{3}{4}$。利用现代的记号, 这一题目表示方程 $x^2+y^2=100$ 与 $x=\frac{3}{4}y$ 同时成立。这两个方程可以化简为一个

二次方程 $(\frac{3}{4}y)^2+y^2=100$。解出这一方程, 即可计算出每个正方形的边长。

古埃及人利用试位法来求解这一方程。使用这种方法时, 数学家通常先挑选一个便于计算的数字, 利用这一数字计算出等式对应的值, 然后再根据计算结果确定该如何调整自己挑选的数字以得到正确的解。例如, 对于柏林纸草书上提到的问题, 因为原问题涉及"四分之三", 所以如果将两个小正方形中较大者的边长设为4, 那么计算起来最为简单。由于最小的

正方形边长是另一个小正方形边长的 $\frac{3}{4}$, 所以其边长应为3。通过试位, 我们得到两个小正方形的面积分别为16和9, 加在一起总面积为25。然而, 这只是100的 $\frac{1}{4}$, 所以只有将面积调整为原先的4倍才可以使柏林纸草书上的问题对应的方程成立。因此, 将两个边长分别改为4和3的两倍, 就得到了该问题的答案: 8和6。

在古巴比伦的泥板上, 人们也发现了一些关于二次方程的早期记录。古巴比伦人在泥板上给出了一个正方形的对角线长度小数点后5位的估计。其中一块泥板YBC 7289(约公元前1800年—

二次方程求根公式是一种求解二次方程的工具。按惯例，二次方程包含与x^2相乘的非零数字a、与x相乘的数字b和单独的一个数字c。下图展示了如何借助这一公式，利用a、b和c求解x的值。我们通常会将二次方程整理为右侧是0的形式，因为这样可以利用图象来清晰地描述这一方程；方程的解即为对应曲线与x轴的交点。

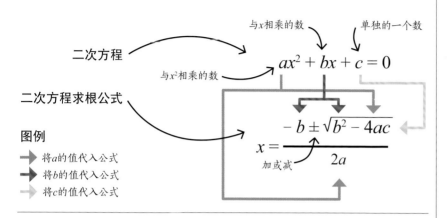

二次方程

与x^2相乘的数

与x相乘的数　　单独的一个数

$$ax^2 + bx + c = 0$$

二次方程求根公式

$$x = \frac{-b \pm \sqrt{b^2 - 4ac}}{2a}$$

加或减

图例

➡ 将a的值代入公式

➡ 将b的值代入公式

➡ 将c的值代入公式

公元前1600年）上给出了二次方程$x^2 = 2$的一种解法，即先绘制一个矩形，再将其裁剪为正方形。7世纪时，古印度数学家婆罗摩笈多给出了形如$ax^2 + bx = c$的二次方程的求解方法。由于当时的数学家尚未使用字母和符号，所以他用语言文字表述了求解方法，但这一方法已与上方展示的现代公式的求解方法非常接近。

到了8世纪，波斯数学家阿尔·花剌子模（al-Khwarizmi）给出了二次方程的几何解法，这种方法被称为配方法。由于当时人们并不用二次方程去解决抽象的代数难题，而只是用来解决与土地等事物相关的实际问题，因此直到10世纪，这一几何方法还经常被使用。

负数解

当时，那些印度、波斯和阿拉伯学者还只会使用正数。例如，求解方程$x^2 + 10x = 39$时，他们给出的结果会是3。然而，这只是该方程的两个解中的一个，另一个解是-13。如果x是-13，那么$x^2 = 169$，$10x = -130$。由于加上一个负数等于减去与之对应的正数，所以$169 + (-130) = 169 - 130 = 39$。

10世纪时，埃及学者阿布·卡米勒开始将负数和无理数（例如$\sqrt{2}$）作为方程的解和系数（用来乘以未知数的数）。到了16世纪，大多数数学家已经接受了负数解，并且也已经适应了不尽根（无理根，也就是无法用小数来精确表示的根）。他们也逐渐摒弃了利用语言文字表述方程的传统，而改为使用数字和符号。如今，在求解二次方程时，数学家引入了"正负号"（±）。例如，方程$x^2 = 2$的解并不只是$x = \sqrt{2}$，而是$x = \pm\sqrt{2}$。之所以要使用正负号，是因为两个负数的乘积也是正数。既然$\sqrt{2} \times \sqrt{2} = 2$是正确的，那么$(-\sqrt{2}) \times (-\sqrt{2}) = 2$也是正确的。

1545年，意大利学者吉罗拉莫·卡尔达诺在其所著的《大术》一书中提出了一个问题："哪两个数的和是10，且乘积是40？"他发现，这一问题可以化为二次方程问题，然而在使用配方法解方程的过程中却出现了$\sqrt{-15}$。数学家们当时还未提出"自己乘以自己可得到负数"的数字，但卡尔达诺对此十分执着，他在$\sqrt{-15}$的基础上继续运算，给出了方程的两个解。后来，像$\sqrt{-15}$这样的数被人们称作"虚数"。

方程的结构

现代的一元二次方程（只含有一个未知数的二次方程）一般记作$ax^2 + bx + c = 0$的形式。字母a、b和c代表已知的数（$a \neq 0$），x表示未知数。方程由变量（表示未知数的符号）、系数、常数（未乘以变量的数）和运算符（诸如加号和等号）组成。运算符分隔出来的每一部分叫作项，每一项可以是数字或变量，也可以是二者的组合。现代的一元二次方程包含4项：ax^2、

政治只是暂时的，方程却是永恒的。

——阿尔伯特·爱因斯坦
（Albert Einstein）

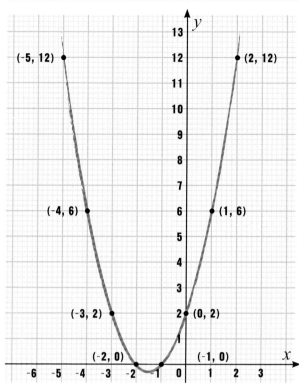

二次函数 $y = ax^2 + bx + c$ 的图象是一条被称作"抛物线"的U形曲线。此图绘制了 $a = 1$、$b = 3$、$c = 2$ 时二次函数图象上的几个点（用黑色表示），该函数与一元二次方程 $x^2 + 3x + 2 = 0$ 相对应。$y = 0$ 时，x 的值即为方程的解，也就是其对应曲线与 x 轴的交点。这两个解分别是 -2 和 -1。

实际应用

尽管最初人们只是利用二次方程来解决几何问题，但如今，二次方程在数学、科学和技术等诸多领域都有重要应用。例如，我们可以用二次函数对炮弹的飞行进行建模。在重力作用下，抛到空中的物体会下落。基于此，我们可用二次函数描述高度随时间的变化情况，预测炮弹的运动轨迹。二次函数被用来对时间、速度和距离建模，也被用于进行与透镜等有抛物面的物体有关的计算。此外，在商界，人们还会利用二次方程预测盈亏。由于总收益减总成本即为利润，因此公司可以建立一个以这些为变量的二次函数，以此来确定最优售价，以实现公司利润最大化。

bx、c 和 0。

抛物线

"函数"这一术语表示的是变量之间的关系（通常是 x 和 y）。二次函数的一般形式可记作 $y = ax^2 + bx + c$。如果用图象表示二次函数，得到的将是一条被称作"抛物线"的曲线（见上图）。若方程 $ax^2 + bx + c = 0$ 存在实数（而不是虚数）解，那么它们就是函数的实根，即抛物线与 x 轴的交点。并非所有抛物线都会与 x 轴相交于两点。如果抛物线仅与 x 轴相交在一点，则表示函数有重根（两个相同的解）。满足这种性质的最简单的函数是 $y = x^2$。如果抛物线没有接触或穿过 x 轴，就说明该函数没有实根。

抛物线具有反射特性，因此其在现实世界中大有用处。碟形天线就被设计为抛物面的形状。■

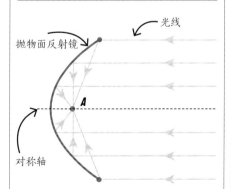

抛物面有特殊的反射性质。对于一个抛物面反射镜来说，一切与其对称轴平行的入射光线经镜面反射后都会汇聚到同一个点（图中的 A）。

军事专家利用二次方程对炮弹轨迹进行建模。图中为美军经常使用的 MIM-104爱国者地空导弹。

用精确的计算对一切事物寻根究底

莱因德纸草书

背景介绍

主要文明
古埃及（约公元前1650年）

领域
算术

此前

约公元前2480年 尼罗河洪水水位被刻在石头上，水位用肘（大约52厘米）和掌（大约7.5厘米）两个单位来度量。

约公元前1800年 柏林纸草书问世，说明古埃及人已经在使用二次方程了。

约公元前1850年 莫斯科纸草书给出了25个数学问题的解答，其中包括半球表面积和金字塔体积的计算。

此后

公元前6世纪 古希腊科学家泰勒斯（Thales）前往古埃及学习数学理论。

藏于伦敦大英博物馆的莱因德纸草书展现了古埃及数学引人入胜的一面。这一纸草书以其购买者亚历山大·亨利·莱因德（Alexander Henry Rhind）的名字命名。这份纸草书是由3,500多年前的一位名为阿默斯（Ahmose）的书吏从早期记载中抄写下来的。它宽32厘米、长200厘米，上面写有84个题目，涵盖算术、代数、几何和度量等领域。这一纸草书和其他古埃及手稿（如莫斯科纸草书）上面记载的题目，展现了当时人

荷鲁斯（Horus）是古埃及的神灵，荷鲁斯之眼象征着神明的权力与庇佑。它的局部还被用来代表以2的幂为分母的分数。例如，其眼球代表 $\frac{1}{4}$，眉毛则代表 $\frac{1}{8}$。

们计算面积、比例和体积的一些方法。

概念的表示

古埃及的分数的概念与现代的单位分数的概念最为接近，即 $\frac{1}{n}$，其中 n 是一个整数。如果想把一个分数加倍，需要把它表示成一个单位分数加另一个单位分数的形式。例如，对于如今我们所写的 $\frac{2}{3}$，如果用古埃及的计数系统来表示，就是 $\frac{1}{2}+\frac{1}{6}$（这里不能写为 $\frac{1}{3}+\frac{1}{3}$，因为古埃及人不允许同一分数重复出现）。

莱因德纸草书上的84个题目展现了古埃及人惯用的数学方法。例如，第24个题目是"哪一个数加上自己的七分之一会变成19"，其实就是求解方程 $x+\frac{x}{7}=19$。这个题目的解法被称作试位法，这一方法一直被沿用至中世纪。试位法包含试验与改进两个步骤：首先挑选最简单的（或者说"错误"的）一个值赋给变量，随后利用一个比例因子（希望得到的值除以试位得到的值）进行调整，以得到正确

参见: 位值制计数系统 22~27页,毕达哥拉斯 36~43页,圆周率的计算 60~65页,代数 92~99页,十进制小数 132~137页。

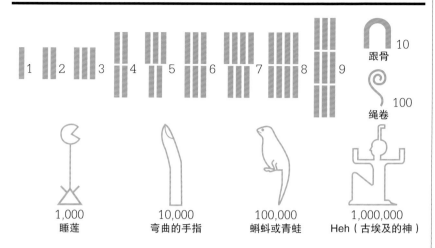

古埃及人用竖线表示数字1到9。10的幂要用象形文字(以图形作为符号)表示,尤其是那些被雕刻在石头之上的数字。

结果。

对于第24个题目来说,由于7的七分之一很容易计算,所以古埃及人把7作为一个试验值("错误"值)赋给变量。因为7加$\frac{7}{7}$(也就是1)的计算结果是8而不是19,所以他们需要用一个比例因子加以调整。他们用19除以"错误"的结果8,得到$2+\frac{1}{4}+\frac{1}{8}$(不能写为$2\frac{3}{8}$,因为古埃及的乘法是基于分数的加倍与减半来运算的),这就是要使用的比例因子。最终,他们用最原始的"错误"值7乘以比例因子$2+\frac{1}{4}+\frac{1}{8}$,得到了答案$16+\frac{1}{2}+\frac{1}{8}$,即现在的$16\frac{5}{8}$。

纸草书里的许多题目围绕商品或土地的分配展开。第41个题目希望求解一个直径为9肘、高为10肘的圆柱形仓库的容积。这一问题的解法是,先计算一个边长为圆柱直径$\frac{8}{9}$的正方形的面积,再乘以圆柱的高。$\frac{8}{9}$这一数字被用来近似计算正方形内切圆在这一正方形中所占面积的比例。这一方法也在第50个题目中被使用,该问题希望求一个圆的面积。该问题的解法是:先将圆的直径减掉其$\frac{1}{9}$,再计算以这一长度为边长的正方形的面积。

精确程度

从古希腊时期开始,人们就发现圆的面积可以用半径的平方(r^2)乘以圆周率(π)得到,记作πr^2。古埃及时期还没有圆周率的说法,但莱因德纸草书上的近似计算已然十分接近圆周率真实值了。由于圆的直径是半径的两倍($2r$),所以古埃及计算圆面积的方法可以表示为$(\frac{8}{9}\times 2r)^2$,整理后就是$\frac{256}{81}r^2$,因此本质上是将圆周率近似为$\frac{256}{81}$。化成小数来看,这一数字大约只比圆周率的真实值大0.6%。■

指导手册

莱因德纸草书和莫斯科纸草书是古埃及文明流传下来的最完整的数学记载。它们被精通算术、几何和测定法(对测量的研究)的书吏煞费苦心地誊抄下来,同时还似乎被用来训练其他书吏。尽管这些纸草书可能已经囊括了当时最先进的数学知识,但它们并没有被视作学术成果。相反,它们被用作贸易、会计、建筑等其他涉及度量和计算的活动的指导手册。

例如,古埃及的技术工人就用数学知识建造了金字塔。莱因德纸草书上有一个关于金字塔坡度计算的问题,当时人们使用seked来度量一个斜坡的高度每下降1肘,水平方向上应当移动多少。金字塔的侧面越陡峭,就意味着seked越小。

誊抄莱因德纸草书的书吏用僧侣体书写数字。与复杂的象形文字相比,这种风格的字体更为紧凑、简洁且实用。

各个方向的数字之和均相等

幻方

背景介绍

主要文明
中国古代

领域
数论

此前
公元前9世纪 中国的《易经》用八卦与六十四卦的形式表现数字,并将之用于占卜。

此后
1782年 莱昂哈德·欧拉(Leonhard Euler)在论文《对一种新型幻方的研究》中提到了拉丁方阵。

1979年 最早的数独问题刊印在纽约《戴尔杂志》上。

2001年 英国电子工程师李·萨罗斯(Lee Sallows)发明了一种被称为"几何幻方"的新型幻方,其内部填充的不是数字,而是几何图形。

幻方是3行、3列(或更多行、更多列)的**正方形网格**,每个格子中放置着不同的整数。

每行、每列、每条对角线上的数字之和全部相同。

→ 这个和被称作"幻和"。

将 1至9这些数字排成3行、3列的方式不胜枚举,然而,这其中只有8种排列方式能构成幻方。幻方指各行、各列及各对角线上的数字之和都相同的数阵,这个相同的和被称为"幻和"。由于3行和3列的所有数字之和就是从1加到9所得的数,也就是45,因此幻和就应是45的$\frac{1}{3}$,即15。事实上,这些幻方只有唯一一种排列方式,其他7种都可以通过把这种排列方式进行旋转或翻转来得到。

远古的起源

幻方可能是"趣味数学"的最早范例。幻方的具体起源未知,

目前已知对幻方的最早记载可追溯至公元前650年中国《洛书》中的传说。相传大禹治水时发现了一个神龟,龟背上有用圆圈表示的数字1到9,这些数字刚好构成一个幻方。幻方中的偶数永远出现在4个角上,因而在这一传说的影响下,人们认为这种奇数与偶数的排列方式拥有某种神秘力量,于是多年来一直将其作为象征好运的护身符。

随着中国的思想沿着丝绸之路等贸易通道传播开来,其他文明也产生了对幻方的兴趣。公元100年,古印度就有了对幻方的讨论。后来,一本关于占卜的书(约550年)中出现了幻方,这是古印度有

参见: 无理数 44~45页,埃拉托斯特尼筛法 66~67页,负数 76~79页,斐波那契数列 106~111页,黄金比 118~123页,梅森素数 124页,帕斯卡三角形 156~161页。

史料记载的首个幻方。14世纪,一些阿拉伯学者将幻方引入了欧洲大地。

不同大小的幻方

幻方的行数与列数被称作幻方的"阶"。例如,我们称一个3行、3列的幻方为3阶幻方。2阶幻方并不存在,因为只有每个数字都相等才有可能构成2阶幻方。随着阶的增加,相应的幻方个数也随之增加。4阶幻方有880种,其幻和为34。5阶幻方有几亿个;6阶幻方的个数直到现在仍未被计算出来。

对数学家来说,幻方是永恒的魅力之源。15世纪的意大利数学家卢卡·帕乔利(Luca Pacioli)就在其著作《数字的力量》中讨论了幻方。18世纪,瑞士的莱昂哈德·欧拉也开始对幻方产生兴趣,并提出了一种新型幻方,他将其命名为

德国艺术家阿尔布雷特·丢勒在他的作品《忧郁I》中,将一个4阶幻方刻在铃铛之下。他还巧妙地将这幅画的刻制年份1514年融入了幻方中。

拉丁方阵(Latin squares)。在拉丁方阵中,同一数字或符号在各行与各列中分别只出现一次。

由拉丁方阵衍生而来的数独已成为时下流行的益智游戏。20世纪70年代,美国人发明了数独(当时被称为Number Place)。到了80年代,这一游戏在日本盛行,并拥有了"数独"这一广为人知的名字,意为"单个数字"。所谓数独,是对9行、9列的拉丁方阵再加一个限制条件:拉丁方阵被分割成的每个小区域中也必须包含全部9个数字。■

这是魔术师做过的最神奇的魔术方块。

——本杰明·富兰克林
评价由他发现的一个幻方

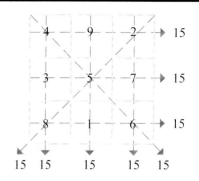

《洛书》中幻方的幻和为15。

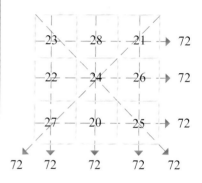

这里将《洛书》幻方的每个数字加19,幻和变为72。

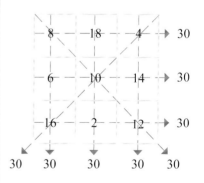

这里将《洛书》幻方的每个数字加倍,幻和变为30。

如果已知一个幻方,你就可以为每个数字加上相同的数,使之变成一个新的幻方。类似地,如果给每个数字乘以相同的数,你也会得到一个新的幻方。

数是众神与魔鬼之源

毕达哥拉斯

背景介绍

主要人物
毕达哥拉斯（约公元前570年—公元前495年）

领域
应用几何

此前

约公元前1800年 普林顿322号是古巴比伦时期的一块泥板，上面有几列用楔形文字表示的数字，与勾股数有关。

公元前6世纪 古希腊哲学家泰勒斯提出了一种对宇宙的解释，这种解释不带神话色彩，开创了用理性解释自然的先河。

此后

约公元前380年 柏拉图在《理想国》第十卷中，支持了毕达哥拉斯有关生命轮回的观点。

约公元前300年 欧几里得给出了一个寻找本原勾股数的公式。

古希腊的毕达哥拉斯不但是一位哲学家，还是古代最著名的数学家。不论那些归功于他的数学、科学、天文学、音乐和医学等方面的诸多成就是否真正由他达成，毋庸置疑的是，他建立了一个专门的学派，这个学派的人们为探求数学与哲学真理而生，并将数字视为宇宙万物的神圣基石。

角与对称

毕达哥拉斯学派的人精通几何，他们知道三角形的3个角之和（180°）等于两个直角之和（90°＋90°）。直到两个世纪后，这一事实才被欧几里得表述为三角形公设。毕达哥拉斯的信徒还对一些正多面体有所了解，这类完全对称的几何图形（比如正方体）后来被称为柏拉图立体。

人们常将毕达哥拉斯本人与一个描述直角三角形各边关系的公式，即所谓的勾股定理（毕达哥拉斯定理）联系到一起。这个定理是 $a^2 + b^2 = c^2$，其中 c 是直角三角形的最长边（斜边），a 与 b 则表示其他两条与直角相连的边。例如，两条短边分别为3cm和4cm的直角三角形，其斜边为5cm，因为 $3^2 + 4^2 = 5^2$（9+16=25）。这种

米利都的泰勒斯是古希腊七贤之一。他的几何与科学思想可能对年轻的毕达哥拉斯有所启发。二人或许曾于古埃及会面过。

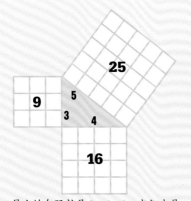

最小的勾股数是3、4、5，它们也是本原勾股数。上图直观地展示了"9加16等于25"。

勾股数

方程 $a^2 + b^2 = c^2$ 的整数解被称作勾股数（毕达哥拉斯三元数组），但早在毕达哥拉斯之前，人们就已知道它们的存在。大约公元前1800年，古巴比伦人曾在普林顿322号泥板上记录下一系列勾股数。这些记录表明，随着数值增大，勾股数将会越来越分散。毕达哥拉斯学派提出了寻找这类数的方法，并证明了这类数有无穷个。公元前6世纪，毕达哥拉斯开办的诸多学校在一场政治运动中被摧毁，毕达哥拉斯学派的人们移居到意大利南部的其他地方，继续在世界范围内传播关于勾股数的知识。两个世纪后，欧几里得提出了一个可以生成这类数的公式：$a=m^2-n^2$，$b=2mn$，$c=m^2+n^2$，其中 m 和 n 可以是除一些特例外的任意两个整数。如果将其分别取为7和4，就会产生勾股数33、56、65（$33^2 + 56^2 = 65^2$）。这一公式显著加快了寻找新勾股数的脚步。

参见: 无理数 44~45页,柏拉图立体 48~49页,三段论逻辑 50~51页,圆周率的计算 60~65页,三角学 70~75页,黄金比 118~123页,射影几何 154~155页。

下图说明了勾股定理($a^2 + b^2 = c^2$)为何成立。大正方形内部有 4 个同样大小的直角三角形(边长分别为 a、b 和 c),这 4 个直角三角形的斜边(长度为 c)围成一个位于中间的倾斜的正方形。

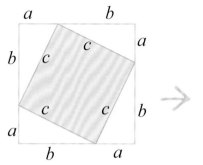

记大正方形的面积为 A。其边长为 $(a+b)$,所以其面积为 $(a+b)^2$,也就是 $A=(a+b)(a+b)$。

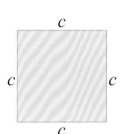

在大正方形内部倾斜放置一个面积为 c^2 的小正方形。

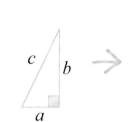

每个三角形的面积为 $\frac{ab}{2}$(底 a 乘以高 b 再除以2),4 个三角形面积之和为 $4 \times \frac{ab}{2} = 2ab$。

倾斜的小正方形与三角形的总面积之和即为大正方形的面积 A,也就是 $A=c^2+2ab$。

$A = (a+b)(a+b)$:
将括号展开(第 1 个括号中的各项与第 2 个括号中的各项分别相乘),再将各项相加:
两边同时减去 $2ab$:

$(a+b)(a+b) = c^2 + 2ab$

$a^2 + b^2 + 2ab = c^2 + 2ab$

$a^2 + b^2 = c^2$

满足方程 $a^2 + b^2 = c^2$ 的整数解就被称为"勾股数"(毕达哥拉斯三元数组)。若将勾股数3、4、5同时乘以2,便可得到另一组勾股数:6、8、10(36 + 64 = 100)。由于3、4、5这3个数均没有大于1的公因数,因此它们被称作本原勾股数;而由于6、8、10有公因数2,所以它们不是本原勾股数。

史料表明,在毕达哥拉斯之前的几个世纪,古巴比伦与中国的人们也都发现了直角三角形3条边的数学关系。然而,毕达哥拉斯被大多数人认为是首位证明了这一数学关系对于所有直角三角形都成立的人,所以这一定理以他的名字命名。

发现之旅

毕达哥拉斯常常旅行,旅行时从其他国家吸收来的思想无疑激发了他的数学灵感。他出生于离安纳托利亚西部米利都(今土耳其)不远的萨摩斯岛上,可能还曾就读于米利都的泰勒斯开办的学院,师从哲学家安纳克西曼德(Anaximander)。据说,他曾访问过腓尼基、波斯、古巴比伦和古埃及,或许还访问过古印度。古埃及人当时已经知道了边长为3、4、5(第一组勾股数)的三角形有一个直角,因此那时的测量员们就利用这些长度的绳子来制作精确的直角,并将其应用于建筑工程领域。毕达哥拉斯观察到了这一方法,于是研究并证明了其背后蕴含的数学

原理。他可能还在古埃及与泰勒斯会面过。泰勒斯是一位著名的几何学家,他曾计算出金字塔的高度,还曾将演绎推理应用于几何学中。

万物终将消逝,唯有理性永存。

——毕达哥拉斯

对一个猜想（未被证明的定理）的每个实例都给出证明是**永远无法完成**的。

→

与之不同，数学家的方法是证明其背后蕴含的定理。

→

只要这个定理被证明，那么该定理的**每个实例都**将成立。

勾股定理就是上述过程的一个清晰例证，它证明了每个直角三角形的3条边都满足 $a^2 + b^2 = c^2$ 这一规律。

毕达哥拉斯学派

在经历长达20年的旅行后，毕达哥拉斯最终定居于意大利南部的克罗顿（今克罗托内）。他在那里创建了一个学派——毕达哥拉斯学派，并在该学派中传授他的数学与哲学思想。女信徒在其中很受欢迎，并成为其600名信徒中的重要组成部分。信徒们加入学派时需要将他们的全部家产上交，并发誓对他们的数学发现严格保密。在毕达哥拉斯的领导下，这一学派产生了巨大的政治影响力。

精神的力量在于让人清醒，让我们的理性不被性情蒙蔽。

——毕达哥拉斯

除了勾股定理，毕达哥拉斯和与他紧密相连的毕达哥拉斯学派在数学上还取得了诸多进展。这些知识被小心翼翼地保护了起来。多边形数是他们的众多发现之一。所谓多边形数，是说如果用圆点来表示数字，这些圆点可以组成正多边形的形状。例如，由于4个点可以组成正方形，所以4是多边形数。

在毕达哥拉斯去世之后的两千年后，皮埃尔·德·费马（Pierre de Fermat）于1638年拓展了毕达哥拉斯的理论。他断言任何数字均可写为至多 k 个 k 边形数之和，即每个数字都可写为至多3个三角形数（一定数目的圆点在等距离的排列下可以形成一个等边三角形，这样的数就被称为"三角形数"）。例如，1, 3, 6, 10, 15, …都是三角形数），至多4个四边形数，或至多5个五边形数之和，以此类推。例如，19可以写成3个三角形数之和：1 + 3 + 15 = 19。然而，费马未能证明这一猜想，这一猜想直到1813年才被法国数学家奥古斯丁·路易斯·柯西（Augustin Louis Cauchy）证明。

沉迷于数字

另一类让毕达哥拉斯兴奋不已的数是完全数。之所以叫这个名字，是因为每个完全数都刚好等于其全部因数之和。首个完全数是6，它的3个因数1、2、3相加刚好是6。第2个是28（1 + 2 + 4 + 7 + 14 = 28），第3个是496，第4个是8,128。找寻这些数字可能没有什么实用价值，但这些数字的魅力让毕达哥拉斯和他的信徒们纷纷为之着迷。

与之相比，毕达哥拉斯对无

最出色的人专注于探求生命本身的意义与目的……这就是我所说的哲学家。

——毕达哥拉斯

> 我钦佩毕达哥拉斯的神秘，以及数字所蕴含的魔力。

——托马斯·布朗爵士
(Sir Thomas Browne)
英国博学家

理数则存在强烈的恐惧和怀疑。无理数指无法表示为两个整数之比的数，π就是最著名的例子。在毕达哥拉斯眼里，统治整个宇宙的应当是井然有序的整数与分数，无理数不应有容身之地。相传，毕达哥拉斯学派的希帕索斯在研究√2时发现了无理数的存在，然而，毕达哥拉斯因畏惧无理数而把他抛入了大海。

还有一个故事能显示毕达哥拉斯残忍的一面。毕达哥拉斯学派的一员因将他们发现了一个新的正多面体一事公之于众而被处决。这个正多面体由12个正5边形围成，被称为正十二面体，是5个柏拉图立体之一。毕达哥拉斯学派崇拜五边形，它的标志就是一颗中间画有五边形的五角星。由于泄露他们所掌握的有关正十二面体的知识违背了学派的保密原则，因而这名信徒

拉斐尔（Raphael）于1509年至1511年为位于罗马城内的梵蒂冈创作了《雅典学院》。画中的毕达哥拉斯手持一本书，身旁簇拥着希望跟随他学习知识的信徒。

被判处了死刑。

整合的哲学

在古希腊，人们认为数学与哲学是两个互补的学科，并将二者放在一起学习。"哲学家"（philosopher）一词被认为由毕达哥拉斯首创，它由希腊语philos（爱）和sophos（智慧）两个单词组成。在毕达哥拉斯和他的后继者眼里，哲学家的职责是追求智慧。

毕达哥拉斯本人的哲学思想将数学、科学与理性相融合。他信奉生命轮回、灵魂不朽，他认为人死亡时灵魂会转移到一个新的躯体上。两个世纪后，柏拉图接触了这一思想，并将其融入了他的许多对话录中。后来的基督教也信奉肉体与灵魂的分离这一理念。毕达哥拉斯的思想已然成为西方文化的核心部分。

毕达哥拉斯还相信宇宙万物与数相关，一切都遵从数学规律。这些思想对数学的发展很重要。出于对数字的崇拜，某些数还被赋予了特性与精神意义。毕达哥拉斯和他的信徒在周遭一切事物中找寻着数学模式。

毕达哥拉斯在音乐与几何形状中发现了数字的特征。

有一类数字具有多边形的特性。用圆点表示这种数字时，这些圆点可以构成正多边形。

里拉琴琴弦长度的比例与音阶中的音调相关。

把一个锤子的重量加倍，敲击时会产生比原来低一个八度的声音。

在背后决定着几何形状及这些乐器和工具所产生的声音的，正是数字和数字间的比例。

和弦中的数字

音乐对毕达哥拉斯来说至关重要。他认为音乐并非仅为娱乐消遣，更是一门神圣的科学。音乐是他的"和谐"（harmonia）思想中的一个统一元素，它将宇宙与灵魂结合到一起。正因如此，人们认为是他发现了数字比例与和弦之间的联系。据说，他在经过一个铁匠铺时，注意到了不同重量的锤子敲击相同长度的金属会产生不同的声响。如果铁锤的重量有精确且特定的比例，它们就会形成和弦。

打铁的锤子分别重6、8、9和12个单位。用重量分别为6和12个单位的锤子敲击时，会发出同一音阶不同音高的声音——用当今乐理术语来说，它们相差一个八度。重量为6的锤子敲击产生的频率是重量为12的锤子敲击产生的频率的两倍，这与它们的重量比例相对应。若同时用重量分别为12和9的锤子敲击，则会产生一种被称为"纯四度"的和谐的声音，此时两个锤子的重量比是4：3。重量分别为12和8的锤子同时敲击产生的声音亦很和谐，它们的重量比是3：2，产生的是被称为"纯五度"的声音。

与此相反，重量分别为9和8的锤子同时敲击产生的声音则不相调和，因为9：8并不是一个特殊的数字比例。毕达哥拉斯因为观察到了和弦与数字比例的密切关系，所以成了发现数学与音乐关系的第一人。

创造音阶

尽管铁匠打铁的故事受到了学者们的质疑，但毕达哥拉斯仍因另一音乐上的发现而被广泛认可。据说，他还曾通过实验研究里拉琴不同长度的弦所产生的音符。他发

毕达哥拉斯被誉为杰出的里拉琴演奏者。这幅关于古希腊乐师的绘画展示了里拉琴大家族的两个成员——trigonon（左）和cithara。

但丁（Dante, 1265—1321年）创作的《神曲》中的数字命理学就受到了毕达哥拉斯的巨大影响，但丁在书中多次提及他。左侧关于但丁的绘画是意大利佛罗伦萨大教堂的一幅壁画。

音乐的贡献奠定了他"古代最著名数学家"这一地位。尽管那些思想并非全部由他原创，但他和他的信徒所推崇的严格推理、用公理和逻辑构建数学大厦的精神，是留给后人的宝贵遗产。■

毕达哥拉斯

现，若一个振动的弦产生频率为 f 的声音，那如果把弦砍去一半，音调就会升高一个八度，频率会变为 $2f$。有特定重量比例的锤子才可形成和弦，当毕达哥拉斯把这些比例应用到振动的弦上时，同样也产生了与之相似的和谐音符。由此，毕达哥拉斯创造了一种音阶：首先取一个音调，然后找到比它高一个八度的音调，再在二者之间用纯五度的比例形式添加其他音调。

这一音阶形式被沿用至18世纪。后来，平均律将其取代。所谓平均律，指在两个音符之间更为平均地将音符分隔开。尽管毕达哥拉斯的音阶形式对于一个八度内的音乐来说非常合适，但对现代音乐而言并不适用，因为现代音乐大多使用不同调式，且横跨多个八度。

尽管诸多文明都曾提出不尽相同的音阶形式，但西方音乐的悠久文化仍可追溯至毕达哥拉斯所处的时代，追溯到他们当时对音乐与数字比例之间关系的上下求索。

毕达哥拉斯的遗赠

毕达哥拉斯对几何、数论及

在琴弦的哼唱之中跃动着几何学，在天体的间隔之中蕴含着音乐。
——毕达哥拉斯

大约在公元前570年，毕达哥拉斯出生于爱琴海东部的萨摩斯岛上。从柏拉图到尼古拉·哥白尼（Nicolaus Copernicus），再到约翰尼斯·开普勒（Johannes Kepler）和艾萨克·牛顿，历史上诸多伟大学者都受到了他的思想的影响。相传毕达哥拉斯曾四处旅行，并汲取古埃及和其他地区诸多学者的思想。后来在公元前518年左右，他在意大利南部的克罗顿建立了自己的学派。这一学派要求信徒为探求知识而生存，同时要遵守饮食与着装方面的严格要求。尽管并没有相关资料留存下来，但可能毕达哥拉斯的定理和其他发现正是从这时开始生根发芽的。相传，毕达哥拉斯在60岁时与学派中的一位年轻成员西雅娜（Theano）结婚，或许还生育了两三个孩子。后来，克罗顿的政治巨变致使人们反抗毕达哥拉斯学派，毕达哥拉斯可能于他的学院被烧掉之时或之后一段时间被杀害。

并不有理的实数

无理数

背景介绍

主要人物
希帕索斯（公元前5世纪）

领域
数系

此前
公元前19世纪　用楔形文字刻记的铭文表明，古巴比伦人已经有了直角三角形的概念，并且对其性质也已有所了解。

公元前6世纪　古希腊人发现了直角三角形3条边之间的关系，这一成果后来被归功于毕达哥拉斯。

此后
公元前400年　昔兰尼的西奥多罗斯（Theodorus）证明了3至17中所有非完全平方数的平方根都是无理数。

公元前4世纪　古希腊数学家欧多克索斯（Eudoxus）为无理数建立了坚实的数学基础。

能表示为两个整数之比的数叫作"有理数"，这类数可被写成分数、百分数、有限小数或无限循环小数的形式。由于所有整数均可表示成分母为1的分数，因此整数都是有理数。无理数则无法用两个整数之比来表示。

古希腊学者希帕索斯被认为是最早发现无理数存在的人，他在公元前5世纪研究几何问题时发现了无理数。他对勾股定理了如指掌，并将这一定理应用于两条短边均为1的直角三角形之上。由于 $1^2 + 1^2 = 2$，所以斜边的长度是 $\sqrt{2}$。

但希帕索斯发现，$\sqrt{2}$ 无法表示为两个整数之比，即无法表示为分数形式，因为并不存在一个有理数乘以自己可以精确地等于2。因此，$\sqrt{2}$ 是无理数，2本身是一个非完全平方数。3、5、7等数字与之类似，它们都不是完全平方数，各自的平方根均为无理数。与之相比，4（2^2）、9（3^2）和16（4^2）的平方根均为整数（因此也是有理数），因而它们都是完全平方数。

尽管后来古希腊和古印度的

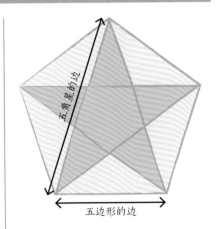

希帕索斯可能在研究五边形边长与其内部形成的五角星边长关系时，发现了无理数的存在。他发现，人们无法将其表示为两个整数之比。

数学家都对无理数的性质进行了探索，但"无理数"这一概念本身并未被大家轻易接受。直到9世纪，阿拉伯学者才在代数中开始使用无理数。

用小数表示

阿拉伯的十进制计数系统方便了人们对无理数的进一步研

参见： 位值制计数系统 22~27页，二次方程 28~31页，毕达哥拉斯 36~43页，
虚数与复数 128~131页，欧拉数 186~191页。

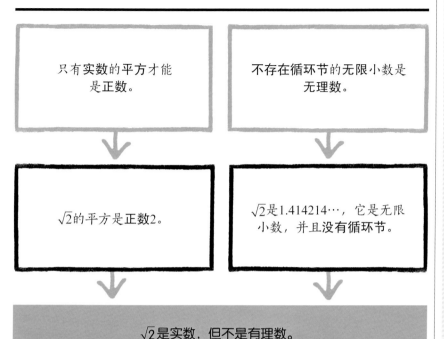

只有实数的平方才能是正数。

$\sqrt{2}$ 的平方是正数2。

不存在循环节的无限小数是无理数。

$\sqrt{2}$ 是1.414214…，它是无限小数，并且没有循环节。

$\sqrt{2}$ 是实数，但不是有理数。

希帕索斯

我们对希帕索斯的生平了解甚少，一般认为他出生于公元前500年左右。根据哲学家杨布里科斯（Iamblichus）的记载，希帕索斯是毕达哥拉斯学派中Mathematici派的创立者之一，这一派别的信徒认为所有数都是有理数。

希帕索斯被认为是无理数的发现者。毕达哥拉斯学派将无理数视作异端邪说。有个故事说，毕达哥拉斯学派的其他人因憎恶希帕索斯发现了无理数而将其从船中扔出，导致他溺死。而另一个故事说，毕达哥拉斯学派中的一员发现了无理数的存在，但希帕索斯将这一发现告诉了学派外的人，因而遭到了惩处。希帕索斯具体去世年份不详，但有较大可能在公元前5世纪。

主要作品

公元前5世纪 《神秘话语》

究。在阿拉伯数字系统中，无理数可以表示为小数点后有无穷多位且不存在循环节的数字。例如，0.1010010001…就是个无理数，该数每对相邻的1之间被插入了0，并且0的个数在逐渐增加，直到无穷。圆周率（π）是圆的周长与直径之比，约翰·海因里希·兰伯特（Johann Heinrich Lambert）于1761年证明了它也是一个无理数。此前，人们用3或 $\frac{22}{7}$ 来近似估计π。

任何两个有理数之间总能找到新的有理数。若计算两个有理数的平均数，那么所得结果仍是有理数；若在原先两个有理数中任选一个数，再计算该数与得到的新有理数的平均数，那么又会得到一个新的有理数。与此同时，任何两个有理数之间还总能找到无理数。改变循环小数的某些数位就是构造无理数的一种方法。例如，如果希望在循环小数0.124124…与0.125125…之间找到一个无理数，我们可以将前者第2个循环节的1改为3，也就是0.124324…，再将第5个循环节、第9个循环节等进行同样的操作（更改的数位间距逐次增加1个循环节）。

论证"有理数更多还是无理数更多"曾是现代数论的巨大挑战之一。尽管无理数和有理数都有无穷多个，但集合论已经严格证明，无理数要比有理数多得多。■

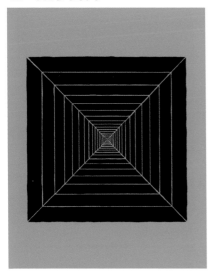

最快的跑者无法赶超最慢的跑者

芝诺运动悖论

背景介绍

主要人物

芝诺（约公元前495年—公元前430年）

领域

逻辑

此前

公元前5世纪初　古希腊哲学家巴门尼德（Parmenides）建立了埃利亚哲学学派。

此后

公元前350年　亚里士多德完成了著作《物理学》。他在书中用相对运动的概念驳斥了芝诺运动悖论。

1914年　英国哲学家伯特兰·罗素感叹芝诺运动悖论极其精妙。罗素把运动看作位置关于时间的一个函数。

埃利亚的芝诺是埃利亚哲学学派的一员。埃利亚哲学学派兴起于公元前5世纪的古希腊。与信仰"整个宇宙由多种本原组成"的多元论者不同，埃利亚哲学学派的人相信万物是不可分割的。

为了论证多元论观点的荒谬，芝诺列举了40条悖论，其中有4条与运动有关——两分法悖论、阿基里斯悖论、飞矢不动悖论、游行队伍悖论。两分法悖论体现出了多元论者眼中"运动可分"观点的荒谬。这一悖论是说，一个物体要想运动一段距离，需要在到达终点前先到达路程的中心位置；而要想达到中心位置，就需要先到达全程的四分之一处，如此往复，永无止境。由于这一物体必须经过无穷个点，所以它将永远无法到达目的地。

阿基里斯悖论假设阿基里斯的速度是乌龟的100倍。当出发信号发出时，阿基里斯与位于自己前方100米处的乌龟同时出发。待阿

芝诺所说的"飞矢不动"是关于一支飞行的箭的悖论。

在任一给定时刻，这支箭在空间中占据一个**静止**的位置。

在箭飞行的过程中，每一个时刻都是**静止不动**的。

飞行的箭是静止不动的。

参见: 毕达哥拉斯 36~43页，三段论逻辑 50~51页，微积分 168~175页，超限数 252~253页，数学的逻辑 272~273页，无限猴子定理 278~279页。

基里斯跑100米后到达乌龟的初始点时，乌龟跑了1米，并以1米的优势领先。阿基里斯没有泄气，又跑了1米；然而乌龟又向前跑了$\frac{1}{100}$米，仍然领先。如此往复，阿基里斯永远无法追上乌龟。

　　游行队伍悖论涉及3列人，每列人数相同。其中一列人原地休息，而其他两列人以相同的速度向相反的方向奔跑。这个悖论是说，处于运动状态的一列中的人可以在固定时间内经过同时处于运动状态的另一列中的2个人，但却只能经过原地静止的那列中的1个人。因此，这一悖论的结论是，把某一固定的时间减半与不减半是等价的。

　　几个世纪以来，许多数学家对这些悖论加以驳斥。微积分的发展让数学家可以在不产生矛盾的前提下研究与无穷小量相关的问题。■

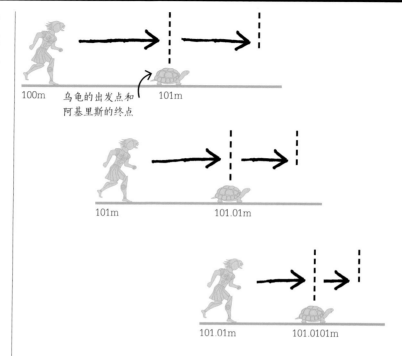

阿基里斯悖论说，一个像阿基里斯一样快的物体永远追不上一个像乌龟一样慢的物体。阿基里斯会越来越接近这只乌龟，但永远无法真正赶超它。

芝诺

　　约公元前495年，芝诺出生于古希腊的埃利亚（今韦利亚，位于意大利南部）。年轻时，他被哲学家巴门尼德收养，并加入了由巴门尼德创立的埃利亚哲学学派。在大约40岁时，芝诺前往雅典，并与苏格拉底（Socrates）相见。他将苏格拉底学派的思想融入埃利亚哲学学派的思想之中。

　　芝诺运动悖论为数学严谨性的发展做出了贡献，他也因其悖论而享有盛名。后来，亚里士多德将他誉为逻辑论证中辩证法（一种基于两种对立的观点进行探究的方法）的创立者。芝诺将他的论点汇总到了一本书里，但这本书已经失传了。他提出的悖论中的9条被记录在了亚里士多德的著作《物理学》之中。

　　尽管我们对芝诺的生平了解甚少，但据说他是在试图推翻暴君Nearchus的统治时被殴打致死的。

它们的组合形成了无限复杂的世界

柏拉图立体

背景介绍

主要人物
柏拉图（约公元前428年—公元前348年）

领域
几何

此前
公元前6世纪 毕达哥拉斯发现了正四面体、正六面体和正十二面体。

公元前4世纪 雅典人泰阿泰德（Theaetetus）研究了正八面体和正二十面体。

此后
约公元前300年 欧几里得在《几何原本》中详细阐述了这5种正多面体。

1596年 天文学家约翰尼斯·开普勒提出了一种太阳系模型，并从柏拉图立体的角度给出了几何解释。

1735年 莱昂哈德·欧拉提出了一个将正多面体的面、顶点和边联系起来的公式。

一个正多边形有相同的内角与相等的边长。

只有5种立体图形（三维图形）拥有相同的顶点和面，并且每个面都是全等的正多边形。

这5种立体图形分别是正四面体、正六面体、正八面体、正十二面体和正二十面体。

它们被称为"柏拉图立体"。

古希腊哲学家柏拉图在约公元前360年创作了《蒂迈欧篇》。他在这本书中介绍了5种柏拉图立体的形状。但在这之前，这5种立体所拥有的完美对称性可能已经为学者所知了。这5种正多面体（拥有平坦的表面和笔直的棱的三维图形）中的每一个均有自己的一组完全相同的正多边形。为了给万物的本质建立一套理论，柏拉图将其中4种立体图形与世界的基本组成元素分别对应了起来：正六面体对应土；正二十面体对应水；正八面体对应空气；正四面体对应火。剩下的一个正十二面体则与天空和星宿相关联。

由正多边形围成

欧几里得在《几何原本》第13卷中证明：正多面体只有5种可能，且每一种都由全等的等边三角形、正方形或正五边形围成。一个柏拉图立体的顶点至少要连接3个全等的多边形的面，因此最简单的柏拉图立体就是正四面体，即由4个等边三角形围成的金字塔锥。正

参见: 毕达哥拉斯 36~43页,欧几里得的《几何原本》52~57页,圆锥曲线 68~69页,三角学 70~75页,非欧几里得几何 228~229页,拓扑学 256~259页,彭罗斯铺砖 305页。

柏拉图立体

正四面体有4个三角形的面。

正六面体有6个正方形的面。

正八面体有8个三角形的面。

正十二面体有12个五边形的面。

正二十面体有20个三角形的面。

八面体和正二十面体也由等边三角形围成;正六面体由正方形围成,正十二面体则由正五边形围成。

柏拉图立体还具有对偶性:一个多面体的顶点与另一个多面体的面相互对应。例如,正六面体有6个面、8个顶点,刚好与有8个面、6个顶点的正八面体相对偶;有12个面、20个顶点的正十二面体则与有20个面、12个顶点的正二十面体相对偶。拥有4个面和4个顶点的正四面体与自己相对偶,也就是自对偶。

宇宙万物的形状?

此后的学者也像柏拉图一样,在宇宙与自然中寻找柏拉图立体的身影。1596年,约翰尼斯·开普勒从柏拉图立体的角度对后来为人们所知的6颗行星(水星、金星、地球、火星、木星和土星)的位置进行了描述。后来,开普勒意识到自己是错误的,但他的计算帮助他发现了行星运动的轨道是椭圆形的。

1735年,瑞士数学家莱昂哈德·欧拉注意到了柏拉图立体所具备的另一个性质,这一性质后来被证明对所有正多面体都成立。这一性质是,顶点总数(V)减去边的总数(E),再加上面的总数(F),永远等于2,即$V-E+F=2$。

人们现在意识到,柏拉图立体在自然界中极其重要。在某些晶体、气体及星系群中都能找到柏拉图立体。■

柏拉图

柏拉图在大约公元前428年出生于雅典的一户富裕人家。柏拉图是苏格拉底的学生。公元前399年,苏格拉底被判处死刑,这深深影响了柏拉图,他决定离开古希腊开始旅行。在旅行期间,毕达哥拉斯的工作激起了他对数学的热爱。公元前387年,他回到雅典,兴办了雅典学院,学院入口处写有"不懂几何者不得入内"。在讲授数学这一哲学分支时,柏拉图强调了几何的重要性,他相信几何形状(尤其是5种正多面体)能够解释宇宙万物具有的特性。柏拉图发现了数学之美,并相信这些数学理论是厘清抽象与现实的关键。大约公元前348年,柏拉图于雅典去世。

主要作品

约公元前375年《理想国》
约公元前360年《斐莱布篇》
约公元前360年《蒂迈欧篇》

论证性知识必须建立在必要的基本真理之上

三段论逻辑

在古希腊，数学和哲学之间并没有明确的界限，人们认为二者是相互依赖的。哲学家眼中的一个重要的原则是，只有将想法进行逻辑演绎，才能得到有说服力的结论。这一原则建立在苏格拉底的辩证法（对假说进行质疑并找出矛盾）之上。然而亚里士多德发现这一方法并非完全奏效，于是他着手为逻辑论证建立一套系统的体系。起初，他梳理了可以用于逻辑推理的命题的类型，以及如何将这些命题组合到一起以得出合乎逻辑的结论。在《前分析篇》中，他将命题大致分为四大类，分别是"所有S满足P""没有S满足P""存在一些S满足P""存在一些S不满足P"。其中，S是主项（例如"糖"），P是谓项（一种特性，例如"甜的"）。利用两个这样的

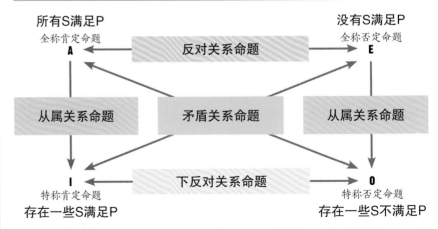

在对当关系方阵中，S是主项（例如"糖"），P是谓项（例如"甜的"）。A和O是相互矛盾的，E和I也是相互矛盾的（如果一个正确，另一个则错误，反之亦然）。A和E是反对关系（二者不可能同时正确，但二者可以同时错误）；I和O是下反对关系（二者可以同时正确，但二者不可能同时错误）。I是A的从属关系命题，O是E的从属关系命题。在三段论逻辑中，如果A正确，那么I必须正确；反过来，如果I错误，那么A也必须错误。

参见: 毕达哥拉斯 36~43页, 芝诺运动悖论 46~47页, 欧几里得的《几何原本》52~57页, 布尔代数 242~247页, 数学的逻辑 272~273页。

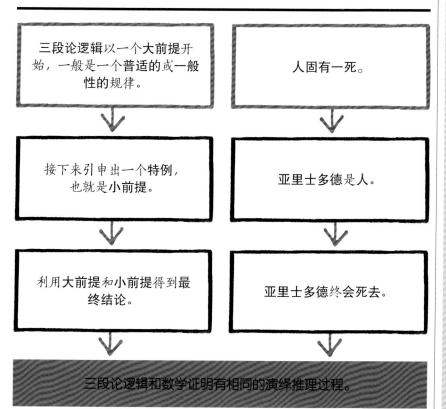

三段论逻辑以一个大前提开始, 一般是一个普适的或一般性的规律。

人固有一死。

↓

接下来引申出一个特例, 也就是**小前提**。

亚里士多德是人。

↓

利用**大前提**和**小前提**得到最终结论。

亚里士多德终会死去。

↓

三段论逻辑和数学证明有相同的演绎推理过程。

亚里士多德

亚里士多德是一位马其顿宫廷医生的孩子。大约17岁的时候, 他前往柏拉图的雅典学院求学, 他在那里表现得十分出色。柏拉图去世后, 反马其顿之风的盛行迫使亚里士多德离开雅典, 前往阿索斯(今土耳其)继续从事他的学术工作。公元前343年, 腓力二世请他回到马其顿担任宫廷学院的负责人。腓力二世之子, 也就是后来的亚历山大大帝是他的学生。

公元前323年亚历山大大帝去世后, 雅典又兴起了反马其顿之风, 亚里士多德因此退隐。公元前322年, 他在位于埃维亚岛哈尔基斯的家中去世。

主要作品

约公元前350年 《前分析篇》

约公元前350年 《后分析篇》

约公元前350年 《解释篇》

公元前335年—公元前323年 《尼各马科伦理学》

公元前335年—公元前323年 《政治学》

命题就可以进行一次论证、推导出一个结论, 这大体上就是我们熟知的三段论逻辑: 由两个前提推出一个结论。亚里士多德梳理了哪些三段论结构在逻辑上是合理的、哪些是不合理的, 即哪些结构可以由前提推出结论, 而哪些结构不可以由前提推出结论。他为人们构建并分析逻辑推理过程提供了一套方法。

寻求严格的证明

亚里士多德探讨三段论逻辑的过程中蕴含着演绎推理的思想, 即利用大前提中的一般性结论(例如"人固有一死")以及小前提中的特殊情况(例如"亚里士多德是人")来推导出一个必然结论(也就是"亚里士多德终会死去")。这种演绎推理正是数学证明的基础。

亚里士多德在《后分析篇》中提到, 即使在一个合理的三段论逻辑中, 也只有在两个前提都正确(例如不证自明的事实或公理)的前提下, 得出的结论才是正确的。受此启发, 他建立了以公理事实作为逻辑推理之基础的原则。从欧几里得开始, 数学定理都以此为基本原则。■

整体大于局部

欧几里得的《几何原本》

背景介绍

主要人物
欧几里得（约公元前300年）

领域
几何

此前
约公元前600年 古希腊数学家泰勒斯推导出半圆所对的圆周角是直角。这一点后来成为欧几里得《几何原本》的命题31。

约公元前440年 古希腊数学家希波克拉底（Hippocrates）创作了第一部成体系的几何学教科书《几何纲要》。

此后
约1820年 数学家如卡尔·弗里德里希·高斯（Carl Friedrich Gauss）、亚诺什·鲍耶（János Bolyai）、尼古拉斯·伊万诺维奇·罗巴切夫斯基（Nicolai Ivanovich Lobachevsky）开始研究双曲几何。

毋庸置疑，欧几里得的《几何原本》是历史上最具影响力的数学著作。它主宰了人们对空间与数字的认识2,000多年，并且直到20世纪初还被用作标准的几何学教材。

公元前300年左右，欧几里得生活于古埃及的亚历山大港。他可能曾在纸草书上创作，但因为纸草书无法长久保留，所以他的所有成果是依靠后期学者们的副本、翻译与评注流传下来的。

成果的集锦

《几何原本》是涉猎主题极其广泛的13卷书的集成。第1～4卷探讨平面几何，即对平面问题的研究。第5卷继承了古希腊数学家与天文学家欧多克索斯的理论，引入了比率与比例的思想。第6卷涵盖了更为高级的平面几何理论。第7～9卷探讨数论，研究数字的性质与数字间的关系。篇幅长、内容艰深的第10卷研究不可公度性。满足这种性质的数现在被称为无理数，

几何无坦途。
——欧几里得

即无法被表示为整数之比的数。第11～13卷研究立体几何问题。

《几何原本》的第13卷其实是另一位数学家泰阿泰德所著的。这一卷探讨了5种正多面体图形，即正四面体、正六面体、正八面体、正十二面体和正二十面体。后来它们被统称为"柏拉图立体"。这是历史上有记载的第一个分类定理，即在给定的约束条件下列举出全部可能情况的定理。

欧几里得还写过一些与圆锥曲线相关的作品，但这些作品未能幸存。圆锥曲线是平面与圆锥相交

欧几里得

欧几里得的具体出生日期和地点不详，有关他生平的记载也不多。据说他曾在柏拉图建立的雅典学院求学。5世纪，希腊哲学家普罗克鲁斯（Proclus）在他的著作中讲到，欧几里得曾在亚历山大港教书。

欧几里得的成果涉及两个领域：初等几何和普通数学。除了《几何原本》，他还写过有关透视、圆锥曲线、球面几何、数理天文学、数论、数学严谨之重要性等方面的内容。欧几里得的一些著作已经失传，但也有至少5部

幸存。

主要作品

《几何原本》
《圆锥曲线》
《反射光学》
《现象》
《光学》

参见： 毕达哥拉斯 36~43页，柏拉图立体 48~49页，三段论逻辑 50~51页，圆锥曲线 68~69页，极大值问题 142~143页，非欧几里得几何 228~229页。

所形成的图形，可能是圆、椭圆、抛物线或双曲线。

证明的世界

欧几里得《几何原本》（*Elements*）这部作品的标题有特殊寓意，蕴含着他所使用的数学方法。20世纪英国数学家约翰·福韦尔（John Fauvel）认为，element 所对应的希腊词语 stoicheia 的含义一直在演变，从一开始的"一条线的一个组成部分"（例如一排树中的一棵树）变成"用于证明其他事物的一个命题"，最终演化为"其他诸多定理的证明起点"。欧几里得使用的正是最后一层含义。5世纪，哲学家普罗克鲁斯将 element 解读为"字母表中的一个字母"。将字母组合在一起形成词，与将公理组合到一起形成命题，似有异曲同工之妙。

逻辑推理

欧几里得并非在凭空创作，他的成果是建立在先前诸多有影响力的古希腊数学家打下的基础之上的。泰勒斯、希波克拉底和柏拉图等人其实都或多或少地采用过这种新的数学思维模式，而明智的欧几里得将这种思维模式形式化，从而开辟了证明的世界。正是这一点让欧几里得变得独一无二。欧几里得创作的是现存最早的完全公理化的数学作品。他给出了一些基本事实，并在此基础上利用严谨的逻辑推理得出最终的命题。欧几里得还将同时代的所有数学知识加以整合，将不同命题之间的逻辑关系进行细致梳理，最终形成了一套数学体系。

将之前的数学成果整合成一套体系是一项极为艰巨的工作。在建立他的公理系统之前，欧几里得先定义了23个术语，例如点、线、

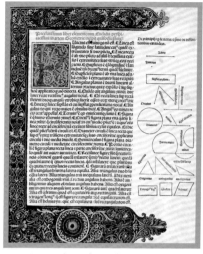

这是1482年于威尼斯印刷的第一版欧几里得《几何原本》的开篇，上面是精致印刷的拉丁文和配图。

面、圆、直径。接下来，他提出了5条公设（postulates）：过任意两点能作且只作一条线段；直线可以无限地延长；给定一条线段，以这条线段为半径、一个端点为圆心，可作一圆；全部直角都相等；最后是一条关于平行直线的公设（见第56页）。

后来，他又加了5条公理（axioms），或者说公认观点：如果 $A=B$ 且 $B=C$，那么 $A=C$；如果 $A=B$ 且 $C=D$，那么 $A+C=B+D$；如果 $A=B$ 且 $C=D$，那么 $A-C=B-D$；如果 A 与 B 可以完全重合，那么 A 与 B 相等；A 的整体大于 A 的部分。

现在我们希望证明命题1（如第56页左下角图）。欧几里得画了一条以 A、B 为端点的线段。根据第三公设，以两个端点分别为圆

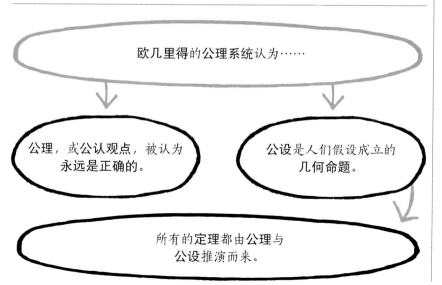

欧几里得的公理系统认为……

公理，或公认观点，被认为永远是正确的。

公设是人们假设成立的几何命题。

所有的定理都由公理与公设推演而来。

欧几里得的5条公设

1. 过任意两点有且只有一条直线。

2. 直线可以无限地延长。

3. 给定一点和一个长度，可以该点为圆心、该长度为半径作一圆。

4. 全部直角都相等。

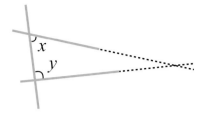

5. 如果x+y小于两个直角之和，那么两条直线一定在这一侧相交。

心画圆，可以得到图中两个半径均为AB的相交的圆。将两个圆的一个交点记作C，那么根据第一公设，可以画两条线段AC和BC。由于两圆半径相同，那么可以得到AC = AB、BC = AB。根据第一公理（等于同一个量的量彼此相等），可以得到AC = BC。进而可知AB = BC = CA，于是他基于AB构造出了一个等边三角形。

前面等边三角形的构造过程是欧几里得方法论的一个良好示

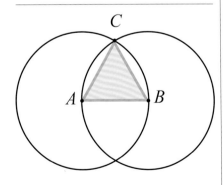

为了构造命题1中所说的等边三角形，欧几里得先画了一条线段，并以两端点A与B分别为圆心作圆，C为两个圆的交点。将两端点分别与C连起来，就可以构造出以AB、AC与BC为3条边的等边三角形。

例。论述过程中的每一步都要依据定义、公设和公理得到，除此之外的一切都不能视作理所当然。单凭直觉可能是靠不住的。

后来的学者对欧几里得的命题1做出了批判。例如，他们说欧几里得并没有对两圆交点C的存在给出证明或解释。尽管这显而易见，但这一点并没有在他的公理系统中有所提及。在他的公理系统中，只有第五公设探讨了交点，但第五公设说的并不是两圆的，而是两条直线的交点。类似的是，欧几里得对三角形的定义是"由同一平面中的3条直线围成的平面图形"。然而，欧几里得似乎并没有证明AB、BC、CA3条线位于同一平面中。

第五公设也被称作"平行公设"，因为它可以用来证明平行线的性质。这一公设指出，如果一条直线与两条直线相交，且所形成的同侧的两个内角之和小于两个直角之和（180°），那么这两条直线在向这一侧不断延伸的过程中会形成一个交点。直到命题29，欧几里得才用到了这条公设。这一命题是

说，如果一条直线与两条平行直线相交，那么同一侧的内角之和等于两直角之和。第五公设叙述起来比其他4条更为复杂，欧几里得本人似乎也对这一公设持谨慎态度。

对于一套公理系统来说，很重要的一点就是要像欧几里得这样提供足够多的公理与公设，以推出全部正确的命题，但同时还要规避那些可由其他公理或公设推出的多余的公理。有学者曾思考，第五公设是否可以用欧几里得的统一符号、定义及其他公设和公理推导出来？如果可以的话，第五公设就是多余的。然而，与欧几里得同时

几何学是在不准确的图形上进行正确推理的艺术。

——波利亚
美籍匈牙利数学家

代的学者及后人都没能对此给出证明。到了19世纪，人们终于证明，第五公设是欧几里得几何所必备的一条公设，并且独立于其他4条公设。

欧几里得几何之外

《几何原本》还探讨了球面几何，这是由欧几里得的两位后继者比提尼亚的西奥多修斯（Theodosius）与亚历山大港的梅涅劳斯（Menelaus）开辟的一个领域。欧几里得将"点"定义为平面上的一个点，而我们还可以将"点"理解为球面上的一个点。

进一步的问题是，如何将欧几里得的五条公设应用到球面上？在球面几何中，几乎所有的公理都与欧几里得《几何原本》中提到的不同。《几何原本》衍生出的是所谓的欧几里得几何，而球面几何是非欧几里得几何的第一个实例。第五公设在球面几何中不成立，因为球面几何中的任意两条直线都有交点；在双曲几何中也不成立，因为双曲几何中的任意两条直线可以有无数个交点。■

《几何原本》第一卷的前16个命题	
命题1	给定一条线段，构造一个等边三角形
命题2	给定一个点（作为端点），作一条与已知线段等长的线段
命题3	给定两条不等长的线段，在较长线段上截取一条与较短线段等长的线段
命题4	有两个三角形，如果其中一个的两边分别等于另一个的两边，并且这两组等长的线段所夹的角也相等，那么这两个三角形的底边相等、面积相等，其余的两角也分别对应相等
命题5	等腰三角形的两个底角相等，并且如果将两腰延长至底边之下，那么底边下面的两个角也相等
命题6	如果一个三角形的两个内角相等，那么这两个角所对应的两边的长度也相等
命题7	在已知线段上（从它的两个端点）作出相交于一点的两条线段，则不可能在该线段（从它的两个端点）同侧作出相交于另一点的另外两条线段，使得作出的两条线段分别等于先前的两条线段，即两个交点到同一个端点的线段相等
命题8	如果一个三角形的两条边的长度分别等于另一个三角形的两条边的长度，并且一个三角形的底边与另一个的底边等长，则两个三角形的内角分别相等
命题9	将一个给定的直线角二等分
命题10	将一条给定的线段二等分
命题11	经给定直线上的一个给定点作一条直线，与给定直线成直角
命题12	经给定直线外的一个给定点，作已知直线的垂线
命题13	一条直线与另一条直线相交形成的角，要么是两个直角，要么它们的和等于两个直角之和
命题14	如果过任意给定直线上一个给定点，有两条直线不在这一直线同侧，并且和给定直线形成的夹角之和等于两直角之和，则这两条直线在同一直线上
命题15	如果两条直线相交，则形成的对顶角相等
命题16	在任意一个三角形中，如果延长一边，则形成的外角大于任何一个内对角

不用数来计数

算盘

背景介绍

主要文明
古希腊（约公元前300年）

领域
计数系统

此前
约公元前18000年 在中非，人们在兽骨上刻印符号来计数。

约公元前3000年 南美的印第安人采用在绳上打结的方式计数。

约公元前2000年 古巴比伦人发明了位值制计数法。

此后
1202年 比萨的列奥纳多（斐波那契）在《计算之书》中对阿拉伯数字进行了评述。

1621年 英国的威廉·奥特雷德（William Oughtred）发明了对数计算尺，简化了对数的使用。

1972年 惠普公司发明了个人使用的电子科学计算器。

算盘是自远古以来就被人们使用的计数工具。算盘有很多样式，但都基于同样的原理：将算珠按不同方式摆放在各列或各行中，来表示不同大小的数值。

早期的算盘

算盘的英语单词abacus本身就揭示了它的起源。其来自古希腊语abax，意为"算板"，即覆盖了薄沙的绘画板。现存最古老的算盘是于约公元前300年出现的萨拉米斯算板（Salamis Tablet），这是一块刻有横线的大理石板。人们通过在石板上放置小石子的方式来计数。放在最下面一条横线上表示0到4，放于其上面一条线上表示5的倍数，再往上是10的倍数、50的倍数，以此类推。这块石板于1846年出土于希腊的萨拉米斯岛。

一些学者认为萨拉米斯算板由古巴比伦人创造。古希腊语abax可能源自腓尼基或希伯来语中的abaq（意为"尘土"）一词，指代

日本珠心算大赛

现在，日本的学生在数学课上仍会使用日本式算盘来锻炼心算能力。他们还会用算盘进行一些非常复杂的运算。熟练使用算盘的人经常算得比用电子计算器的人更快。

每年，全日本最优秀的算盘使用者们汇聚一堂，参加珠心算大赛。这一比赛通过淘汰赛形式考察选手的计算速度与准确程度。其中最精彩的环节之一是快闪心算（Flash Anzan™），选手在这一环节中需要计算15个3位数之和，并且只能心算，不能使用真实的算盘。参赛者要看着大屏幕上闪过的数字进行计算，且每一回合快闪的速度都会提高。2017年，快闪心算的世界纪录是在1.68秒内求15个3位数的和。

参见: 位值制计数系统 22~27页,毕达哥拉斯 36~43页,零 88~91页,十进制小数 132~137页,微积分 168~175页。

图中中国的算盘呈现的数字是917,470,346。中国传统算盘是2:5的结构,即每列有两颗上珠,各表示数值5;有5颗下珠,各表示数值1。因此,每列最大可以表示数值15。这种每列最大数值是15的设计使中国的十六进制计算更为简便,其与每列最大数值是9所对应的十进制计算有所不同。对数字进行求和时,我们应先将第1个数的低位到高位在算盘上从右向左依次排好,随后根据后续的加数来调整算珠。在进行减法运算时,我们先用算珠表示出被减数,再根据后续的减数来向下调整算珠。

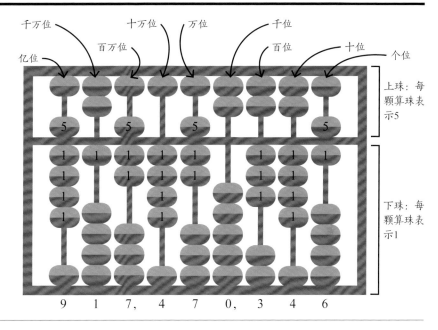

两处起源

的或许是美索不达米亚文明创造的更早期的计数板,即在沙土中绘制网格、摆放算珠。约公元前2000年古巴比伦人发明的位值制计数系统可能就受到了算盘的影响。

古罗马人对古希腊人的计数板加以改造,创造出了一种使计算得到极大简化的工具。古希腊算盘中的水平行在古罗马算盘中被改造为了竖直列,每列中可放置一些小石子。

另一种算盘在前哥伦布时期的文明中得到了使用。这种算盘建立在使用5个数字的二十进制计数系统之上,其通过将玉米粒穿在绳子上的方式来表示数字。1000年左右,阿兹特克人将其称为"个人账户计数工具",并将其作为手镯戴在手腕上。

公元2世纪左右,算盘在中国成为一种常用的工具。中国的算盘与古罗马的异曲同工,但并非在金属框架上放置石子,而是在木棍上穿入木制算珠。这正是现代算盘的雏形。我们并不清楚古罗马的算盘和中国的算盘哪个先出现,但二者的相似可能只是一种巧合,应该都受到人们用一只手的5根手指计数的启发。这两种算盘都有两层结构,下层用来表示小于5的数,上层表示5的倍数。

之后,算盘和它的计数法在亚洲大陆广为流行。14世纪初,算盘传播到了日本,日本将其称为

"算盤"。随后,算盘得到逐步改良。20世纪,日本式算盘演变为1:4的结构,即每根木棒上层有1颗算珠,下层有4颗算珠。■

一位女性正在担任一场比赛的裁判。在这场比赛中,古罗马数学家波爱修斯(Boëthius)使用数字,而古希腊的毕达哥拉斯使用计数板进行计算。

探索圆周率
如同探索宇宙

圆周率的计算

背景介绍

主要人物
阿基米德（约公元前287年—约公元前212年）

领域
数论

此前
约公元前1650年 古埃及中王国时期的书吏在莱因德纸草书中对π进行了估计。

此后
5世纪 中国的祖冲之将π计算到了小数点后7位。

1671年 苏格兰数学家詹姆斯·格雷果里（James Gregory）发现了使用反正切函数计算π的方法。3年后，德国的戈特弗里德·莱布尼茨得到了同样的发现。

2019年 来自日本的埃玛·岩尾（Emma Haruka Iwao）借助云计算平台将π计算到了小数点后31万亿多位。

圆周率是圆的周长与直径之比，大约是3.141。几个世纪以来，"无论计算出小数点后多少位都无法精确地表示圆周率"这一特点让无数数学家为圆周率着迷。虽然威尔士数学家威廉·琼斯（William Jones）于1706年才首次提出使用希腊字母π来代表圆周率的数值，但是圆周率对于计算圆周长与面积以及球体积的重要性早已为人所知数千年了。

古代的记载

得到圆周率的精确数值并非易事，人们苦苦探寻，以期将圆周率表示至小数点后尽可能更多位的数值。历史上最早对π的两个估计分别见于古埃及的莱因德纸草书和莫斯科纸草书之中。据说莱因德纸草书是供新书吏练习使用的，这份纸草书上就给出了圆柱与金字塔体积的计算方法，以及圆面积的计算方法。其中，圆面积可以通过计算以圆直径的 $\frac{8}{9}$ 为边长的正方形的面积得到。用这种方法计算意味着π是3.1605（保留4位小数），其只比π的精确值大0.6%。

> 圆周率并非仅仅是高中几何题目中随处可见的量，它还编织起了数学的"绫罗绸缎"。
>
> ——罗伯特·卡尼格尔
> 美国科学作家

在古巴比伦，人们用圆周长的平方乘以 $\frac{1}{12}$ 来计算圆的面积，这意味着π的数值是3。《圣经》中也出现过这一数值的相关记载。

公元前250年左右，古希腊学者阿基米德给出了一种计算π的算法，他构造了一些可以刚好嵌入圆内部（内接）或紧贴圆外部（外切）的正多边形。他借助勾股定理（直角三角形斜边的平方等于两条直角边的平方和）得到了正多边形的边长随边的条数不断加倍

圆周率等于圆的周长除以其直径。它……

被记作π，即第16个希腊字母。

是一个无理数，即无法表示为一个整数除以另一个整数的形式。

是一个超越数，即并非整系数多项式方程的根。

是一个常数，即一个固定值。

参见： 莱因德纸草书 32~33页，无理数 44~45页，欧几里得的《几何原本》52~57页，埃拉托斯特尼筛法 66~67页，祖冲之 83页，微积分 168~175页，欧拉数 186~191页，蒲丰投针实验 202~203页。

的变化规律，进而计算出了π的上限、下限。他将这一算法扩展至96边形中。早在阿基米德之前至少200年，人们就已提出了用有很多条边的多边形来近似计算圆面积的方法。然而，阿基米德是首位同时考虑圆内接多边形与外切多边形的人。

利用多边形估计圆周长的方法很早就被使用过。即便如此，阿基米德仍是首位同时借助内接（在圆内）和外切（在圆外）正多边形计算π的上限和下限的人。

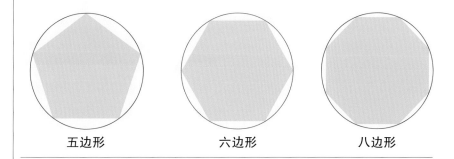

| 五边形 | 六边形 | 八边形 |

"化圆为方"

"化圆为方"是另一个估计π的方法，同时也是古希腊数学家所面临的最受欢迎的挑战之一。所谓"化圆为方"，指"构造一个正方形，使其面积与给定圆面积相等"。古希腊人希望仅用一副圆规和一把直尺就将圆转换成正方形，再计算正方形的面积，从而得到圆的面积。然而他们未获成功。到了19世纪，由于π的超越性（π是一个超越数），"化圆为方"才被证明是不可能实现的。这就是为什么有时人们会将试图完成一件不可能的

事情称为"化圆为方"了。

数学家曾尝试另一种"化圆为方"的方式，即把圆分割成几部分，再将其重新排成长方形的形状（见第64页图）。于是，长方形的面积即为 $r \times \frac{1}{2} \times (2\pi r) = r \times \pi r = \pi r^2$（其中，$r$ 表示圆的半径，$2\pi r$ 为其周长）。分割后的区域越小，拼成的形状便越接近长方形。

阿基米德的作品无一例外都是数学的论述。

——托马斯·希思
历史学与数学家

阿基米德

古希腊博学家阿基米德于公元前287年左右出生于西西里岛的叙拉古，他精通数学和工程。此外，他还因为他在意识到物体排开水的体积等于物体自身体积时喊出的那句"尤里卡"（eureka，意为"我发现了"）而被人铭记。他还被认为是阿基米德式螺旋抽水机的发明者，这是一种在圆筒里装有螺旋片的装置，可以将水从低处泵至高处。

在数学方面，他借助实用的方法得到，最大半径相同且高度相同的圆

柱、球和圆锥的体积之比为3:2:1。许多人还认为阿基米德是微积分理论的先驱，而微积分理论直到17世纪才逐渐成熟。在公元前212年的叙拉古战役中，他被古罗马士兵杀害。

主要作品

约公元前250年 《圆的度量》
约公元前225年 《论球与圆柱》
约公元前225年 《论螺线》

探索的延续

阿基米德逝世300多年后，托勒密（Ptolemy）将π的值近似为3∶8∶30（六十进制表示法），即 $3 + \frac{8}{60} + \frac{30}{3,600} = 3.1416$，其只比π的精确值大0.007%。中国最先用3作为π的近似值，从公元2世纪开始改用 $\sqrt{10}$。$\sqrt{10}$ 比π的精确值大2.1%。此后，刘徽又用3,072边形计算出了π的估计值为3.1416。到了5世纪，祖冲之父子用24,576边形得到了π的估计值，为 $\frac{355}{113} = 3.14159292$，这一精确程度（小数点后7位）在欧洲直到16世纪才达到。

在印度，数学家与天文学家阿耶波多（Aryabhata）在其于公元499年创作的天文学著作《阿里亚哈塔历书》中提出了一种计算π的方法："4加上100，乘以8，再加上62,000，非常接近直径为20,000的圆的周长。"这说明，圆周率可近似为 $[8 \times (100 + 4) + 62,000] \div 20,000 = 62,832 \div 20,000 = 3.1416$。

婆罗摩笈多借助正12、24、48、96边形得到了一系列近似于π

> 圆周率永无尽头，我愿意尝试寻找更多位数。
> ——埃玛·岩尾
> 日本计算机科学家

的平方根，分别是 $\sqrt{9.65}$、$\sqrt{9.81}$、$\sqrt{9.86}$ 和 $\sqrt{9.87}$。精确至4位小数后，他得到 $\pi^2 = 9.8696$，进而将其简化为 $\pi = \sqrt{10}$。

9世纪，数学家阿尔·花剌子模曾分别将 $3\frac{1}{7}$、$\sqrt{10}$ 和 $\frac{62,832}{20,000}$ 作为π的值。在这3个数中，第1个数是古希腊人给出的估计，而后两个是古印度人的成果。英国传教士阿德拉德（Adelard）于12世纪翻译了阿尔·花剌子模的著作，重新唤起欧洲人探索π的热情。比萨的列奥纳多（斐波纳契）曾在其《计算之书》一书中推广阿拉伯数字，他又于1220年计算得出了π的值，

为 $\frac{864}{275} = 3.141$。与阿基米德的结果相比，这一结果是一次微小的改进，但其精确程度不及托勒密、祖冲之和阿耶波多。两个世纪后，意大利博学家莱昂纳多·达·芬奇（Leonardo Da Vinci）提出，可以通过构造一个长为圆周长、宽为圆半径之一半的矩形来得到圆的面积。

到16世纪末期，阿基米德在古希腊时期提出的计算π的方法仍被使用。1579年，法国数学家弗朗索瓦·韦达（Francois Viète）使用正393,216边形将π计算到了小数点后10位。1593年，佛兰德数学家阿德里安·范·罗门使用 2^{30} 边形得到π的小数点后17位数；3年后，数学教授鲁道夫·范·科伊伦将π计算到了小数点后35位。

反正切函数的级数展开式为计算π提供了一种新方法，这一新方法由苏格兰数学家詹姆斯·格雷果里于1671年提出。1674年戈特弗里德·莱布尼茨也独立提出了这一方法。所谓反正切函数的级数展开，是一种根据三角形已知的边长信息来确定内角大小的方法。这种

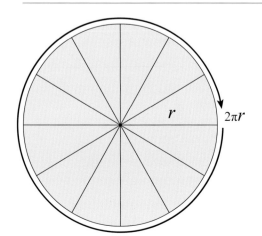

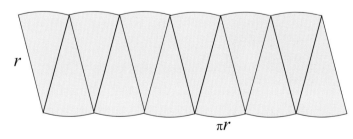

把圆分割成几部分，再将其重新拼成一个类似矩形的形状，我们便可得到圆的面积是 πr^2。这一矩形的高度大致是圆的半径r，宽度是圆周长的一半（2πr的一半，即πr）。

位于埃及的胡夫金字塔的周长与高度之比几乎等于2π，这似乎表明，古埃及的建筑师已经有圆周率的概念了。

方法涉及弧度制，即转动一圈相当于转动了2π弧度（等于360°）。

遗憾的是，如果使用这种级数展开的方法计算π，即便只想得到很少的位数，也需要进行成百上千项计算。18世纪，莱昂哈德·欧拉等许多数学家试图寻求利用反正切函数求π的更高效的方法。1841年，英国数学家威廉·卢瑟福（William Rutherford）通过反正切函数的级数展开将π计算至了小数点后208位。

到了20世纪，计算器与计算机的发明让计算π的值变得更为容易。1949年，经过70小时的计算可以得到π的2,037位数；4年后，大约13分钟就能计算至π的3,089位。1961年，美国数学家丹尼尔·尚克斯（Daniel Shanks）与约

翰·伦奇（John Wrench）使用反正切函数的级数展开在8小时内将π计算到了小数点后100,625位。1973年，法国数学家让·吉洛（Jean Guillaud）与马丁·鲍耶（Martin Bouyer）计算至小数点后100万位；1989年，大卫·丘德诺夫斯基（David Chudnovsky）与格雷果里·丘德诺夫斯基（Gregory Chudnovsky）兄弟二人又将其计算至了小数点后10亿位。

2016年，瑞士粒子物理学家彼得·特鲁布（Peter Trueb）使用一款名为*y-cruncher*的软件将π计算至了小数点后22.4万亿位。此后，2019年3月，计算机科学家埃玛·岩尾计算至了π小数点后31万亿多位，创下了新的世界纪录。■

圆周率的应用

科学家经常在计算中用到π。例如，根据"将已知的圆直径乘以π便可得到圆的周长"这一基本原理，就可以计算出星球表面上空不同高度飞行轨道的长度。2015年，美国国家航空航天局（NASA）的科学家用此方法计算了"黎明号"探测器绕谷神星（火星与木星之间的小行星带中的一颗矮行星）的飞行时间。

当NASA喷气推进实验室的科学家们希望探测木卫二（木星的一颗卫星）星球表面的氢含量时，他们需要首先计算木卫二的表面积，随后进一步估算单位面积的氢含量。球体的表面积是$4\pi r^2$；由于木卫二的半径已知，那么计算其表面积便易如反掌。

假设某人站在地球表面某处，如果已知此人所处的纬度，那么我们就可以通过π计算出其随地球自转一圈移动的距离。

天体物理学家在计算中借助π来确定星球的轨道，并分析土星等行星自身的特性。

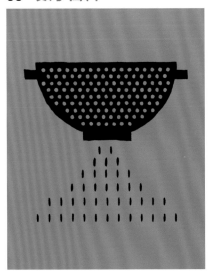

我们用"筛子"将数字区分开

埃拉托斯特尼筛法

背景介绍

主要人物
埃拉托斯特尼（约公元前276年—约公元前194年）

领域
数论

此前
约公元前1500年 古巴比伦人已经能区分素数与合数了。

约公元前300年 欧几里得在《几何原本》（第9卷命题20）中证明，素数有无穷多个。

此后
19世纪初 卡尔·弗里德里希·高斯与法国数学家阿德利昂-玛利·勒让德（Adrien-Marie Legendre）分别独立提出了关于素数分布的猜想。

1859年 波恩哈德·黎曼（Bernhard Riemann）提出了关于素数分布的一个猜想。这一猜想被用来证明有关素数的诸多其他定理，但其本身目前仍未被证明。

除了计算地球的周长、地球到月球与太阳的距离，古希腊博学家埃拉托斯特尼（Eratosthenes）还发明了一种寻找素数（又称质数）的方法。素数只能被1和它本身整除，几个世纪以来一直让数学家倍感好奇。埃拉托斯特尼发明了一种用"筛子"来筛除不是素数的数字的方法：先画一个数字表，再依次划掉2、3、5及更大数字的倍数。这种方法让找寻素数变得十分简便。

素数有且只有两个因数：1和它本身。古希腊人已经意识到了素数的重要性——它们是构建所有正整数的"砖块"。欧几里得在《几何原本》中论述了合数（大于1，并且可通过整数相乘得到的整数）与素数的诸多性质。例如，任何（大于1的）整数要么可以写成几个素数的乘积，要么本身就是素数。数十年后，埃拉托斯特尼提出了可以找出所有素数的方法。我们先画一个1到100的数字表

埃拉托斯特尼发明了筛法，加快了寻找素数的步伐。

把数字写在一个表格里。

素数的倍数被按照规则依次划掉。

这种方法最终可以得到一个清楚标出了哪些数字是素数的表格。

参见: 梅森素数 124页,黎曼猜想 250~251页,素数定理 260~261页,有限单群 318~319页。

埃拉托斯特尼筛法从一个写有连续数字的表格开始。首先,1被划掉。接下来除了2本身之外的所有2的倍数都被划掉。随后对3、5和7的倍数进行同样的操作。进而,由于8、9和10都是2、3、5的倍数,所以任何大于7的数字的倍数都已经被划掉了。

□ 素数

▨ 1与合数

1	2	3	4	5	6	7	8	9	10
11	12	13	14	15	16	17	18	19	20
21	22	23	24	25	26	27	28	29	30
31	32	33	34	35	36	37	38	39	40
41	42	43	44	45	46	47	48	49	50
51	52	53	54	55	56	57	58	59	60
61	62	63	64	65	66	67	68	69	70
71	72	73	74	75	76	77	78	79	80
81	82	83	84	85	86	87	88	89	90
91	92	93	94	95	96	97	98	99	100

（见上图）。很明显,1不是素数,因为它只有1这一个因数。2是第一个素数,也是唯一的偶素数。由于其他偶数都能被2整除,因此它们一定不是素数,那么余下的素数一定都是奇数。下一个素数是3,它只有两个因数,那么3的倍数都不是素数。由于数字4(2×2)的倍数都是偶数,所以它们已经被划掉了。下一个素数是5,于是5的倍数都不是素数。由于数字6及其倍数都是3的偶数倍数,因此它们已经在素数的候选列表中被剔除了。接下来的素数是7,它的倍数49、77和91都不是素数。由于所有9的倍数都是3的倍数,因而它们已经被划掉了;而10的倍数都是5的偶数倍数,它们也已被排除在外了。此后11到100这些数字的倍数均已被剔除,后续的数字可以以此类推。100以内的素数只有25个

(从最开始的2、3、5、7、11一直到97),而我们只需简单地移除2、3、5、7的倍数便可得到这些素数。

探索仍在继续

自17世纪以来,素数一直吸引着数学家的注意力,皮埃尔·德·费马、马林·梅森(Marin Mersenne)、莱昂哈德·欧拉以及卡尔·弗里德里希·高斯等人都在深入探寻素数的性质。

即使是在计算机时代,判断一个巨大的数字是否为素数仍颇具挑战性。公钥密码体制使用两个大素数来加密信息,这是所有互联网安全的基础。如果黑客真的找寻到了大整数素数分解的简单方法,那么人们就需要发明一套新的密码体系来应对。■

埃拉托斯特尼

埃拉托斯特尼于公元前276年左右出生在古希腊古城昔兰尼。他曾在雅典求学,后来成为一名数学家、天文学家、地理学家、音乐理论家、文学批评家和诗人。他曾在古文明时期最大的学术中心——亚历山大图书馆担任馆长。他创建并命名了"地理学"这一学科,并提出了诸多沿用至今的地理学术语,因而被誉为"地理学之父"。

埃拉托斯特尼还认识到地球是球形的,并通过比较古埃及南部的阿斯旺与北部的亚历山大港两地的正午太阳高度角计算出了地球的周长。此外,他还绘制出了第一幅带有经线、赤道甚至是极区的世界地图。他于公元前194年左右去世。

主要作品

《论地球的度量》
《地理学》

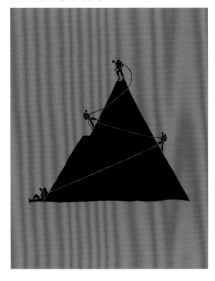

几何学的杰作

圆锥曲线

背景介绍

主要人物

阿波罗尼奥斯（约公元前262年－公元前190年）

领域

几何

此前

约公元前300年 欧几里得在共13卷的《几何原本》中列出一系列命题，建立了平面几何学的基础。

约公元前250年 在《论劈锥曲面体与球体》中，阿基米德研究了圆锥曲线绕轴旋转形成的立体图形。

此后

约1079年 波斯博学家欧玛尔·海亚姆（Omar Khayyam）使用相交的圆锥曲线求解代数方程。

1639年 在法国，16岁的布莱士·帕斯卡（Blaise Pascal）断言，圆内接六边形的3组对边相交形成的3个交点在同一条直线上。

在古希腊孕育的众多具有开创性的数学家中，阿波罗尼奥斯是最杰出的一位。在欧几里得的著作《几何原本》问世后，他开始学习数学，并追随欧几里得的脚步，将公理（被认为是正确的陈述）作为后续论述与证明的起点。

阿波罗尼奥斯的作品覆盖诸多学科，包括光学（光线如何行进）、天文学以及几何学。他的大多数作品只有残存的片段，但最具影响力的《圆锥曲线论》则保留得相对完整。此书共8卷，现存7卷：1～4卷为希腊语版，5～7卷为阿拉伯语版。这部著作是写给那些熟知几何学知识的数学家的。

我将《圆锥曲线论》第2卷通过我儿子……带给您……请您仔细阅读，如果有必要的话可以与他人交流。

——阿波罗尼奥斯

一种全新的几何学

欧几里得等古希腊早期数学家主要关注直线与圆这些最纯粹的几何元素。而阿波罗尼奥斯则从三维空间的视角审视它们：如果将一个圆与从其所在平面上下穿过该圆且过同一个定点（顶点）的直线相结合，便形成一个圆锥体。用不同方式切割这一圆锥体，就会形成一系列不同的曲线，这就是所谓的圆锥曲线。

在《圆锥曲线论》中，阿波罗尼奥斯细致入微地阐释了这一几何作图的新世界，并对圆锥曲线的性质进行了定义及探究。他首先假定存在汇于同一顶点的两个圆锥，且它们锥底的面积可以延伸至无穷大，并以此作为后续研究的基础。他将其中3类圆锥曲线分别命名为椭圆（ellipse）、抛物线（parabola）和双曲线（hyperbola）。一个平面沿倾斜的角度切割圆锥，就形

参见: 欧几里得的《几何原本》52~57页,坐标 144~151页,摆线下方面积 152~153页,射影几何 154~155页,复数平面 214~215页,非欧几里得几何 228~229页,费马大定理的证明 320~323页。

成椭圆;而沿与圆锥侧面平行的方向切割,便形成抛物线;如果沿竖直方向切割,便形成双曲线。尽管他将圆视为第4类圆锥曲线,但圆本质上只是平面沿与圆锥轴线垂直的方向切割圆锥时产生的一种特殊的椭圆而已。

为后世研究铺路

　　阿波罗尼奥斯对这4类几何对象进行探究时并没有使用代数公式,甚至没有使用数字。然而,他将圆锥曲线看作沿某一方向的平行线上的一系列点组成的集合。这一视角促成了此后几何坐标系的诞生。虽然他的成果没有达到1,800年后法国数学家勒内·笛卡儿(René Descartes)、皮埃尔·德·费马的那种精确程度,但与圆锥曲线的坐标表示已然十分契合。让阿波罗尼奥斯的成果止步于此的原因有很多。例如,他当时没有负数的概念,也没有明确使用0。

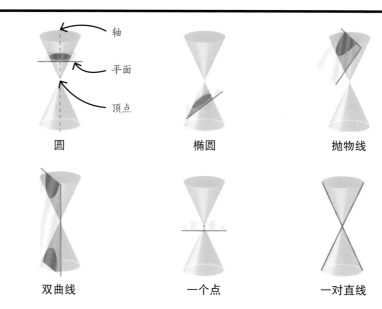

取一平面与圆锥相交,得到的曲线即为圆锥曲线。圆锥曲线并非只有阿波罗尼奥斯描述的几类:当平面横穿过顶点时,相交得到一个点;而当平面沿一定角度斜穿过顶点时,相交得到一对直线。

所以,尽管笛卡儿后来发明的坐标系包含4个象限,同时包含正坐标与负坐标,但阿波罗尼奥斯仅用一个象限就得到了这些卓越的成果。

　　中世纪时,阿波罗尼奥斯的研究促成了几何学的诸多进展。文艺复兴时期,他的成果在欧洲重新为人所知,并带领数学家开启了解析几何的大门,推动了科学革命。■

（圆锥曲线是）打开通往最为重要的自然规律的大门所必需的钥匙。
——艾尔弗雷德·诺思·怀特海
(Alfred North Whitehead)
英国数学家

阿波罗尼奥斯

　　我们对阿波罗尼奥斯的生平了解甚少。他于约公元前262年出生于安纳托利亚高原(现土耳其境内)南部的佩尔格,这曾是敬拜神祇阿尔忒弥斯的中心之一。他来到文化圣城亚历山大港,跟随欧几里得的后继者学习。

　　据说,《圆锥曲线论》的8卷全部是阿波罗尼奥斯在古埃及时所著的。前面的内容大多在欧几里得的时代就为人所知,但后续内容是几何学的重大突破。

　　阿波罗尼奥斯并非仅因圆锥曲线而享有盛名。他对圆周率的估计要比同时代的阿基米德更为精确;此外,他首次指出球面反射镜不能汇聚太阳光,抛物面反射镜才可以。

主要作品

约公元前200年 《圆锥曲线论》

度量三角形的艺术

三角学

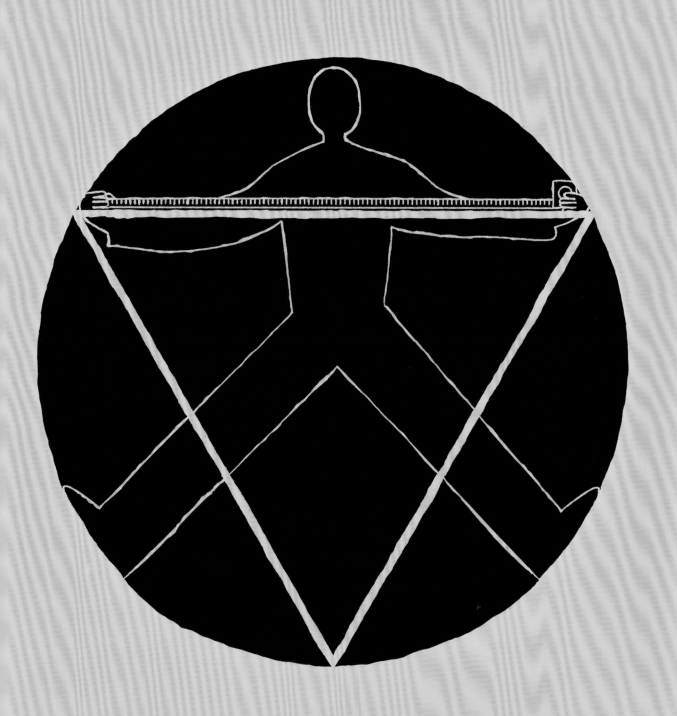

背景介绍

主要人物
喜帕恰斯（约公元前190年—公元前120年）

领域
几何

此前
约公元前1800年 古巴比伦时期的普林顿322号泥板上面有一列勾股数，这比毕达哥拉斯提出公式 $a^2+b^2=c^2$ 要早很长时间。

约公元前1650年 古埃及莱因德纸草书上有金字塔坡度的计算方法。

公元前6世纪 毕达哥拉斯提出了关于三角形几何学的一个定理。

此后
500年 古印度人开始使用第一张三角函数表。

1000年 伊斯兰世界的数学家掌握了三角形边与角的各种比例关系的应用。

三角学（trigonometry）一词由"三角形"（triangle）和"度量"（measure）两词的希腊语构成，其在数学学科的历史及现代的发展过程中有着举足轻重的地位。三角学是数学最重要的分支之一，它让人们能够环游世界，能够理解电，还能够测量山的高度。

早在远古时期，人类文明就认识到了直角在建筑学中的必要性，这促使数学家对直角三角形的性质加以研究。直角三角形都有两条短边（它们长度不一定相等）和一条对角边（斜边），斜边比另外两条边要长。所有三角形都有3个内角，而直角三角形的一个内角是90°。

普林顿泥板

在20世纪的最初几年里，人们在一块古巴比伦时期的泥板上发现了公元前1800年左右的人们对三角形的研究。这块泥板由美国人乔治·普林顿于1923年买下，因而被称作"普林顿322号"。泥板上刻有与直角三角形相关的一些数字信息，这些信息的准确含义备受争议。然而，泥板上面出现了勾股数（表示直角三角形3条边长的3个正数），以及另一组像是边长的平方之比的数字。这块泥板最初的用途不得而知，可能在实际测量尺寸时被用作参考。

三角学是一门研究三角形边角关系的学科。

任意三角形的3个内角之和均为180°。

已知两个内角，就可以确定第3个内角的大小。

直角三角形的各边长比例被称为三角比。

如果三角形的内角已知，且一条边的长度已知，那么其他边的长度也可以被确定。

即便并非由他发明，喜帕恰斯也是有历史记载的系统地使用三角学方法的第一人。

——托马斯·希思爵士
英国数学史学家

参见：莱因德纸草书 32~33页，毕达哥拉斯 36~43页，欧几里得的《几何原本》52~57页，虚数与复数 128~131页，对数 138~141页，帕斯卡三角形 156~161页，维维亚尼三角形定理 166页，傅里叶分析 216~217页。

古埃及的数学家几乎与古巴比伦的数学家同时产生了对几何学的兴趣。这一兴趣不仅源于他们宏伟的建筑工程，还与尼罗河每年的洪水有关。每次洪水退去，他们便不得不重新划定土地区域。莱因德纸草书是一份写有各种与分数相关的表格的卷轴，彰示着古埃及人的兴趣所在。其中的一个表格里有这样一个问题："如果金字塔高250肘，底边长360肘，那么它的坡度是多少？"这是一个纯粹的三角学问题。

喜帕恰斯建立体系

受古巴伦文明关于角的研究的影响，古希腊学者不再像早期的数学家那样依靠各种数字表格进行研究，而是将三角学发展成为拥有一套明确规则体系的数学分支。天文学家、数学家喜帕恰斯通常被誉为三角学的奠基人。公元前2世纪时，他对圆与球的内接三角形以及角度与弦（连接圆或任意曲线上两点的直线）的长度之间的关系尤其感兴趣。首个真正意义上的三角函数表正是由喜帕恰斯编制的。

托勒密的贡献

大约300年之后，天才博学家克罗狄斯·托勒密编纂了一部数学专著《数学论文》（*Syntaxis Mathematikos*），后被学者更名为《天文学大成》（*Almagest*）。托勒密在本书中沿用了喜帕恰斯对三角形与圆的弦的研究思路，并给出了在天体沿圆轨道绕地球旋转的假设之下，太阳与其他天体位置的预测公式。和此前的数学家一样，托勒密当时使用的是古巴比伦的数字系统，即基于数字60的六十进制计数系统。

中世纪时期使用的星盘依据三角学原理来测算天体位置。据说，星盘的发明者是喜帕恰斯。

托勒密的研究在古印度得到了进一步延续，古印度将日渐成熟的三角学视作天文学的一部分。古印度数学家阿耶波多继续对弦进行研究，并编制出了首个现今被称为正弦函数的表格。他给出了所有可

喜帕恰斯

喜帕恰斯于公元前190年左右出生。我们对喜帕恰斯的生平了解甚少，但他在罗德岛工作期间的研究成果让他足以被称为天文学家。托勒密在《天文学大成》中将喜帕恰斯的成果保留下来，并称他为"热爱真理的人"。

在喜帕恰斯的诸多著作中，唯一流传至今的是他对诗人阿拉托斯与数学家、天文学家欧多克索斯的著作《物象》的评述，他对《物象》中与星座相关的不精准的表述进行了批判。喜帕恰斯对天文学最重要的贡献是《大小和距离》（曾为托勒密所用，现已失传）。他对太阳与月球的轨道进行了研究，并计算出了二分二至对应的日期。他还编制出了一张星表，其或许正是托勒密在《天文学大成》中所使用的星表。喜帕恰斯于公元前120年去世。

主要作品

公元前2世纪 《大小和距离》

三角学的种类

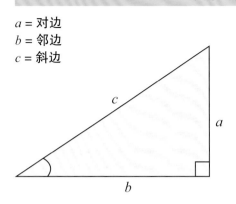

a = 对边
b = 邻边
c = 斜边

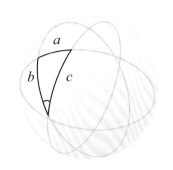

平面三角学是对平面（二维空间的平直表面）上三角形的研究。平面三角学可被应用于建筑学中，例如保证建筑的稳定性。物理学家还利用平面三角学对运动进行建模。

球面三角学是对球面（三维空间的弯曲表面）上三角形的研究。天文学家利用球面三角学计算天体的位置，航海学中利用它计算经纬度。

能的正弦比与余弦比。例如，当斜边（三角形的最长边）以及角的对边已知时，这些比例关系可以帮助确定第3条边的长度。

7世纪，另一位伟大的古印度数学家与天文学家婆罗摩笈多在几何学与三角学上取得了卓越的成就，他推导出了婆罗摩笈多公式。

三角学如同其他数学分支一样，并非只是一个人或一个国度的思想火花。
——卡尔•本杰明•波耶
美国数学史学家

这一公式可用于计算圆内接四边形的面积。如果将该四边形分割成两个三角形，我们还可以用三角学方法计算其面积。

三角学在伊斯兰世界的发展

到了9世纪，波斯天文学家与数学家哈巴什（Habash al-Hasib）编制出首批正弦、余弦与正切函数表，并将其用于三角形角与边的计算中。几乎与此同时，天文学家阿尔•巴塔尼（al-Battani）延续了托勒密对正弦函数的研究成果，将其应用于天文计算之中。阿拉伯学者研究三角学的动机并非只出自天文学，还与宗教信仰相关。对他们来说，身处世界各地时，知道圣城所在的方位十分重要。12世纪，印度数学家、天文学家婆什迦罗第二（Bhaskara Ⅱ）开创了球面三角

学的先河，研究球体表面上的三角形及其他几何图形，而不再局限于平面图形。

自此，三角学在航海与天文上变得极为重要。中世纪，伊斯兰世界的学者十分推崇婆什迦罗第二的研究成果，同时，早在他之前就研究三角学的托勒密所创作的《天文学大成》中的思想也得到了认可。

对天文学的帮助

随着三角学的发展，人们对宇宙的认知方式逐渐发生了转变。此前，科学家被动地观测并记录天体的运动特征，而此后，他们开始使用数学方法进行建模，进而更准确地预测未来的天象。在16世纪欧洲日益发展之前，三角学只是人们作为天文学研究的一个辅助工具。1533年，德国数学家约翰•缪勒（又名雷格蒙塔努斯）所著的《论各种三角形》发表，书中系

对数表只是一个小表格，但我们可以用它探求所有几何维度的知识，研究空间中物体的运动方式。
——约翰•纳皮尔
（John Napier）

统整理了有关平面三角形（二维）与球面三角形（三维球面上的三角形）的边与角计算的所有已知定理。这部著作的发表标志着三角学发展迎来了转折点：三角学不再只是天文学的一个分支，更是几何学的重要组成部分。

三角学的发展仍未停止。虽然三角学隶属几何学领域，但它还被越来越多地应用在代数方程的求解之中。在1572年意大利数学家拉斐尔·邦贝利（Rafael Bombelli）发明的虚数系统的辅助下，法国数学家弗朗索瓦·韦达给出了用三角函数求解代数方程的方法。

16世纪末，意大利物理学家与天文学家伽利略·伽利雷（Galileo Galilei）运用三角学对重力作用下的抛物轨迹进行了建模。现在，人们仍在用他给出的公式来研究火箭与导弹在空中的运行轨迹。荷兰制图师与数学家杰玛·弗里修斯（Gemma Frisius）使用三角学方法测距，并首次绘制出了精确的地图。

新的进展

到了17世纪，三角学的发展步伐进一步加快。苏格兰数学家约翰·纳皮尔于1614年发明了对数，使得正弦、余弦及正切函数表的编制变得更为精确。1722年，法国数学家亚伯拉罕·棣莫弗（Abraham de Moivre）将韦达的工作进一步推进，提出了在复数的分析中使用三角函数的方法。复数包含实数与虚数，它在力学与电气工程学中发挥着巨大作用。莱昂哈德·欧拉利用棣莫弗的研究结果，推导出了"最美的数学公式"：$e^{i\pi}+1=0$。此公

1936年，英国地形测量局在威尔士建立了一个三角测量站网络，如图中这块"三角点"标志石。英国地形测量局利用三角点绘制出了大不列颠岛的精确地图。

式也被称为欧拉恒等式。

18世纪时，约瑟夫·傅里叶（Joseph Fourier）将三角学应用于对不同形式的波与振动的研究之中。"傅里叶级数"在科学领域被广泛使用，光学、电磁学以及如今的量子力学也都离不开它。从最开始古巴比伦人与古希腊人对地面上竹竿影子的长度的思考，到建筑学与天文学，再到现代的应用，三角学已经成为数学语言的一部分，帮助我们探索世界。∎

正弦公式	$\sin\theta = \dfrac{对边}{斜边}$	正切公式	$\tan\theta = \dfrac{对边}{邻边}$
余弦公式	$\cos\theta = \dfrac{邻边}{斜边}$		

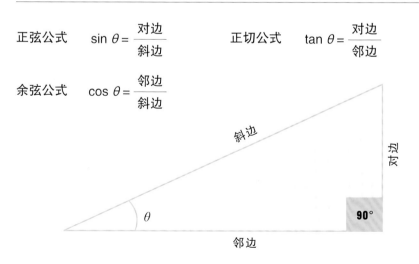

我们希望计算直角三角形中未知内角（θ）的大小。如果已知对边（与θ相对的边）和斜边长度，则使用正弦公式；如果已知邻边与斜边长度，则使用余弦公式；而如果已知对边与邻边长度，则使用正切公式。

比"没有"还要小的数

负数

背景介绍

主要文明

中国古代（约公元前1700年—约公元600年）

领域

数系

此前

约公元前1000年 中国人用竹制算筹表示数字，其中包括负数。

此后

628年 古印度数学家婆罗摩笈多提出了负数的算术规则。

1631年 英国数学家托马斯·哈里奥特（Thomas Harriot）所著的《使用分析学》一书，在他去世10年后才得以发表。此书在代数符号方面接受了负数的存在。

虽然以中国古代为代表的早期文明早已使用某些符号来表示负数，但在数学中，"负数"这一概念经历了漫长的时间才被大家认可。古希腊的思想家以及后来欧洲的诸多数学家都认为，所谓的负数（比"没有"还要小的量）是一个荒谬的概念。直到17世纪，欧洲数学家才完全接受负数。

中国的算筹计数法

"负数"这一概念最早从商业的账务核算中衍生而来。卖方因卖东西而获得一笔钱（正数），与此同时，买方花费了相同数量的钱，造成账务赤字（负数）。中国古代的商人在一块大木板上摆放竹

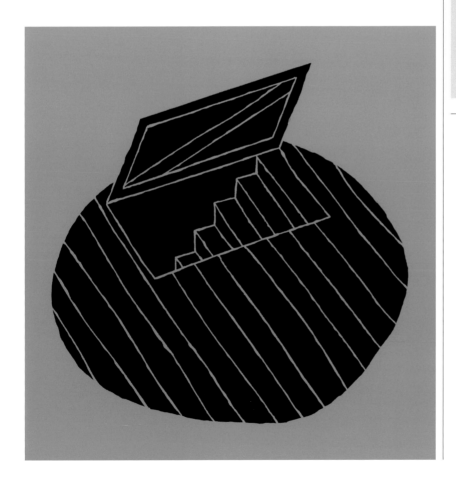

参见： 位值制计数系统 22~27页，丢番图方程 80~81页，零 88~91页，代数 92~99页，虚数与复数 128~131页。

在中国的算筹计数法中，红色代表正数，黑色代表负数。为了尽可能清晰地表示数字，算筹被纵横交替地摆放。例如，数字752可以用纵向的7、横向的5以及纵向的2来表示。空白位置表示零。

正数	0	1	2	3	4	5	6	7	8	9
纵向		Ⅰ	Ⅱ	Ⅲ	ⅢⅠ	ⅢⅡ	⊤	⊤Ⅰ	⊤Ⅱ	⊤Ⅲ
横向		一	二	三	亖	亖一	⊥	⊥一	⊥二	⊥三

负数	0	−1	−2	−3	−4	−5	−6	−7	−8	−9
纵向		Ⅰ	Ⅱ	Ⅲ	ⅢⅠ	ⅢⅡ	⊤	⊤Ⅰ	⊤Ⅱ	⊤Ⅲ
横向		一	二	三	亖	亖一	⊥	⊥一	⊥二	⊥三

制的小木棍（算筹），来进行与商业相关的算术。他们将正数与负数分别用不同颜色的算筹表示，并且可以进行加法运算。公元前500年左右，中国古代军事家孙武就在战争前用算筹进行过计算。

到公元前150年，算筹计数法演变为用5个一组、纵横交替摆放的算筹来计数。到了隋朝（581—619年），中国人使用三角形算筹来表示正数，用长方形算筹来表示负数。人们将算筹计数法应用于贸易与税收计算中，收入用红色算筹表示，债务用黑色算筹表示。与收入可抵销债务类似，不同颜色的算筹进行加法运算时会相互抵消。正数（红色算筹）与负数（黑色算筹）二者与生俱来的两极关系与中国古代的哲学思想相契合。古代的中国人认为对立又统一的阴阳两仪是宇宙万物之规律。

不断变化的财富

公元1世纪左右，古代的中国人撰写了一部数学知识合集《九章算术》（见右侧专栏）。这部著作是古代中国人数学知识的结晶，其中一些算法已经接受了负数的存在，盈亏问题的求解就是一例。而古希腊的数学则与之不同，其建立在几何学的基础之上，探讨几何度量及比例关系。由于实际的长度、面积、体积这些几何量只能是正数，所以负数在古希腊数学家眼中毫无道理可言。

到了公元250年左右丢番图所

中国古代的数学

《九章算术》一书汇集了古代中国人的数学智慧，全书收录了246个实际问题及相应的解答。

此书前5章主要与几何（面积、长度与体积）和算术（比例、平方根与立方根）相关。第6章讨论税收，其中涉及正比例、反比例、复比例等诸多直到16世纪欧洲才产生的概念。第7章与第8章讨论一次方程的求解，使用的方法为"盈不足术"（又称"双假设法"，double false position）。这种方法是，分别在一次方程中代入两个假设的（错误的）值，再根据结果继续求解。最后一章探讨勾股定理（毕达哥拉斯定理）的应用及二次方程的求解。

在摄氏温标下，如果一个物体（例如冰晶）的温度是负数，则表示其温度低于水的凝固点0℃。

×	−4	−3	−2	−1	0	1	2	3	4
−4	16	12	8	4	0	−4	−8	−12	−16
−3	12	9	6	3	0	−3	−6	−9	−12
−2	8	6	4	2	0	−2	−4	−6	−8
−1	4	3	2	1	0	−1	−2	−3	−4
0	0	0	0	0	0	0	0	0	0
1	−4	−3	−2	−1	0	1	2	3	4
2	−8	−6	−4	−2	0	2	4	6	8
3	−12	−9	−6	−3	0	3	6	9	12
4	−16	−12	−8	−4	0	4	8	12	16

负数乘以负数得到正数。这就解释了为什么所有的正数都有两个平方根（一正一负），而负数没有实平方根：因为正数的平方仍然是正数，而负数的平方也是正数。

▨ 正数
▨ 负数

生活的年代，人们已经会使用一次和二次方程来解决问题，然而方程的未知量仍用"长度"这一几何概念来表示。因此，将负数作为方程的解在他们看来仍然很荒谬。

大约400年之后，古印度在负数的算术应用方面取得重大进展，这尤其体现在数学家婆罗摩笈多的著作中。他规定了负数的算术法则，并用一个记号来代表负数。与古代的中国人一样，婆罗摩笈多也运用金融术语描述数字，他将正数称作"财富"，将负数称作"债务"。他将正数和负数的乘法法则叙述为：

两笔财富的乘积是财富；两笔债务的乘积是财富；一笔债务与一笔财富的乘积是债务；一笔财富与一笔债务的乘积是债务。

然而，计算两枚硬币的乘积是没有意义的。毕竟，只有实际数值才可以进行乘法运算，金钱本身是无法参与计算的（正如你不能用苹果乘以苹果）。因而，婆罗摩笈多实际上是在探讨正数与负数的算术法则，所谓的财富与债务只是为了辅助理解正数和负数的实际含义。

波斯数学家和诗人阿尔·花剌子模创立的理论，尤其是有关代数的理论，为后世的欧洲数学家带来了巨大影响。他了解婆罗摩笈多的思想，并理解负数在债务处理方面的用途。然而，他并未在代数领域认可负数，他认为负数是无意义的。在求解一次与二次方程时，阿尔·花剌子模使用几何学方法求解。

接受负数

在整个中世纪，欧洲数学家自始至终都不确定负数是否是真正的数。意大利博学家吉罗拉莫·卡尔达诺于1545年出版的《大术》一书中仍然对负数的使用模棱两可。他在书中讨论了一次、二次与三次方程的求解方法，但他无法将方程的负数解排除在外，并使用符号*m*来表示负数。然而他并不认可负数，称它们是"虚构的"（fictitious）。勒内·笛卡儿也承认方程可以有负数解，但他不认为这种解是真实的数，而称其为"伪根"（false roots）。

英国数学家约翰·沃利斯（John Wallis）将数轴拓展至0以下的部分，进而赋予了负数一定的意义。这种把数与数轴对应起来的视角让负数具有了与正数同等的地位，且为人们所接受。直到19世纪末，负数在数学的框架中才有了严格的定义，数学家也不再像以前一

> **负数是矛盾与荒谬的实证。**
>
> ——奥古斯塔斯·德·摩根
> 英国数学家

样从数量的角度来看待负数。如今，从银行业务到温标，再到亚原子粒子上的电荷，负数在诸多领域得到应用。负数再也不像当年那样在数学中有着模棱两可的地位了。■

1857年，投资者在纽约的Seamen储蓄银行门口挤兑。当时，美国银行的放贷数达百万美元（负的数量），但没有足够的金钱储蓄（正的数量）作为支撑，因此造成了恐慌的局面。

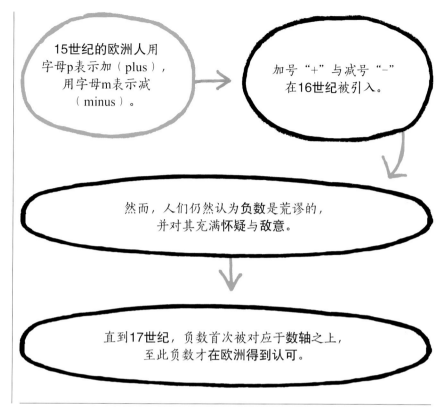

15世纪的欧洲人用字母p表示加（plus），用字母m表示减（minus）。

加号"+"与减号"-"在16世纪被引入。

然而，人们仍然认为**负数**是荒谬的，并对其充满**怀疑**与**敌意**。

直到17世纪，负数首次被对应于**数轴**之上，至此负数才在欧洲得到认可。

算术之精华

丢番图方程

背景介绍

主要人物

丢番图（约公元200年－约公元284年）

领域

代数

此前

约公元前800年 古印度学者鲍达耶那对一些后来被称为"丢番图方程"的方程求解。

此后

约1600年 弗朗索瓦·韦达为丢番图方程的求解建立了基础。

1657年 皮埃尔·德·费马在他的《算术》译本上写下了费马大定理（一个关于丢番图方程的定理）。

1900年 戴维·希尔伯特（David Hilbert）提出的第10个待解决的数学问题是能否找到求解各种丢番图方程的算法。

1970年 苏联数学家证明，能求解全部丢番图方程的算法并不存在。

丢番图希望找出有两个以上未知数的方程的**整数**或**有理数**解。

这类方程现在被称为丢番图方程。

虽然其中一部分方程有简单的解，但**大多数方程的解**要么很繁杂，要么不存在。

丢番图方程在**数学家**眼中拥有无穷无尽的魅力。

公元3世纪的古希腊数学家丢番图是数论与算术领域的拓荒者，他创作了一部数学巨著《算术》。此书共13卷，现仅存6卷。他在书中探讨了130个问题，其中涉及方程的理论。他是用符号表示未知数的第一人，奠定了代数学的基础。近100年来，数学家才对所谓的丢番图方程有了充分的认识。

这类方程是当今数论中最有趣的领域之一。

丢番图方程是一类多项式方程，方程中变量（未知数）的次数都是整数，例如$x^3 + y^4 = z^5$。人们希望找到满足丢番图方程的所有可行的变量，其变量的取值必须是整数或有理数（可以写成整数之比的数，例如$\frac{8}{3}$）。在丢番图方程中，

参见: 莱因德纸草书 32~33页, 毕达哥拉斯 36~43页, 希帕蒂娅 82页, 等号与其他符号 126~127页, 20世纪的23个问题 266~267页, 图灵机 284~289页, 费马大定理的证明 320~323页。

> 丢番图首次引入的数学符号……为表示方程提供了一种简单又易于理解的方法。
>
> ——库尔特·沃格尔
> 德国数学史学家

每一项的系数（变量前面的数，例如$4x$中的4）也必须是有理数。丢番图当时只使用正数，而现在的数学家对方程的负数解也同样关心。

对方程解的探索

在丢番图之前，已经有许多关于丢番图方程的问题了。公元前800年左右的古印度数学家就曾在《绳法经》中有所探讨。公元前6世纪，毕达哥拉斯提出了计算直角三角形边长的一个二次方程，这个方程$x^2+y^2=z^2$就是一个丢番图方程。

形如$x^n+y^n=z^n$的丢番图方程看似容易求解，但只有在次数（方程中的n）为2时，才可解。如果方程的次数大于2，这一方程的变量x、y和z就没有整数解。费马于1657年在书的旁注中做此断言，但这一结论直到1994年才被英国数学家安德鲁·怀尔斯（Andrew

随着现代代数学的发展，丢番图《算术》的思想深入影响了17世纪的数学家。图中的拉丁文版《算术》出版于1621年。

Wiles）证明。

魅力之源

丢番图方程数量庞大、种类繁多，且大多数都难以求解。1900年，戴维·希尔伯特指出，研究是否存在算法可以求解全部丢番图方程是数学家面对的巨大挑战之一。

现今我们把丢番图方程分为三大类：无解的、存在有限解的，以及存在无穷解的。相比之下，数学家更关心这类方程的解是否存在，而不是如何求解。1970年，苏联数学家尤里·马季亚谢维奇与其他3位同事经过多年研究，得出"能求解丢番图方程的一般算法并不存在"的结论，解决了希尔伯特的疑问。然而由于这类方程的魅力

很大程度上来自理论，因此数学家仍愿意继续对其进行研究。在好奇心的驱使下，他们相信仍有很多谜团亟待解决。■

丢番图

我们对古希腊数学家与哲学家丢番图的生平了解甚少。他或许在公元200年左右出生于古埃及的亚历山大港。他的著作《算术》一共有13卷。亚历山大港的数学家希帕蒂娅（Hypatia）在对其前6卷的评注中提到，丢番图的这部著作备受欢迎。然而，此书后来并未得到重视，直到16世纪他的宝贵思想才重新为人所知。

公元500年左右，一部关于数学题目与诗文的合集《希腊诗选》出版，其中包含一道据说来自丢番图墓志铭的题目。根据题目可以解出，他于33岁结婚，5年后生有一子，但儿子在42岁时去世，寿命刚好是父亲的一半。题目接着说在他的儿子去世4年后他去世了，享年84岁。

主要作品

约公元250年 《算术》

智慧的苍穹中最璀璨的星

希帕蒂娅

历史上对古代具有开创性的女数学家的记载屈指可数，而亚历山大港的希帕蒂娅就是其中之一。公元400年，作为一名励志的教师，她被聘为亚历山大柏拉图学院的负责人。

希帕蒂娅的成就并非来自她原创性的研究，而来自她对一些经典的数学、天文学与哲学著作的修订与评注。她的父亲席昂是一位德高望重的亚历山大学者。据说希帕蒂娅曾帮助父亲一同完成欧几里得的《几何原本》以及托勒密的《天文学大成》和《实用天文表》的最终修订版。此外，她还致力对经典著作的整理与润色加工，她为丢番图共13卷的《算术》以及阿波罗尼奥斯有关圆锥曲线的著作所做的评注十分精彩。或许希帕蒂娅曾将这些著作的修订版作为教材给学生们使用，因为她在评注中对原文进行了大量阐释，并对一些思想进行了延伸。

这幅亚历山大学者希帕蒂娅的肖像画由朱利叶斯·克朗伯格于1889年创作。在希帕蒂娅被杀害后，她被尊为英勇的殉道者，后来成为女权主义的象征。

希帕蒂娅因其教学水平、科学知识以及聪颖智慧而享有盛名。可惜在公元415年，她被划为"异教"，继而被狂热的基督徒杀害。后来，学术界愈发难以接受女性，长期以来，几乎所有的数学家和天文学家都是男性。直到18世纪启蒙运动时期，女性才获得了潜心钻研学术的机会。■

参见：欧几里得的《几何原本》52~57页，圆锥曲线 68~69页，丢番图方程 80~81页，艾米·诺特与抽象代数 280~281页。

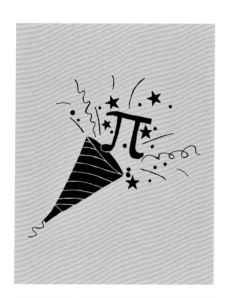

一千年来对圆周率最精确的近似

祖冲之

背景介绍

主要人物
祖冲之（公元429年－公元500年）

领域
几何

此前

约公元前1650年 莱因德纸草书中使用$(\frac{16}{9})^2 \approx 3.1605$为π的近似值，进而计算圆的面积。

约公元前250年 阿基米德利用多边形得到了π的近似值。

此后

约1500年 印度天文学家尼拉坎撒·萨马亚吉（Niakantha Somayaji）使用无穷级数（无穷项序列求和，例如$\frac{1}{2}+\frac{1}{4}+\frac{1}{8}+\frac{1}{16}+\cdots$）计算π。

1665—1666年 艾萨克·牛顿将π计算至小数点后15位。

1975—1976年 计算机通过迭代算法可以将π计算至小数点后无数位。

同古希腊人一样，中国古代的数学家也认识到了π在几何及其他计算中的重要性。自公元1世纪以来，π的近似值不断涌现，其中不乏在实际应用中已经非常精确的近似值。然而，几位中国数学家希望找到计算π的更为精确的方法。公元3世纪，刘徽采用了与阿基米德同样的方法，即在圆内和圆外分别绘制边数不断增加的正多边形，来计算π。他发现，使用96边形便可以得到π的近似值，为3.14。他继续将边数加倍，当边数达到3,072时，他得到的近似值为3.1416。

精确度继续提升

到了公元5世纪，因细致的计算而负有盛名的中国天文学家和数学家祖冲之得到了π更为精确的近似值。他借助12,288边形计算得到π应当在3.1415926和3.1415927之间。他还提出了两个分数近似值，一个是此前已为人所用的"约

率"，即$\frac{22}{7}$，这个值相对来说比较粗放；另一个是由他计算得到的"密率"，即$\frac{355}{113}$，相比之下这个值更为精确。人们后来称之为"祖率"。直到大约1,000年之后，文艺复兴时期的欧洲数学家计算得到的π的精确程度才超过了祖冲之计算的π的精确程度。■

我不禁认为，祖冲之是古代的天才。

——建部贤弘
日本数学家

参见： 莱因德纸草书 32~33页，无理数 44~45页，圆周率的计算 60~65页，欧拉恒等式 197页，蒲丰投针实验 202~203页。

THE MIDDLE AGES
AGES
476–1500

中世纪
476年－1500年

古印度数学家婆罗摩笈多提出了零的意义与用途，并用"债务"表示负数。

"智慧之家"图书馆在巴格达建立，其为伊斯兰世界内思想的交流与发展提供了便利。

阿尔·花剌子模与阿尔·肯迪（al-Kindi）阐释了印度数字的使用方法。这是如今我们使用的阿拉伯数字的前身。

约628年

8世纪末

约825—830年

8世纪

约820年

约930年

古印度数学家开始与阿拉伯学者分享他们的知识。

阿尔·花剌子模撰写了关于代数的书。他在书中引入了许多解方程的方法，这些方法至今仍很重要。

阿布·卡米勒逝世。他是《代数》一书的作者，此书对3个世纪后的列奥纳多（斐波那契）产生了重要影响。

随着西罗马帝国的衰落，欧洲步入中世纪，世界科学与数学研究的中心也从地中海东部移到了中国和古印度。大约从5世纪开始，古印度开启了数学的"黄金时代"。这既建立在古印度悠久的学术传统之上，同时也借鉴了古希腊人的思想。古印度数学家在几何与三角学领域取得了长足的进步，这些领域在天文、航海和工程中都有实际应用。然而，影响最深远的创新之处是，他们发明了一种代表数字零的符号。

杰出的数学家婆罗摩笈多提出，我们可用一种特定符号（一个简单的圆圈，而非空格或占位符）表示数字零。他还表述了这种符号的运算法则。事实上，这一符号此前可能已被人们使用过一段时间。它与古印度的数字系统非常适配，而古印度的数字系统正是现代阿拉伯数字系统的原型。得益于伊斯兰教，古印度的这些成果和其他思想继续影响着数学的历史。

波斯强国

伊斯兰教对哲学与科学探索高度重视。建立于巴格达的"智慧之家"图书馆是一个学习与研究中心，它吸引了伊斯兰世界的许多学者。

对知识的渴求促使人们着手研究古代文献，尤其是那些伟大的古希腊哲学家与数学家的成果。伊斯兰世界的学者不但保全并翻译了这些古希腊文献，还对其加以评述，并提出了他们自己的新概念。他们接受新的想法，并采用了许多创新方法，尤其是古印度的计数系统。与古印度类似，伊斯兰世界步入了学习的"黄金时代"，而且一直持续至14世纪，催生了一系列有影响力的数学家。阿尔·花剌子模就是其中之一，他是代数学发展的关键人物（代数"algebra"一词源自阿拉伯语，表示"重新结合"）。此外，还有其他对二项式定理、二次方程与三次方程的研究做出开创

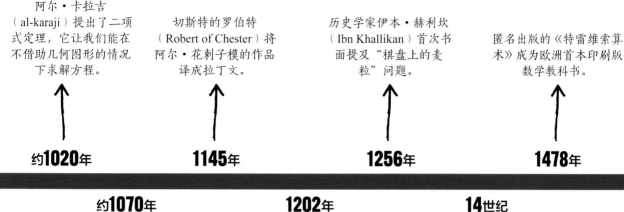

阿尔·卡拉吉
（al-karaji）提出了二项
式定理，它让我们能在
不借助几何图形的情况
下求解方程。

切斯特的罗伯特
（Robert of Chester）将
阿尔·花剌子模的作品
译成拉丁文。

历史学家伊本·赫利坎
（Ibn Khallikan）首次书
面提及"棋盘上的麦
粒"问题。

匿名出版的《特雷维索算
术》成为欧洲首本印刷版
数学教科书。

约1020年 **1145年** **1256年** **1478年**

约1070年 **1202年** **14世纪**

欧玛尔·海亚姆发明了
一种对三次方程分类并
求解的方法。

斐波那契的《计算之书》介绍
了许多阿拉伯学者的思想，其
中包括阿拉伯数字系统和著名
的算术序列。

墨顿学院的牛津计算者
让牛津大学在西方数学
中享有显赫地位。

性贡献的学者。

从东方到西方

在欧洲大地，数学的研究处
于教会的控制之下，且仅局限于欧
几里得的一些著作的早期译本。人
们仍使用烦琐的古罗马计数系统，
这套系统阻碍了数学的进步，因
此，用算盘计算势在必行。然而，
从12世纪开始，人们增加了与伊斯
兰世界的接触。一些人认识到，伊
斯兰世界的学者积累多年的科学知
识蕴含着巨大的价值。从此，基督
教学者得以阅读古希腊和古印度的
哲学与数学著作，以及伊斯兰世界
的学者的作品。阿尔·花剌子模关

于代数的论文于12世纪被切斯特的
罗伯特译为拉丁文。随后不久，欧
几里得的《几何原本》及其他重要
文献的全译本开始在欧洲涌现。

数学的复兴

来自意大利比萨的列奥纳多
（斐波纳契）率领西方世界展开了
数学的文艺复兴。他采用了阿拉伯
数字系统，开始使用代数符号，并
提出了许多原创思想。斐波那契数
列就在其中。

随着中世纪后期贸易的增
多，数学（尤其是算术与代数）变
得愈发重要。天文学的进步也需要
复杂的计算。因此，数学教育在

这段时间受到了更多重视。随着15
世纪活字印刷术的发明，人们获取
《特雷维索算术》等各类书籍变得
很方便，从而使这些新发现的知识
在欧洲传播开来。这些书掀起了一
次"科学革命"，随之而来的是一
场文化的复兴运动，也就是文艺复
兴。■

零减去财富
是债务

零

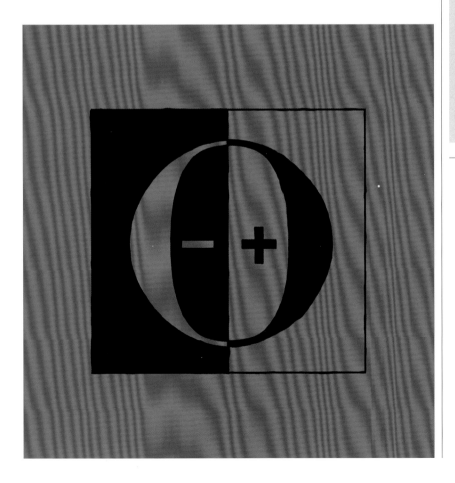

背景介绍

主要人物
婆罗摩笈多（约598-668年）

领域
数论

此前

约公元前700年 古巴比伦的书吏
在泥板上用3个钩形符号表示占位
符零；后来又改用两个倾斜的楔形
文字表示。

公元前36年 玛雅文明的石板之
上出现了用贝壳形状表示的零。

约公元300年 古印度的巴赫沙里手
稿中出现了许多圆形的占位符零。

此后

1202年 列奥纳多（斐波那契）通
过他的《计算之书》将零引入欧洲。

17世纪 最终，零被视作一个数，
并得到了广泛的应用。

用一个数表示"某物并不存
在"十分令人费解。这也正
是零（zero）历经很长时间才得到
大家的认可的原因。古巴比伦、苏
美尔等几个古代文明都发明了零的
概念，但首个真正将它看作一个数
的人，是7世纪的古印度数学家婆
罗摩笈多。

零的发展历程

所有的计数法最终都会演化
为位值制计数系统。具体地说，随
着数越来越大，人们需要根据数字
所表示的真实值来按次序摆放数字

参见: 位值制计数系统 22~27页, 负数 76~79页, 二进制数 176~177页, 大数定律 184~185页, 复数平面 214~215页。

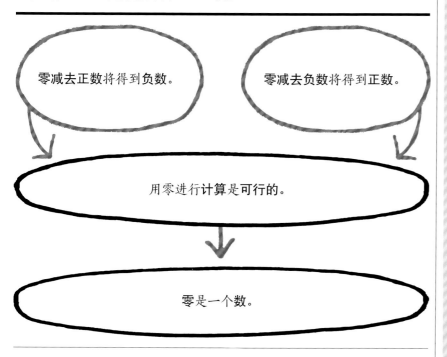

零减去正数将得到**负数**。

零减去负数将得到**正数**。

用零进行**计算**是**可行的**。

零是一个数。

婆罗摩笈多

天文学家与数学家婆罗摩笈多出生于598年。他居住在位于古印度西北方的宾马尔,这是当地的学术中心。后来,他担任当时最先进的乌贾因天文台的台长,并将当时的数论与代数的新成果应用于他的天文学研究之中。

婆罗摩笈多所用的十进制计数系统以及他提出的算法在全世界传播开来,并为后世数学家的工作提供了思路。时至今日,他的正数与负数(他分别称为“财富”和“债务”)运算法则仍被引用。婆罗摩笈多于668年去世,当时距离他刚刚完成第二本书还没过几年。

主要作品

628年 《婆罗摩修正体系》
665年 《肯达克迪迦》

符号。每套位值制计数系统都需要一种方式来表示“这里什么都没有”。例如,古巴比伦人最初利用上下文来区分35和305,后来他们改用两个像倒写的逗号一样的楔形文字来表示中间的空值。通过这种方式,零作为一个标点符号开始为大家所熟知。

寻找早期文明使用零、接受零的证据是历史学家面临的难题。

然而,古往今来,人们有时使用零,有时又不使用。这进一步加大了问题的难度。例如,公元前300年左右,古希腊开创了一种基于几何的、形式更为复杂的计数系统,所有的量都用线段长度来表示。在这一系统中,零和负数(比零更小的数)都没有存在的必要,因为古希腊没有位值制计数系统,且线段长度永远不可能不存在,也永远不可能是负数。

随着古希腊数学在天文学中的应用得到发展,古希腊人开始用“O”表示零,然而我们并不清

楚他们为何这样表示。托勒密在他于公元2世纪创作的天文学著作《天文学大成》中,将圆形符号写在数字之间和数字末尾,但并未将这一符号本身看作一个数。

在公元第一个千年内,玛雅人也使用了一种位值制计数系统。他们把零当作一个数值符号,用贝壳形状的符号表示。玛雅人一共使用3个算术符号。除了用贝壳形状的符号表示零,他们还用一个点表示数字1,用一条短线表示数字5。虽然玛雅人已经可以进行上百万量级的计算,但由于地域的限制,

古希腊人使用一种叫abax的、覆盖着细沙的桌子或木板来计数。一些学者认为,他们之所以用“O”表示零,是因为这是将算筹拿开后留下的痕迹的形状。

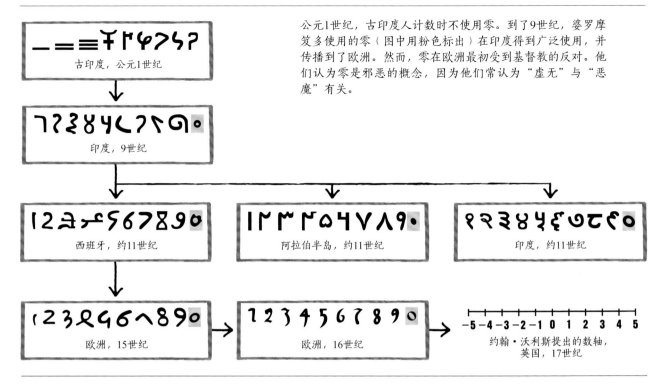

公元1世纪，古印度人计数时不使用零。到了9世纪，婆罗摩笈多使用的零（图中用粉色标出）在印度得到广泛使用，并传播到了欧洲。然而，零在欧洲最初受到基督教的反对。他们认为零是邪恶的概念，因为他们常认为"虚无"与"恶魔"有关。

古印度，公元1世纪

印度，9世纪

西班牙，约11世纪

阿拉伯半岛，约11世纪

印度，约11世纪

欧洲，15世纪

欧洲，16世纪

约翰·沃利斯提出的数轴，英国，17世纪

印度的纳迪·瓦拉亚日晷是18世纪乌贾因天文台的一部分。7世纪时，婆罗摩笈多在此工作，因而这里成为数学与天文学的研究中心。它位于历史上曾使用过的零度经线与北回归线的交点处。

他们的数学思想未能传播到其他文明。

古印度的数学在公元1～2世纪得到迅猛的发展；到了3～4世纪，位值制计数系统已经得到很长时间的应用；再到婆罗摩笈多生活的7世纪，古印度人早已习惯将圆形作为占位符。

将零作为数字

婆罗摩笈多提出了零的运算法则。首先，他将零定义为一个数减去其本身得到的结果，例如用3减去3得到的就是零。这使零不再只是一个象征性的符号或占位符，而是一个实实在在的数。接着，他探讨了将零引入计算后带来的结果。婆罗摩笈多发现，如果给一个负数加上零，结果等于原来的负数。类似地，给一个正数加上零，得到的是原来的正数。此外他还发现，若用一个负数或正数减去零，得到的还是原先的数字。

婆罗摩笈多继续探讨用零减去其他数得到的结果。他发现，用零减去一个正数将得到负数，用零减去一个负数将得到正数。这些计算法则将负数与正数整合在同一

黑洞是上帝除以零的地方。

——史蒂夫·赖特
美国喜剧演员

数字系统之中。与可以表示线段长度或具体数量的正数不同，"负数"和"零"都是抽象的概念。

乘法与除法

婆罗摩笈多继续探讨零与乘法的关系。他论述了为什么用零乘以任何数（包括零在内）都将得到零。接下来，他需要对一个数除以零得到的结果给出解释。可问题随之而来。婆罗摩笈多认为，某数除以零的结果应当为该数本身。然而不久之后，人们就用一个数乘以零的方法证明了他的说法是错误的。由于任何数乘以零都是零，所以某数除以零的结果不应该是该数本身。

现在，一些数学家认为，某数除以零的结果是"无定义的"（undefined）。还有一些数学家认为，某数除以零的结果应当是"无穷大"（infinity），但无穷大并非一个数，无法在计算中使用。零除以零就更棘手了，其结果似乎可以是零，因为零除以任何数都应当等

> 零是我们所知的最神奇的数字，是一个我们每天尽一切努力希望达到的数字。
>
> ——比尔·盖茨

于零；而似乎又可以等于1，因为任何数除以自身都应当等于1。

8世纪，伊斯兰教在古印度的传播让古印度数学家们得以共享知识，其中就包括零的概念。到了9世纪，数学家阿尔·花剌子模写下一篇关于阿拉伯数字的论文，其中介绍了含零的位值制计数系统。然而，当比萨的列奥纳多（斐波那契）于300年之后将阿拉伯数字引入欧洲时，他仍然对零充满警觉，将其视作像"+"和"−"一样的

运算符，而非一个数。甚至在16世纪，意大利博学家吉罗拉莫·卡尔达诺在解二次和三次方程时也没有使用零。直到17世纪，当英国数学家约翰·沃利斯将零置于数轴上时，欧洲人才真正接受了零。

一个至关重要的概念

倘若数学中没有零，本书的许多章节将不复存在：没有零就没有负数，没有坐标系，没有二进制系统（进而也没有计算机），没有小数；微积分更是子虚乌有，因为人们将无法刻画无穷小量的概念；工程的发展亦将受到极大限制。如此看来，零或许是所有数中最重要的一个。■

《特雷维索算术》

意大利人通过《算盘艺术》[*Arte dell' Abbaco*，又名《特雷维索算术》（*The Treviso Arithmetic*）]一书第一次知道了数字零。此书于1478年匿名出版，是欧洲第一本印刷版数学教材。这是一部革命性作品，其用人们日常交流使用的威尼斯语编写，面向的读者是商人及其他希望解决计算问题的人。书中介绍了阿拉伯数字系统，并讲解了如何用这一数字系统进行计算。此书的作者将0作为第10个数字，并称其为"暗号"（cypher）或"空值"（nulla），即其本身没有值，但将它写在其他数字后面时可以让数值变大。

在此书中，零只是一个占位符，它本身仍是一个全新的概念。几个世纪以来，人们一直没有将零看作一个数。该书的读者对此也毫无兴趣，因为他们只想从中学习如何在每天的贸易往来中用这些数进行实际计算而已。

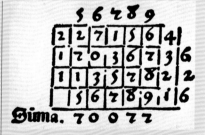

《特雷维索算术》中演示了使用网格计算法计算56,789乘以1,234的过程。零既在计算过程中被用作占位符，也出现在计算结果之中。书中还给出了乘法的其他计算方法。

代数是一门科学的艺术

代数

背景介绍

主要人物
阿尔·花剌子模
（约780年—约850年）

领域
代数

此前

公元前1650年 古埃及的莱因德纸草书上有关于一次方程求解的内容。

公元前300年 欧几里得的《几何原本》为几何学建立了基础。

3世纪 古希腊数学家丢番图用符号表示未知量。

7世纪 婆罗摩笈多求解了二次方程。

此后

1202年 比萨的列奥纳多所著的《计算之书》使用了阿拉伯数字。

1591年 弗朗索瓦·韦达引入符号代数，在方程中使用字母来简化各项的书写。

> 代数学研究未知的数量。

> 未知量和已知量是相关的。

> 确定未知量是可行的。

> 可以通过研究已知量来确定未知量。

代数是一种计算未知量取值的数学方法。代数的起源可追溯至古巴比伦和古埃及时期。当时的楔形文字泥板与纸草书上都出现了方程。人们需要求解的各种以几何背景为主，需要度量长度、面积和体积的问题越来越多，代数便应运而生。数学家们逐渐发展出一套可以解决更多一般性问题的理论。为了求解长度和面积，他们发明了包含变量（未知量）和平方项的方程。古巴比伦人还会借助一些表格来计算粮仓容积或其他物体的体积。

新方法的探索

经过几个世纪的发展，需要求解的数学问题也变得更冗长、更复杂，学者们开始寻求新方法来缩短并简化这些问题。虽然早期的

阿尔·花剌子模

阿尔·花剌子模于780年左右出生于现乌兹别克斯坦的希瓦附近。后来他前往巴格达，成为"智慧之家"图书馆的学者之一。

阿尔·花剌子模因提出了一次方程与二次方程的系统性求解方法，而被誉为"代数学之父"。简单来说，他的主要工作是利用"配方和整理"来求解方程，这些方法至今仍被使用。他还有一些其他成就，例如他曾撰写关于古印度计数系统的文章，这些文章的拉丁文译本让阿拉伯数字在欧洲得到普及。他还写了一本关于几何学的书，协助绘制了一张世界地图，参加了一项测算地球周长的项目，改进了星盘（早期古希腊人使用的一种导航工具），且编制了一系列天文表。阿尔·花剌子模于850年左右去世。

主要作品

约820年 《印度数字算术》
约830年 《代数学》

参见： 二次方程 28~31页，莱因德纸草书 32~33页，丢番图方程 80~81页，三次方程 102~105页，方程的代数解法 200~201页，代数基本定理 204~209页。

古希腊数学家大多是学习几何出身的，但3世纪，丢番图提出了新的代数学方法，成为用符号表示未知量的第一人。这比后来人们接受标准的代数符号要早一千多年。

西罗马帝国灭亡后，地中海地区的数学日渐式微，但7世纪以来伊斯兰教的传播对代数产生了革命性的影响。762年，曼苏尔建成了巴格达这座都会，这里很快成为文化、学术与商业的中心。这座城市还因藏有早期文明的著作和译本而闻名，其中包括欧几里得、阿波罗尼奥斯、丢番图等古希腊数学家的作品，还有婆罗摩笈多等古印度学者的作品。这些作品被珍藏于一个叫"智慧之家"的图书馆中。这个图书馆也成为科学研究与知识传播的中心。

早期的代数学家

"智慧之家"图书馆的学者们分别从事着自己的科研工作。830年，阿尔·花剌子模将他的成果《代数学》交给图书馆。此书为代数问题的求解带来了巨大变革，使用的方法也成为现代代数学的基石。

阿尔·花剌子模提出了一些基本的代数学方法，他分别称作化简、移项和整理。化简（让方程形式更简单）可以通过移项（将减法项移到方程另一侧）和整理这两个步骤实现。"代数"（algebra）一词就由"移项"（al-jabr）演变

而来。

阿尔·花剌子模并非凭空创造了这些知识，他手中有一些古希腊与古印度早期数学家著作的译本。他将古印度的十进制计数系统带入伊斯兰世界，进而让阿拉伯数字得到广泛使用。

阿尔·花剌子模首先对线性方程（一次方程）进行了研究。之所以叫线性方程，是因为如果将其方程表达式绘制成图象，会形成一条直线。线性方程只包含一个变量，最高次数是1，没有平方项或更高次项。

"智慧之家"图书馆中的重要书目

《代数问题的论证》
欧玛尔·海亚姆
（1070年）

《计算技巧珍本》
阿布·卡米勒
（约850—930年）

《代数之光》
阿尔·卡拉吉
（980—1030年）

《代数学》
阿尔·花剌子模
（830年）

《代数》
阿布·卡米勒
（约850—930年）

《算术》
丢番图
（3世纪）

《几何原本》
欧几里得
（约公元前300年）

《婆罗摩修正体系》
婆罗摩笈多
（628年）

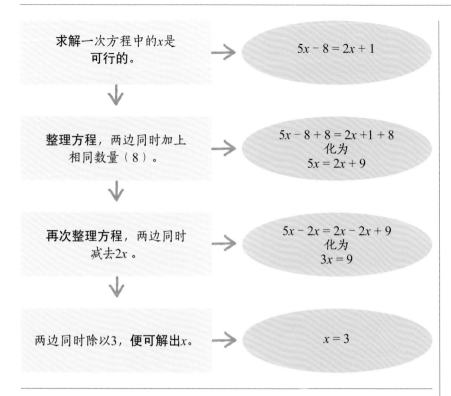

求解一次方程中的x是可行的。

→ $5x - 8 = 2x + 1$

整理方程，两边同时加上相同数量（8）。

→ $5x - 8 + 8 = 2x + 1 + 8$
化为
$5x = 2x + 9$

再次整理方程，两边同时减去2x。

→ $5x - 2x = 2x - 2x + 9$
化为
$3x = 9$

两边同时除以3，便可解出x。

→ $x = 3$

二次方程

阿尔·花剌子模在书写方程时并未使用符号，而选用文字叙述配以图表辅助来表述。例如，他将方程 $(\frac{x}{3} + 1)(\frac{x}{4} + 1) = 20$ 写为："有一个量：我将它的三分之一加一迪拉姆与它的四分之一加一迪拉姆相乘，会得到二十。"迪拉姆（dirham）是一种货币单位，阿尔·花剌子模用一个迪拉姆来表示一个单位。根据他的论述，通过对方程进行配方与整理，全部二次方程（其中x的最高次项为x^2）均可化简为6种基本形式中的一种。若用现代符号表示，这些基本形式分别为 $ax^2 = bx$、$ax^2 = c$、$ax^2 + bx = c$、$ax^2 + c = bx$、$ax^2 + c = bx + c$ 以及 $bx = c$。在这6种形式中，字母 a、b 和 c 均已知，x 表示未知量。

阿尔·花剌子模还研究了更为复杂的问题，并提出了二次方程的几何解法——配方法（见第97页图）。他还试图寻找三次方程（x的最高次项为x^3）的一般性求解方法，但没有成功。然而，他对这一目标的追求足以体现自古希腊以来数学的发展水平。

历经几个世纪，代数学从最初的求解几何问题的工具演变为一门独立的学科，求解更为复杂的方程成为代数学的目标。

有理数解

在阿尔·花剌子模的研究中，许多方程的解无法用有理数表示，也无法用十进制阿拉伯数字表示。在古希腊时期，甚至是更早的古巴比伦时期，人们就已认识到了 $\sqrt{2}$ 的存在。然而，直到825年，阿尔·花剌子模才成为首位将有理数（可以表示为分数的数）与无理数（无限长并且没有循环节的小数）区分开来的人。阿尔·花剌子模称有理数是"听得见的"（audible），无理数是"听不见的"（inaudible）。

埃及数学家阿布·卡米勒将阿尔·花剌子模的工作进一步延伸。他曾写下《代数》一书。此书并非面向那些受过教育且对数学有兴趣的人，而是写给其他数学家的一部学术专著。阿布·卡米勒认可将无理数作为二次方程的解，没有将无理数视作棘手的异类。在《计算技巧珍本》中，他还尝试求解不定方程（一种不只有一个解的方程）。后来他又在《鸟之书》中对此进行了深入讨论，并提出了一系列与鸟相关的代数问题，例如"某人想在市场上用100迪拉姆购买100

代数学的首要目标……是通过认真思考已知条件……确定原先未知的量的取值……表示成已知的数字。
——莱昂哈德·欧拉

> 代数不过是书写的几何，而几何不过是图形的代数。

—— 索菲·热尔曼
法国数学家

只鸟，共有多少种方式"。

几何解法

从9世纪阿尔·花剌子模诞生之时起，到1486年阿尔·卡拉萨迪（al-Qalasadi）去世，在这个属于阿拉伯代数学家的时代，代数学的发展始终建立在几何表示的基础之上。例如，阿尔·花剌子模提出的求解二次方程的配方法（completing the square）就是根据正方形（square）的性质得来的。后世学者也用类似的方法求解问题。

例如，数学家和诗人欧玛尔·海亚姆喜欢用专门的代数方法求解问题，但他有时仍会使用那些几何与代数手段。特别是在《代数问题的论证》一书中，他对欧几里得的公理体系（一系列不证自明的、被默认成立的几何规则）的疑难点提出了一种全新的视角。此外，海亚姆还在先前阿尔·卡拉吉的成果之上拓展出二项式系数的概

阿尔·花剌子模讲解了如何使用配方法求解二次方程。本例展示了方程 $x^2 + 10x = 39$ 的解法。

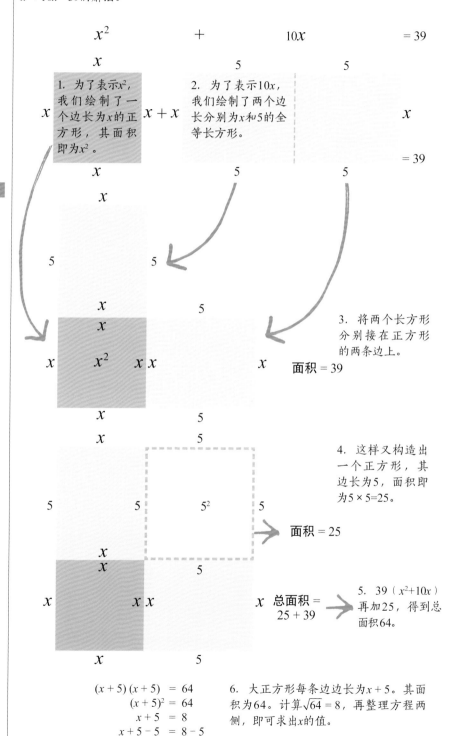

$$x^2 \quad + \quad 10x \quad = 39$$

1. 为了表示 x^2，我们绘制了一个边长为 x 的正方形，其面积即为 x^2。

2. 为了表示 $10x$，我们绘制了两个边长分别为 x 和 5 的全等长方形。

3. 将两个长方形分别接在正方形的两条边上。

面积 = 39

4. 这样又构造出一个正方形，其边长为 5，面积即为 $5 \times 5 = 25$。

面积 = 25

总面积 = 25 + 39

5. 39（$x^2 + 10x$）再加 25，得到总面积 64。

$$(x+5)(x+5) = 64$$
$$(x+5)^2 = 64$$
$$x + 5 = 8$$
$$x + 5 - 5 = 8 - 5$$
$$x = 3$$

6. 大正方形每条边边长为 $x + 5$。其面积为 64。计算 $\sqrt{64} = 8$，再整理方程两侧，即可求出 x 的值。

念，这些系数用来表示在一个大集合中挑选一定数量的元素共有多少种方式。他还受到阿尔·花剌子模利用欧几里得的几何构造法求解二次方程的启发，尝试求解了三次方程。

多项式

10世纪至11世纪初，一套更为抽象的代数学理论蓬勃发展。这套理论独立于几何学，因而也奠定了其学术地位。阿尔·卡拉吉为之做出了贡献。他建立了多项式（polynomial，一种包含许多代数项的表达式）的算术运算法则，这套运算法则与数的加法、减法与乘法运算法则几乎相同。他的理论让数学家得以在统一的框架下对更为复杂的代数表达式进行研究，巩固了代数与算术的紧密联系。

数学证明是现代代数学的重要组成部分，其中一种证明手段是数学归纳法（mathematical induction）。阿尔·卡拉吉使用了这种方法的基本形式。他先证明原命题最简单的情形（$n=1$），再用其结论论证$n=2$时原命题也一定成立，以此类推，最终便可得出"原命题对n的所有可能取值都成立"的结论。

> 一盎司的代数推理抵得上一吨的口头论证。
>
> ——约翰·B.S.霍尔丹
> 英国数学生物学家

该插图出自12世纪巴士拉的诗人与学者哈里里的一本手稿。图中，伊斯兰世界的数学家正聚集在一座清真寺的图书馆里。

阿尔·卡拉吉的后继者之一是12世纪的学者阿尔·萨玛瓦尔。他提出一种全新的视角，将代数学视为有着更一般的计算规则的算术，代数学家"使用各种算术工具对未知量进行计算，就如同算术家对已知量进行计算一样"。阿尔·萨玛瓦尔对阿尔·卡拉吉在多项式方面的工作进行了拓展，提出了指数的运算法则，引发了后人对对数和指数的研究。这是数学的一次巨大飞跃。

绘制方程的图象

自亚历山大的丢番图所处的时代开始，三次方程对数学家而言，始终是个巨大的挑战。阿尔·

> 正如太阳的光芒会使星星黯然失色一样，知识渊博的人如果提出了代数问题，会使人群中其他人的名望变得不值一提；如果他解决了代数问题，则会使更多人的名望变得不值一提。

——婆罗摩笈多

花剌子模和海亚姆在帮助人们理解三次方程方面做出了巨大贡献，后来，12世纪的学者沙拉夫·丁·图西进一步延续了他们的工作。图西可能生于伊朗，他的数学思想受到以阿基米德为主的早期古希腊学者的启发。与阿尔·花剌子模和海亚姆相比，图西对确定三次方程的类型更感兴趣。他还发展出对方程图象的早期理解，且强调了最大值与最小值的重要性。他的成果加强了代数方程与图象之间的联系。

焕然一新的代数

中世纪阿拉伯学者贡献的研究成果、建立的规则体系仍是当今代数学的基础。阿尔·花剌子模及其后继者的工作让代数学向成为一门独立学科迈出了关键一步。然而，直到16世纪，数学家才开始用字母表示已知量和未知量，从而简化了方程。法国数学家弗朗索瓦·韦达对此做出了巨大贡献，他的工

作率先让代数学从之前的"依赖过程的代数"转变为现在的符号代数。

韦达在《分析方法入门》一书中指出，数学家应当用字母表示方程中的变量：元音字母表示未知量，辅音字母表示已知量。虽然这一惯例后来被勒内·笛卡儿提出的"用字母表开头的字母表示已知量，用末尾的字母表示未知量"所替代，但韦达仍是首位将代数语言简化至此前阿拉伯学者无法想象之程度的人。这一创新让数学家无须借助几何就可以写出更为复杂、

细致且抽象的方程。若没有符号代数，我们很难想象现代数学将如何发展。■

伊斯兰世界的代数学家用文字叙述配以图表辅助来表述方程。例如，图中是阿拉丁·穆罕默德·费尔胡梅迪于14世纪创作的《对算术编码问题的论述》。

使代数摆脱几何的约束

二项式定理

背景介绍

主要人物

阿尔·卡拉吉（约980—约1030年）

领域
数论

此前

约公元250年 丢番图在《算术》中提出了一些代数思想，这些思想后来被阿尔·卡拉吉采用。

约825年 波斯天文学家与数学家阿尔·花刺子模让代数学得到了发展。

此后

1653年 布莱士·帕斯卡在《论算术三角形》一书中论证，二项式定理中的系数具有三角形特性，之后这种三角形被称为"帕斯卡三角形"。

1665年 艾萨克·牛顿将二项式定理拓展为一般形式的二项式级数，这成为他研究微积分的基石。

古希腊时期，数学几乎全部建立在几何的基础之上。

阿尔·卡拉吉打破传统，将方程的解完全用数字表示。

他提出一系列代数法则，其中包括二项式定理。

代数问题的解不再依赖几何图表。

许多数学运算依赖一条重要的定理——二项式定理（the binomial theorem）。二项式指由两个已知或未知量相加或相减得到的简单代数表达式。二项式定理简明扼要地表述了将二项式展开后得到的结果。如果没有二项式定理，许多数学运算将不可能进行。这一定理说明，二项式展开得到的结果可以写成已知的代数表达形式，也可以用三角形来呈现（这种三角形被称为帕斯卡三角形，因17世纪布莱士·帕斯卡发现这一特性而得名）。

理解二项式

二项式的特性最早由古希腊和古印度的数学家发现，但这一成果最终被归功于波斯数学家阿尔·卡拉吉，他是8—14世纪巴格达涌现的众多学者之一。阿尔·卡拉吉研究了代数项的乘法计算。他将诸如 x、x^2、x^3 等单个项称为"单项式"（monomial），并阐释了如何对其进行乘法与除法运

参见： 位值制计数系统 22~27页，丢番图方程 80~81页，零 88~91页，代数 92~99页，帕斯卡三角形 156~161页，概率 162~165页，微积分 168~175页，代数基本定理 204~209页。

阿尔·卡拉吉制作了一张用来表示二项式系数的表格，这里我们给出了表格的前5列。最上面一行表示的是二项式的指数，下面各列是相应展开式中各次项的系数。首尾两数永远是1，其他每个数字都等于左列相邻的数字与左列相邻数字上方的数字之和。

通过查找表格，我们可以得到$(a+b)^3$展开式中各次项的系数。

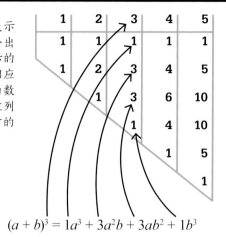

$$(a+b)^3 = 1a^3 + 3a^2b + 3ab^2 + 1b^3$$

二项式定理与巴赫的赋格曲终究要比历史上的所有战争更为重要。

——詹姆斯·希尔顿
英国小说家

算。他还曾研究多项式，例如$6y^2+x^3-x+17$。然而，他最重要的成果还是发现了二项式定理。

二项式定理探讨的是二项式的幂。例如，如果将二项式的二次幂$(a+b)^2$展开，我们可以先将其写为$(a+b)(a+b)$的形式，再将第1个括号中的每项与第2个括号中的每项相乘，得到$(a+b)^2=a^2+2ab+b^2$。次数为2的二项式的展开比较容易，但对于次数更高的二项式，得到的展开式将愈发复杂。二项式定理简化了这一问题，找到了展开式中各项系数（未知数前面所乘的数字，例如$2ab$中的2）的特征。阿尔·卡拉吉发现，若将这些系数排列于网格中，那么每列的数字即为展开式中各项的系数，各个数字都可以由前一列的两个数字相加得到。只要知道二项式的指数n，我们就可以得到展开式中各项的系数。例如对于$(a+b)^2$来说，$n=2$

代数获得了自由

阿尔·卡拉吉的二项式定理让代数学得到了真正的全面发展，数学家可以借助该定理进行复杂的代数表达式运算。阿尔·花剌子模于150多年前开辟的代数学已经使用一套符号表示未知量，但是当时他们的思想仍然受限。当时的代数与几何绑定在一起，问题的解都被表示成角度、边长等几何度量。阿尔·卡拉吉的成果说明，代数可以完全依赖数字，从几何学中脱离出来。■

阿尔·卡拉吉

阿尔·卡拉吉出生于980年左右。他一生大多数时间生活在巴格达哈里发宫廷中。他于1015年左右完成的3本重要的数学著作可能就创作于此。阿尔·卡拉吉提出二项式定理的那部作品已经失传，但其思想被后世学者传承了下来。他还是一名工程师，所著的《暗水提取》是目前已知的最早的水文学手册。

到了晚年，阿尔·卡拉吉移居至"山国"（可能在厄尔布尔士山脉附近），他在那里致力钻井、建水渠等实际工程。他于1030年左右去世。

主要作品

《代数之光》

《计算之美》

《计算之充分》

14种形式及所有分支情形

三次方程

背景介绍

主要人物
欧玛尔·海亚姆（1048—1131年）

领域
代数

此前
公元前3世纪 阿基米德利用两条相交的圆锥曲线求解三次方程。

7世纪 中国古代学者王孝通对一系列三次方程进行了求解。

此后
16世纪 意大利数学家提出了一种求解三次方程的最快速的方法，但该方法被严格保密。

1799—1824年 意大利学者保罗·鲁菲尼（Paolo Ruffini）与挪威数学家尼尔斯·亨利克·阿贝尔（Niels Henrik Abel）证明，含有五次或更高次项的方程不存在求根公式。

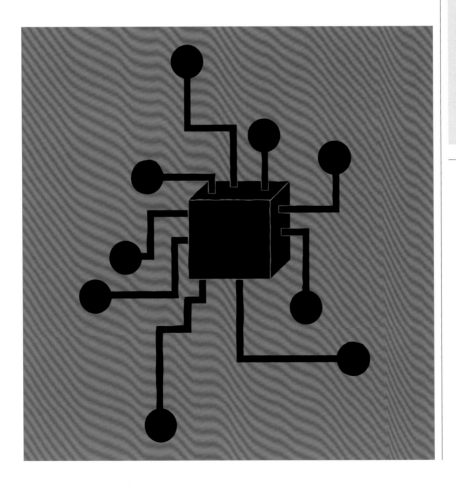

古代学者用几何方法来研究问题。例如，像$4x + 8 = 12$这种x的最高次数为1的简单线性方程（图象为一条直线的方程）可用于求解未知长度；而二次方程中的平方项x^2则可以表示二维空间中的未知面积。进而，三次方程中的x^3可表示三维空间中的未知体积。

早在公元前1800年，古巴比伦人就已经可以求解二次方程了。但又过了3,000年，波斯诗人、科学家欧玛尔·海亚姆才提出三次方程的精确解法。他借助一类由平面与圆锥相交形成的曲线来求解，这

参见: 二次方程 28~31页, 欧几里得的《几何原本》52~57页, 圆锥曲线 68~69页, 虚数与复数 128~131页, 复数平面 214~215页。

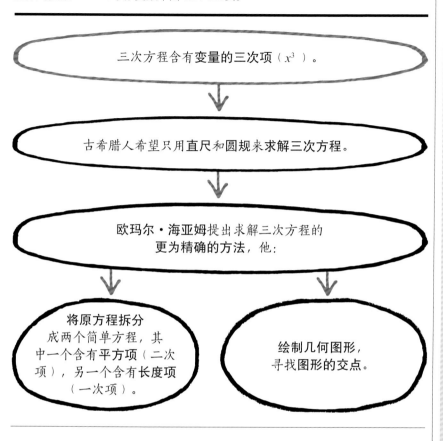

三次方程含有**变量的三次项**(x^3)。

↓

古希腊人希望只用**直尺**和**圆规**来求解三次方程。

↓

欧玛尔·海亚姆提出求解三次方程的更为精确的方法, 他:

将原方程拆分成两个简单方程, 其中一个含有平方项(二次项), 另一个含有长度项(一次项)。

绘制几何图形, 寻找图形的交点。

欧玛尔·海亚姆

欧玛尔·海亚姆于1048年出生于波斯的内沙布尔(现伊朗境内), 早先接受过哲学与科学的教育, 是一位著名的天文学家与数学家。

在数学领域, 海亚姆因其在三次方程方面的工作被人铭记。除此之外, 他还对欧几里得第五公设(平行公设)做出了重要评述。作为一名天文学家, 他建立了一套极其精确的历法体系, 这一历法体系一直被沿用至20世纪。有趣的是, 海亚姆现在最为人所知的成果是其所创作的诗集《鲁拜集》, 但这部诗集可能并非由他一人创作。这部诗集由爱德华·菲茨杰拉德于1859年翻译成英文版。

主要作品

约1070年 《代数问题的论证》
1077年 《对欧几里得书中复杂公设的评述》

类曲线被称为"圆锥曲线", 包括圆、椭圆、双曲线、抛物线等。

关于立方体的难题

古希腊人喜欢用几何方法来解答复杂问题。他们曾对立方体感到困惑, "如何找到一个正方体, 使其体积是另一个正方体体积的两倍"就是一个经典难题。例如, 如果一个正方体边长为1, 那么体积是其体积两倍的正方体的边长应是多少? 若用现代符号表示, 边长为1的正方体体积为1^3, 我们希望找到某一未知长度, 使其三次方(x^3)等于该正方体体积的两倍。由于$1^3=1$, 所以我们只需求解方程

$x^3=2$。古希腊人试图用直尺和圆规找出这个三次方程的解, 但并没有成功。海亚姆发现, 仅用这些工具是无法求解所有三次方程的, 因而他在自己关于代数的著作中尝试用圆锥曲线及其他方法求解。

现今, 三次方程可以被简单地表示为诸如$x^3+bx=c$等形式。然而, 由于当时并没有这种精炼的符号, 海亚姆只能用文字来表述方程, 他称x^3为"立方", 称x^2为"平方", 称x为"长度", 将数字称为"量"。例如, 他将方程$x^3+200x=20x^2+2,000$表述为: 希望找到一个立方体, 其"边长的立方外加其边长的200倍"等于"其边

长平方的20倍外加2,000"。对于像 $x^3 + 36x = 144$ 这种更易处理的方程，海亚姆则借助几何图形来求解。他发现，这个三次方程可以被拆分成两个更简单的方程，一个表示圆，另一个表示抛物线。接下来，我们只需要找到同时满足这两个简单方程的 x，便可求解出最初的三次方程，具体如下图所示。当时的数学家尚未提出图象法，因而海亚姆只能用几何方法绘制圆和抛物线。

海亚姆还研究了圆锥曲线的性质。他发现这个三次方程的一个解可以借助直径为4的圆得到，而这个直径等于 c 除以 b，也就是三次方程中的 $\frac{144}{36}$。此圆经过原点 $(0,0)$，圆心在 x 轴上 $(2,0)$ 处。接

着，海亚姆从圆与抛物线的交点向 x 轴作了一条垂线，垂线与 x 轴的交点（$y = 0$）即为三次方程 x 的解。进而，方程 $x^3 + 36x = 144$ 的解为 $x = 3.14$（保留至小数点后两位）。

海亚姆当时还没有坐标与坐标轴的概念，这些概念在600年之后才问世，但他还是尽最大能力将示意图绘制得标准、将尺寸度量得精确，以帮助他利用天文学中常用的三角函数表求出方程的解。海亚姆认为方程的解永远是正数，但事实上，图形下方的负数部分还常有与之同样有效的负数解。然而，虽然印度数学家早已对负数有所了解，但直到17世纪，负数才真正被广泛接受。

海亚姆的贡献

其实，阿基米德可能在公元前3世纪就已经利用相交的圆锥曲线求解三次方程了，而海亚姆的突出贡献在于，他提出了系统性的求解方法，建立起了一套一般性的理论。他将几何与代数结合，借助圆、双曲线、椭圆等图形来求解三次方程。然而，他未曾解释他是如何构造这些图形的，只是单纯地说他"借助了工具"。

海亚姆是最早意识到三次方程可以有不止一个根、不止一个解的人之一。从现代的方程图象上看，三次方程的图象可以如蛇爬行一般上下穿出 x 轴，至多有3个根。海亚姆当时的猜测是"三次方程至多有两个根"，但他当时没有考虑负数。他在求解时不得不将几何与代数并用，可他并不愿意这样做。他希望他的几何手法最终能被算术取代。

海亚姆的愿望由16世纪的意大利数学家实现，他们找到了不借助几何便可求解三次方程的方法。

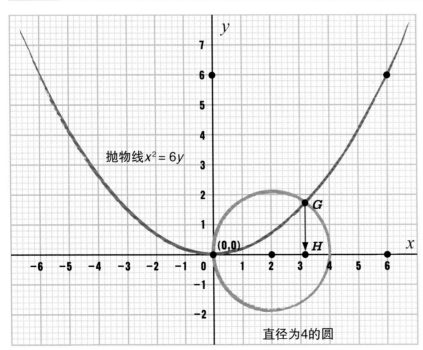

方程 $x^2 = 6y$ 表示的抛物线（粉色）与圆 $(x-2)^2 + y^2 = 4$（蓝色）相交。从交点 G 出发的垂线与 x 轴交于 H 点，这一点对应的 x 的值（3.14）即为三次方程 $x^3 + 36x = 144$ 的解。

我找到了一种计算长度的方法，可以使该长度平方的平方、平方的立方、立方的立方……为任意给定的数。这是此前没有（完成）的工作。

——欧玛尔·海亚姆

> 代数是利用命题证明的几何事实。
> ——欧玛尔·海亚姆

希皮奥内·德尔·费罗（Scipione del Ferro）去世后，人们在他的笔记本上发现，他首次推导出了三次方程的求根公式。费罗和他的后继者尼科洛·塔尔塔利亚（Niccolò Tartaglia）、洛多维科·费拉里以及吉罗拉莫·卡尔达诺都致力寻找三次方程的求根公式。卡尔达诺在1545年的《大术》一书中发表了费罗的求解方法。虽然他们给出的是求根公式，但这些公式与今天的并不完全一致，原因之一是零和负数在当时很少为人所使用。

放眼现代代数

数学家们继续对三次方程的求解进行探索。拉斐尔·邦贝利就是其中一员，他是最先指出三次方程的根可以是复数的人之一。所谓复数，指的是含有"虚数"（imaginary）的数。虚数是负数的平方根，是一种并不"真实"的数。16世纪末，法国的弗朗索瓦·韦达创造了现代的代数语言，使用了一些替代符号，使问题求解得以简化。1637年，勒内·笛卡儿发表了四次方程（含有x^4的方程）的求解方法，他依次将其化简为三次方程、二次方程，进而得解。如今，人们将三次方程写为$ax^3 + bx^2 + cx + d = 0$的形式，其中a不等于0。如果方程的系数（a、b和c，即变量x前面所乘的数字）都是实数而非虚数，则方程至少有1个实根，至多有3个实根。

海亚姆的方法至今仍被使用。他的艰苦探索让早期的代数学得到发展，后世数学家继续完善其结果的表达，不断扩大其方法的适用范围。■

图中是位于伊朗大不里士的卡巴德清真寺（"蓝色清真寺"）。这种伊斯兰建筑中的瓷砖图案、拱形和穹顶充分体现了人们对几何图形的热爱。

1年的长度

1074年，波斯领袖贾拉勒·丁·马立克沙一世委派欧玛尔·海亚姆进行历法改革，将自7世纪以来一直被使用的阴历改为阳历。他派人在国都伊斯法罕建立了一个新的天文台。海亚姆召集了8位天文学家同他一起开展这项工作。

经过精确计算，新的历法显示，一年有365.24天，每年从3月的春分开始，这天太阳的中心位于赤道正上方。他们通过计算与实际观测发现，太阳落入黄道十二宫的不同段，对应着不同的月份。由于太阳在不同位置的运行时间可能相差24小时，所以每月可能有29~32天，而且在不同年份下也不尽相同。这一新的历法被冠以领袖之名——被称为"贾利利历法"，自1079年3月15日启用，仅在1925年被修正过。

星球上无处不在的乐曲

斐波那契数列

背景介绍

主要人物
比萨的列奥纳多（斐波那契）
（1170—约1250年）

领域
数论

此前

公元前200年 古印度数学家宾伽罗（Pingala）在研究梵语诗歌韵律时使用了一个数列，即后来的斐波那契数列。

700年 古印度诗人与数学家维拉汉卡探讨了这一数列。

此后

17世纪 德国的约翰尼斯·开普勒发现，这一数列相邻两项的比值会收敛。

1891年 爱德华·卢卡斯（Édouard Lucas）在《数论》一书中将其命名为"斐波那契数列"。

数列是按某种规则连接起来的一列数。

斐波那契数列从0和1开始，接下来每个数是前两个数之和。

这个序列将无限延续下去。

$$0+1=1; \quad 1+1=2;$$
$$1+2=3; \quad 2+3=5;$$
$$3+5=8; \quad 8+5=13\cdots$$

自然界中，有一个数列随处可见，数列中每个数都是前两个数之和：0, 1, 1, 2, 3, 5, 8, 13, 21, 34, …。这一数列最早被古印度学者宾伽罗于公元前200年左右提出，后被称为"斐波那契数列"（the Fibonacci sequence），因又名斐波那契的意大利学者列奥纳多而得名。他在1202年创作的《计算之书》中研究了这一数列。这一数列在自然、几何和商业预测分析中都有重要的应用。

关于兔子的问题

在《计算之书》中，斐波那契提出了一个与兔子种群生长相关的问题。这个种群最初只有一对兔子，他希望读者求解接下来每个月会变成多少对兔子。斐波那契做出几个假设：种群中没有兔子死亡；

斐波那契

斐波那契原名为列奥纳多，据说他于1170年出生在意大利的比萨，而直到他死后很久，他才以斐波那契（意为波那契之子）的名字为人所知。他的父亲是一名外交官。他跟随父亲行旅各地，并在贝贾亚的一所会计学校学习。他在这里接触了用于表示1至9的阿拉伯数字符号。与欧洲使用的冗长的罗马数字符号相比，这种数字符号非常简洁明了，让斐波那契印象深刻。他在1202年创作的《计算之书》中对此进行了讨论。

斐波那契还造访过埃及、叙利亚、希腊、西西里岛、普罗旺斯等地，接触过不同的数字系统。他的著作被世人广泛阅读，并引起了神圣罗马帝国皇帝腓特烈二世的注意。斐波那契于1250年左右去世。

主要作品

1202年 《计算之书》

1220年 《实用几何学》

1225年 《平方数书》

参见: 位值制计数系统 22~27页, 毕达哥拉斯 36~43页, 三角学 70~75页, 代数 92~99页, 黄金比 118~123页, 帕斯卡三角形 156~161页, 本福特定律 290页。

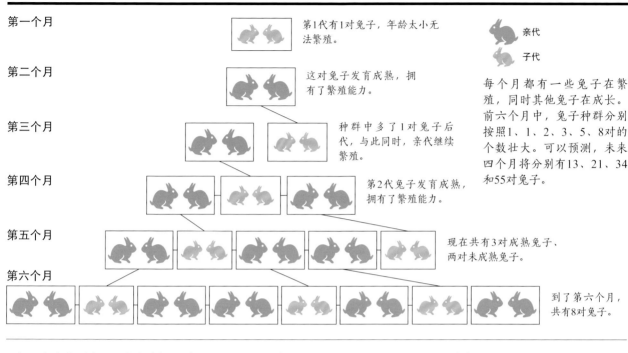

第一个月

第二个月

第三个月

第四个月

第五个月

第六个月

第1代有1对兔子,年龄太小无法繁殖。

这对兔子发育成熟,拥有了繁殖能力。

种群中多了1对兔子后代,与此同时,亲代继续繁殖。

第2代兔子发育成熟,拥有了繁殖能力。

现在共有3对成熟兔子、两对未成熟兔子。

到了第六个月,共有8对兔子。

亲代

子代

每个月都有一些兔子在繁殖,同时其他兔子在成长。前六个月中,兔子种群分别按照1、1、2、3、5、8对的个数壮大。可以预测,未来四个月将分别有13、21、34和55对兔子。

兔子在出生两个月后发育成熟,随后各对兔子每月交配一次;每对兔子每个月产下一只公兔后代和一只母兔后代。他发现,前两个月只有最初的一对兔子;到了第三个月末,共有两对兔子;第四个月时仍然只有最初的一对兔子拥有繁殖能力,所以会变成3对兔子。

接下来,这一种群将快速成长壮大。到第五个月时,最初的一对和它们的第1代后代都将产下兔宝宝,而它们的第2代后代此时尚未发育成熟,因此最终共有5对兔子。随后各月按此过程继续进行,将生成一个数列,数列中每个数是前两个数之和: 1, 1, 2, 3, 5, 8, 13, 21, 34, 55, 89, 144, …。这就是后来为人熟知的斐波那契数列。然而,许多数学问题依赖假设条件,斐波那契对兔子习性所做的这些假设是不切实际的。

蜜蜂的亲代

斐波那契数列在自然界中的一个实例与蜂巢中的蜜蜂相关。雄蜂由蜂后产下的未受精的卵细胞发育而成,因此雄蜂只有其"母亲"一个亲代。雄蜂在蜂巢中有许多职能,例如,它们能与蜂后交配,使卵细胞受精。受精卵将发育成雌蜂,雌蜂最终会变成蜂后或工蜂。因此,雄蜂上一代只有1个亲代,即它的母亲;而上两代有2个祖先,即它母亲的父母,也就是它的祖父母;上3代则有3个祖先,它祖母的双亲和祖父的母亲。再往上一代,有5个祖先,继续向上有8个,以此类推。我们可以看出很明显的特征:各代的祖先个数形成了一个斐波那契数列。同一代的一只

雄蜂与一只雌蜂的亲代共有3个;而它们的祖父母,也就是这3个亲代的亲代共有5个;它们的曾祖父母,也就是祖父母的亲代共8个。继续向上追溯,我们便可以将斐波那契数列继续写下去,依次为13, 21, 34, 55, …。

斐波那契数列是理解大自然鬼斧神工的关键。

——盖伊·默基
美国作家

用数列中的一个数除以后一个数，会得到一个比值。

→

在斐波那契数列中，相邻两数的比值会越来越接近0.618。

↓

和斐波那契数列一样，黄金比在自然界中也十分常见。

←

0.618是黄金比的近似值，其精确值是$2 \div (1 + \sqrt{5})$。

递推关系式，是用数列前面的数来定义后续的数的方程式。我们将第1个斐波那契数记为f_1，第2个数记为f_2，以此类推，那么递推关系式就是$f_n = f_{(n-1)} + f_{(n-2)}$，其中$n$大于2。如果你想计算第5个斐波那契数（$f_5$），只需对$f_3$与$f_4$求和即可。

斐波那契比率

　　计算斐波那契数列中相邻两数之比是一件十分有趣的事。用数列中各项除以后一项，可以得到如下序列：$\frac{0}{1} = 0$，$\frac{1}{1} = 1$，$\frac{1}{2} = 0.5$，$\frac{2}{3} \approx 0.667$，$\frac{3}{5} = 0.6$，$\frac{5}{8} \approx 0.625$，$\frac{8}{13} \approx 0.615$，$\frac{13}{21} \approx 0.619$，…，$\frac{233}{377} \approx 0.618$，…。如果这样一直计算下去，可以证明，这一比值将逐渐接近0.618，

植物的生命

　　我们还可以在一些植物的叶片与种子形状中发现斐波那契数列。比如，松果和凤梨外表鳞片的螺旋形态中就藏有斐波那契数（斐波那契数列中的数）；许多花的花瓣有3瓣、5瓣或8瓣，这些都是斐波那契数。再比如，千里光有13瓣花瓣，菊苣有21瓣花瓣，不同种类的雏菊可能有34瓣或55瓣花瓣。然而，除此之外，还有许多具有4瓣或6瓣花瓣的花。因而，虽然斐波那契数在植物中很常见，但具有其他特征的植物也不少。

　　斐波那契数都是数列中前两个数之和，所以在计算第3个数之前，需要给定前两个数。斐波那契数列可以用递推关系式定义。所谓

　　（如果）墙上的一只蜘蛛每天向上爬若干厘米，每晚又向下滑一定的距离，那么它要几天才能爬到墙顶？

——斐波那契

　　从上方看，松果的鳞片形成了两组螺旋。这两组螺旋从外侧向中心延伸，一组沿顺时针方向，一组沿逆时针方向。顺时针方向的一组有13个鳞片，逆时针方向的一组有8个鳞片，这刚好是两个斐波那契数。

顺时针螺旋

逆时针螺旋

在钢琴键盘上，从C到下一个C共有13个琴键，其中8个白键、5个黑键。黑键一组2个、另一组3个。这些数字都来自斐波那契数列。

这就是所谓的黄金比。此外，这一数字在一种被称为"黄金螺线"的曲线中也十分重要，每转过一个象限，这一曲线将向外扩张0.618倍。这种曲线在自然界中很常见，松果、向日葵、金光菊等植物都趋于按"黄金螺线"的形状生长。

艺术与分析

　　诗歌、艺术和音乐中都常见斐波那契数列的"身影"。例如，一首诗歌连续几行依次为1、1、2、3、5、8个音节，就会形成和谐的韵律。因而，人们形成了创作这种共6行、20个音节的诗歌的传统。宾伽罗于公元前200年左右在梵语诗歌中发现了这一规律，随后古罗马诗人维吉尔在公元前1世纪也使用了这一规律。

　　这一规律也可应用于音乐之

中。法国作曲家克劳德·德彪西就曾在一些作品中应用了斐波那契数。例如，《林叶钟声》（*Cloches à travers les feuilles*）这一作品的高潮小节与全部小节所在位置之比大约就是0.618。

　　人们常将斐波那契数列与艺术联系在一起，但在金融中，它也是一个强有力的工具。人们现在会借助斐波那契数列中的比例关系来分析预测股市涨跌的时刻。■

这是《计算之书》原始手稿中的一页，右侧列出了斐波那契数列。

实用的解答

　　斐波那契的作品更关注实际应用。例如，他在《计算之书》中给出了各种商业问题的解答，其中包括利润空间、货币兑换的计算等。在《实用几何学》中，他解决了一些测量学问题，例如如何使用相似三角形（内角相同但边长不同的三角形）计算一个较高物体的高度。在《平方数书》中，他攻克了几个数论问题，例如如何寻找勾股数。在直角三角形中，最长边（斜边）边长的平方应当等于两条短边边长的平方和。斐波那契发现，在斐波那契数列中，从5开始、中间相隔一个数的数（13，34，89，233，610，…）皆可作为直角三角形的斜边边长，且另外两条短边边长也都是整数。

加倍的力量

棋盘上的麦粒

背景介绍

主要人物
西萨·班·达依尔（公元3或4世纪）

领域
数论

此前

约公元前300年 欧几里得为了表示平方，提出了幂的概念。

约公元前250年 阿基米德使用了幂的运算法则，即幂的乘积可以通过计算指数之和得到。

此后

1798年 英国经济学家托马斯·马尔萨斯（Thomas Malthus）预测，未来人口呈指数级增长，而粮食供应则会缓慢增长，最终将导致灾难来临。

1965年 美国英特尔公司的创始人之一戈登·摩尔（Gordon Moore）发现，集成电路芯片上晶体管的数量大约每18个月翻一倍。

关于棋盘上的麦粒问题的最早记载，出自1256年历史学家伊本·赫利坎，但他的记录可能只是对5世纪古印度的故事版本的复述。这一故事说，国际象棋的发明者西萨·班·达依尔被国王召见。国王对国际象棋这一游戏非常满意，便承诺给予西萨一切他想要的奖励。西萨想要一些麦粒（另有版本说是米粒），并用8×8的棋

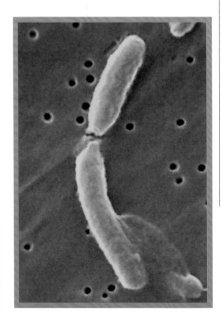

盘方格描述了他想要的数量：棋盘左下角的方格放置1粒麦粒，每移一格，放置的麦粒数量就加倍；因而，第2个方格放2粒麦粒，第3个方格放4粒，以此类推；逐行从左至右、从下到上摆放下去，直至右上角第64个方格。

国王对这点微不足道的奖励感到困惑，便下令按他的要求来数麦粒。然而，第8个方格要放128粒，第24个方格要放800多万粒，而第32个方格（也就是半面棋盘的最后一格）要放的麦粒就已超过20亿粒。国王发现粮仓已经所剩无几，但仅接下来的第33个方格自身就需要40亿粒。国王的谋士经过计算发现，最后一个方格需要922亿亿粒，整个棋盘所需麦粒总数是18,446,744,073,709,551,615粒（$2^{64}-1$）。故事的结局有两个版本，一是国王任命西萨为首席谋

细菌分裂是指数级增长的一个实例。单个细胞分裂后将变成两个，进一步变成4个，如此往复。这种分裂机制让细菌可以迅速增殖。

参见: 芝诺运动悖论 46~47页, 三段论逻辑 50~51页, 对数 138~141页,
欧拉数 186~191页, 卡塔兰猜想 236~237页。

数字呈指数级增长时将迅速变大, 西萨提出的棋盘上的麦粒问题
就是一个早期例子 (图中100万以上的数字都是近似值)。

7.2 亿亿	14 亿亿	29 亿亿	58 亿亿	115 亿亿	231 亿亿	461 亿亿	922 亿亿
281 万亿	563 万亿	1,126 万亿	2,252 万亿	4,504 万亿	9,007 万亿	1.8 亿亿	3.6 亿亿
1.1 万亿	2.2 万亿	4.4 万亿	8.8 万亿	18 万亿	35 万亿	70 万亿	141 万亿
43 亿	86 亿	172 亿	344 亿	687 亿	1,374 亿	2,749 亿	5,498 亿
1,678 万	3,355 万	6,711 万	1.3 亿	2.7 亿	5.4 亿	11 亿	21 亿
65,536	131,072	262,144	524,288	105万	210万	419万	839万
256	512	1,024	2,048	4,096	8,192	16,384	32,768
1	2	4	8	16	32	64	128

士, 另一个是西萨因让国王难堪而被处死。

用现代语言来说, 西萨使用了"等比级数"(geometric series)的概念, 和式的每一项都等于前一项乘以2, 即1 + 2 + 4 + 8 + 16 + …。在这个式子中, 从2开始的所有数字都是2的幂, 即 $1 + 2 + 2^2 + 2^3 + 2^4 + …$。右上角的数字是指数, 它表示有多少个底数相乘。在本例中, 反复与自己相乘的

数字是2, 和式的最后一项 2^{63} 即表示63个2相乘。

指数的力量

人们称这种级数和呈指数级增长。我们可以将指数视为将某数与1相乘多少次。例如, 2^3 表示将2与1相乘3次, 即 $1 × 2 × 2 × 2 = 8$; 而 2^1 则表示只用2乘以1一次, 即 $1 × 2 = 2$。棋盘的第1个方格要放入1粒麦粒, 所以1是这个级数的首

项。数字1也可以记作 2^0, 因为将2与1相乘0次的结果还是原来的1。其实, 所有非零数字的0次方都等于1。

指数级增长和衰减与日常生活息息相关。例如, 放射性同位素会按指数级速度衰变为其他原子形式。无论初始量是多少, 这种物质有一半发生衰变的时间都是相同的, 因此就产生了"半衰期"的概念。■

THE RENAISSANCE

1501–1680

文艺复兴时期
1501年—1680年

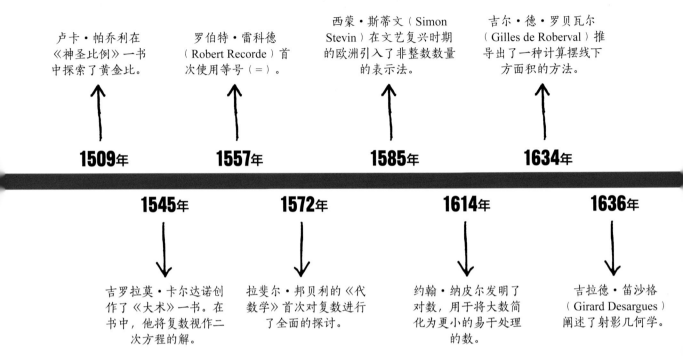

卢卡·帕乔利在《神圣比例》一书中探索了黄金比。

罗伯特·雷科德（Robert Recorde）首次使用等号（＝）。

西蒙·斯蒂文（Simon Stevin）在文艺复兴时期的欧洲引入了非整数数量的表示法。

吉尔·德·罗贝瓦尔（Gilles de Roberval）推导出了一种计算摆线下方面积的方法。

1509年 **1557**年 **1585**年 **1634**年

1545年 **1572**年 **1614**年 **1636**年

吉罗拉莫·卡尔达诺创作了《大术》一书。在书中，他将复数视作二次方程的解。

拉斐尔·邦贝利的《代数学》首次对复数进行了全面的探讨。

约翰·纳皮尔发明了对数，用于将大数简化为更小的易于处理的数。

吉拉德·笛沙格（Girard Desargues）阐述了射影几何学。

中世纪时，天主教在整个欧洲拥有相当大的政治权力，实质上已垄断当时的学术界。然而，到了15世纪，天主教的权威遇到了挑战。人们对古希腊与古罗马在古典时期的艺术与哲学重燃兴趣，一场被称为"文艺复兴"的文化运动由此上演。

文艺复兴时期，人们对发现的渴望加速了"科学革命"的进程——数学、哲学和科学的经典著作得以广泛流传，并催生了新一代的思想家。一场挑战16世纪天主教霸权的宗教改革运动也随之展开。

文艺复兴时期的艺术还影响了数学。文艺复兴早期的数学家卢卡·帕乔利研究了在古典艺术中极为重要的黄金比；透视在绘画中的创新应用启发了吉拉德·笛沙格，他开始探求其背后的数学，并发展了射影几何学。实际生活也促进了数学的进步：商业需要更复杂的会计方法；国际贸易推动了航海的发展，而这需要人们对三角学有更深的理解。

数学创新

阿拉伯数字系统的采用是计算领域的一次重大进步，并且人们越来越多地用符号来表示相等及乘法、除法等运算。另两项重要进步是对以10为基数的计数系统的规范，以及1585年西蒙·斯蒂文对小数点的引入。

为迎合实际需求，数学家设计了相关的计算表。17世纪，约翰·纳皮尔发明了一种用对数计算的方法。首批用于计算的机械辅助设备也在此期间被发明出来，如威廉·奥特雷德的对数计算尺和戈特弗里德·莱布尼茨的机械计算器。这是迈向真正的计算设备的第一步。

其他数学家受到新著作中思想的启发，选择走一条更加理论化的路线。16世纪，吉罗拉莫·卡尔达诺等意大利数学家致力研究三次方程与四次方程的解；马林·梅森设计了一种求素数的方法；而拉斐尔·邦贝利提出了虚数的运算法则。到了17世纪，数学探索的脚步

勒内·笛卡儿将坐标与坐标轴正规化，组成笛卡儿坐标系。这一坐标系至今仍被使用。

布莱士·帕斯卡发表了他对一类三角形的研究，这类三角形以他的名字命名。

克里斯蒂安·惠更斯（Christiaan Huygens）给出了等时曲线问题的解，让人们拥有了更为精确的时钟。

莱布尼茨提出了一种基于二进制原理进行计算的机器，为后来的计算机编码奠定了基础。

1637年　　**1653**年　　**1656**年　　**1679**年

1644年　　**1654**年　　**1665—1675**年

修道士马林·梅森提出了一种寻找素数的方法，这种方法以他的名字命名。

帕斯卡与皮埃尔·德·费马之间的通信奠定了概率论的基础。

戈特弗里德·莱布尼茨与艾萨克·牛顿提出了微积分，二人可能是各自独立提出的。

前所未有地加快了，几位极具开创性的近代数学家相继涌现。哲学家、科学家与数学家勒内·笛卡儿便是其中一位，他处理问题的方法条理分明，为开启现代科学新纪元奠定了基础。他对数学的主要贡献在于他发明了一套坐标系，该坐标系可以指明点相对于坐标轴的位置。他还建立了解析几何学这一新领域。在解析几何学中，曲线和形状可由代数方程式表示。

另一位文艺复兴后期著名的数学家是皮埃尔·德·费马，他的名声很大程度上来自他那神秘的费马大定理，该定理直至1994年才被证明。不为人知的一面是，他对微积分、数论和解析几何也做出了贡

献。他曾与数学家布莱士·帕斯卡通信，在信中，二人讨论了赌博与机会游戏，这为概率论的诞生奠定了基础。

微积分的诞生

17世纪的一个重要数学概念由当时的两位科学巨擘戈特弗里德·莱布尼茨与艾萨克·牛顿各自独立提出。莱布尼茨与牛顿二人在吉尔·德·罗贝瓦尔计算摆线下方面积的成果的基础上，对有关连续变化和加速度等问题的计算方法进行了研究。埃利亚的芝诺提出他著名的悖论以来，这些问题一直困扰着数学家。莱布尼茨和牛顿分别用微积分基本定理解决了这些问题。

微积分基本定理是一系列用无穷小量进行运算的法则。对于牛顿来说，微积分是他在物理学研究中的一个实用工具，对他研究行星运动大有裨益；而莱布尼茨认识到了它在理论上的重要性，并完善了微分与积分的运算规则。■

艺术与生活中的几何学

黄金比

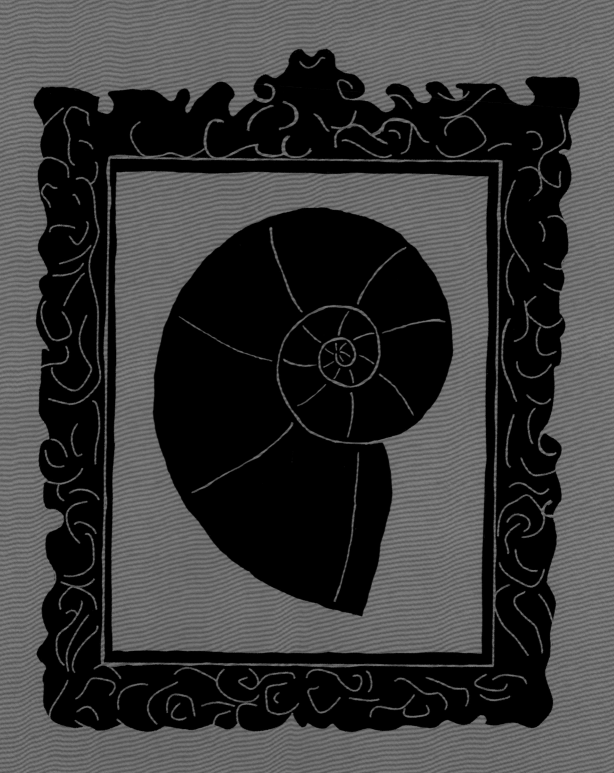

背景介绍

主要人物
卢卡·帕乔利（1445—1517年）

领域
应用几何

此前

公元前447年—公元前432年 由古希腊雕塑家菲狄亚斯参与设计的帕特农神庙的高宽比接近于黄金比。

约公元前300年 目前已知的关于黄金比的最早记载见于欧几里得的《几何原本》之中。

1202年 斐波那契提出了著名的斐波那契数列。

此后

1619年 约翰尼斯·开普勒证明，斐波那契数列中相邻数字之比趋近于黄金比。

1914年 美国数学家马克·巴尔被誉为首位使用希腊字母φ表示黄金比的人。

（黄金比）是一种让坏事难以发生、让好事易于显现的比例关系。
——阿尔伯特·爱因斯坦

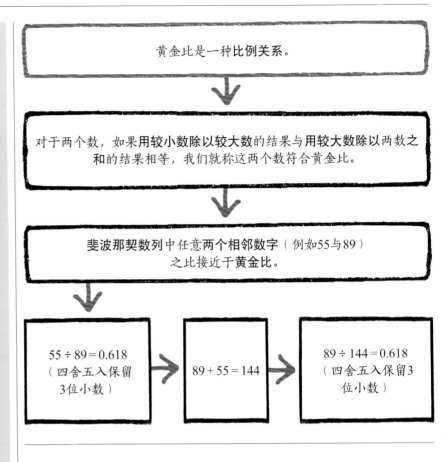

黄金比是一种比例关系。

对于两个数，如果用较小数除以较大数的结果与用较大数除以两数之和的结果相等，我们就称这两个数符合黄金比。

斐波那契数列中任意两个相邻数字（例如55与89）之比接近于黄金比。

55 ÷ 89 = 0.618（四舍五入保留3位小数）

89 + 55 = 144

89 ÷ 144 = 0.618（四舍五入保留3位小数）

文艺复兴时期是一段创造力不断涌现的时期。那时，艺术、哲学、宗教、科学和数学等学科之间的隔阂似乎比当今还要小。其中，我们所关心的是数学、比例与美学之间的联系。1509年，意大利牧师、数学家卢卡·帕乔利写下了《神圣比例》一书，对建筑学与视觉艺术中常用的透视原理的数学与几何学基础进行了探讨。书中的插画由帕乔利的朋友和同事莱昂纳多·达·芬奇创作，他是文艺复兴时期一位杰出的艺术家与博学家。

文艺复兴时期以来，人们一直用数学方法剖析艺术，将黄金比作为"几何之完美"的代名词。帕乔利甚至将黄金比称为"神圣比例"。如果将一条线段分为两部分，且短的一段（b）与长的一段（a）的长度之比等于长的一段（a）与整条线段（a+b）的长度之比，即 $a ÷ (a+b) = b ÷ a$，那么这个比例就叫黄金比。这一比例是个常数，用希腊字母φ表示。之所以用 φ（phi），是因为古希腊的雕塑家菲狄亚斯（Phidias）被认为是首位意识到黄金比的美学意义的人之一。据说，他在设计雅典的帕特农神庙时使用了这一比例。

和π（3.1415…）一样，φ也是一个无理数（无法用分数表示的数），因而它可以写成散乱排布、没有循环节的无限小数的形式。其

参见： 毕达哥拉斯 36~43页，无理数 44~45页，柏拉图立体 48~49页，欧几里得的《几何原本》52~57页，圆周率的计算 60~65页，斐波那契数列 106~111页，对数 138~141页，彭罗斯铺砖 305页。

近似值是0.618。这一看似平常的数字竟与艺术、建筑、自然中如此优美的比例关系相对应，实属数学之奇迹。

黄金比的发现

有人认为古希腊建筑中就已蕴含了与φ相关的比例关系，甚至更早的古埃及文明中也可能存在这样的比例关系。例如，于公元前2560年左右在古埃及吉萨所建的胡夫金字塔的高与底边之比大约是0.636。然而，并无证据表明古代建筑师已经发现了这一完美的比例。虽然其与黄金比如此接近，但或许其并未经过仔细的数学推敲，仅仅是巧合而已。

毕达哥拉斯学派是一个与萨摩斯的毕达哥拉斯有关的充满神秘色彩的数学家与哲学家团体，以五角星为图腾。五角星的各边与其他边相交，从而将其他边分割成两段，而两段之比正是φ。然而，毕达哥拉斯学派坚信宇宙万物建立在数字之上，且所有数字都可表示为两个整数之比。按照毕达哥拉斯的学说，任意两个长度都是某一更小的长度的整数倍。换句话说，任意两个长度之比均为有理数，可以表示为整数之比。据说，当毕达哥拉斯的信徒希帕索斯发现这一说法并不正确时，毕达哥拉斯学派的其他信徒对他心生厌恶，并将其溺死。

文字记载

关于黄金比的最早记载见于数学家欧几里得的著作之中。欧几里得在《几何原本》中探讨了早先柏拉图提出的柏拉图立体（例如正四面体），并阐释了其中蕴含的黄金比（欧几里得称其为"中外比"，extreme and mean ratio）。欧几里得还给出了使用直尺与圆规构造黄金比的方法。

> 当然，美好的事物永远是美丽的，而美丽离不开比例。

> ——柏拉图

黄金比与斐波那契

黄金比还与另一个著名的数学概念密切相关——斐波那契数列。这一数列由比萨的列奥纳多（斐波那契）于1202年在创作的《计算之书》中提出。在斐波那契数列中，后续每个数都等于前两个数之和：0, 1, 1, 2, 3, 5, 8, 13, 21, 34, 55, 89, …。

直到1619年，德国数学家与

卢卡·帕乔利

卢卡·帕乔利于1445年出生于托斯卡纳。年轻时他移居罗马，师从艺术家与数学家皮耶罗·德拉·弗朗切斯卡（Piero della Francesca）及著名的建筑大师莱昂·巴蒂斯塔·阿尔伯蒂（Leon Battista Alberti）。从他们身上，他学到了几何学、艺术的透视法和建筑学相关知识。后来他成为一名老师，游遍了意大利。1496年，帕乔利移居米兰，担任工资单文员，同时从事数学教学工作。莱昂纳多·达·芬奇就是他的学生，他为帕乔利的《神圣比例》一书绘制了插图。帕乔利还提出了一种至今仍被使用的会计方法。他于1517年在托斯卡纳的圣塞波尔克罗去世。

主要作品

1494年 《算术、几何、比及比例概要》

1509年 《神圣比例》

据说，莱昂纳多·达·芬奇在创作《最后的晚餐》（1494—1498年）时，使用了黄金矩形。拉斐尔、米开朗琪罗等文艺复兴时期的艺术家也使用了这一比例。

天文学家约翰尼斯·开普勒才证明，用斐波那契数列的各项除以其后一项，最终将得到黄金比，且越往后计算，结果将越接近φ。例如，$4,181 \div 6,765 = 0.61803\cdots$。斐波那契数列与黄金比均在自然界中广泛存在。比如，许多花的花瓣个数是斐波那契数；再有，从下向上看，松果的鳞片有8片呈顺时针螺旋，有13片呈逆时针螺旋。

自然界中还有另一种与黄金比十分接近的形状，即"黄金螺线"。每转过一个象限，"黄金螺线"便按φ的比例向外扩张。我们可以按如下方法构造"黄金螺线"：将一个黄金矩形（宽与长之比为黄金比的矩形）不断分割成小正方形和更小的黄金矩形，再在正方形中画内切四分之一圆（见对页）。自然界中的许多螺旋与"黄金螺线"十分相似，但并非完全符合"黄金螺线"的比例关系。鹦鹉螺壳就是一例。

"黄金螺线"最早由法国哲学家、数学家及博学家勒内·笛卡儿于1638年提出，后来被瑞士数学家雅各布·伯努利（Jacob Bernoulli）进一步研究。由于"黄金螺线"可借助对数曲线生成，因此法国数学家皮埃尔·伐里农（Pierre Varignon）将其归类为一种"对数螺线"。

艺术与建筑

音乐与诗歌中都有黄金比的身影，而最常与黄金比联系在一起的是15—16世纪文艺复兴时期的艺术作品。据说达·芬奇的画作《最后的晚餐》中就藏有黄金比。除了为《神圣比例》绘制插图，他还绘制了《维特鲁威人》。这幅画的内容是一名嵌在圆和正方形内的拥有"完美比例"的男子，据说这个理想的人体中多处蕴含着黄金比。画中的维特鲁威人呈现的其实是古罗马建筑家维特鲁威提出的比例

用黄金比来定义人体之美的问题在于，只要你足够努力地寻找黄金比的特征，你几乎总能找到。
——汉娜·弗莱
英国数学家

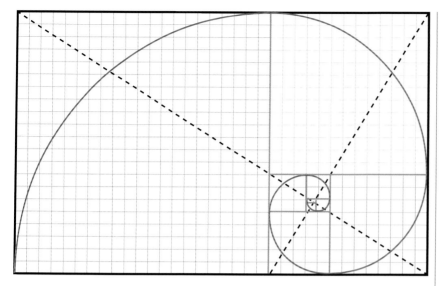

"黄金螺线"可内嵌于黄金矩形之中。我们可以先将黄金矩形分割为一个正方形和一个更小的黄金矩形，再在小黄金矩形中不断重复这一过程。接着，在各个正方形中绘制内切四分之一圆，即可得到一条"黄金螺线"。

理论，与黄金比关联不大。即便如此，人们后来还是常将黄金比与人体的魅力联系在一起（见右侧专栏）。

反对黄金比

19世纪，德国心理学家阿道夫·蔡辛（Adolf Zeising）认为黄金比是完美的人体比例，可以用身高除肚脐到脚掌的距离计算出来。然而，2015年，斯坦福大学数学教授基思·德夫林（Keith Devlin）指出，黄金比是一个"持续了150年的骗局"，他对蔡辛"黄金比自古以来与美学密切相连"的观点提出了批评。德夫林认为，蔡辛的观点让人们在回看这些艺术与建筑时戴上了黄金比的有色眼镜。与之类似，1992年，美国数学家乔治·马尔科夫斯基指出，人体所谓的黄金比关系其实是测量不精确造成的。

现代应用

即使φ的历史应用充满争议，但现代作品中仍常有黄金比的身影。例如，萨尔瓦多·达利的作品《最后晚餐的圣礼》本身就是一个黄金矩形。除了艺术，现代几何学中也有黄金比。英国数学家罗杰·彭罗斯（Roger Penrose）提出的贴砖样式中就蕴含着黄金比。此外，现代电视机和计算机显示器的标准宽高比是16∶9，就是黄金比在现实生活中的应用；银行卡的形状也几乎是完美的黄金矩形。■

美的比例

研究表明，一个人面部的对称性对他所散发的魅力起着重要作用。然而，黄金比带来的吸引力似乎更大。人们通常认为面部具有黄金比（例如面部的宽长比）的人比没有黄金比的人更具吸引力。但迄今为止的科学研究对此并无定论，甚至常有相反的结论。几乎没有科学依据表明拥有黄金比的面部更具魅力。

一位名为史蒂芬·马夸特的美国整形外科医生基于人脸的黄金比制作了一种面具（见下图）。他认为，一个人的面部与面具越契合，这个人就越美。然而一些人认为，将这一面具用作整形手术的模板是对数学的误用与亵渎。

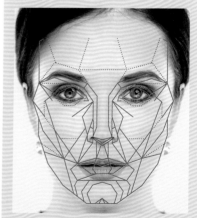

史蒂芬·马夸特制作的这一面具遭到了批判，因为它用西方白种人的标准来定义美。

宛如一颗 巨大的钻石

梅森素数

背景介绍

主要人物

胡达里希斯·雷吉乌斯
（16世纪初）

马林·梅森（1588–1648年）

领域
数论

此前

约公元前300年 欧几里得证明了算术基本定理，即每个大于1的整数均可唯一地表示为素数的乘积。

约公元前200年 埃拉托斯特尼发明了一种寻找素数的方法。

此后

1750年 莱昂哈德·欧拉证明了梅森数$2^{31}-1$是素数。

1876年 法国数学家爱德华·卢卡斯证明了$2^{127}-1$是梅森素数。

2018年 到目前为止，已知最大的梅森素数是$2^{82,598,933}-1$。

古希腊人首次研究素数以来，素数（只能被1和本身整除的数）就引起了学者的兴趣。直到1536年，数学家还一直相信，当n是任何一个素数时，2^n-1的值也会是一个素数。然而，一位我们现在只知道名叫胡达里希斯·雷吉乌斯（Hudarlrichus Regius）的学者在发表于1536年的《两种算术缩影》（*Utriusque Arithmetices Epitome*）中指出：$2^{11}-1=2,047$，而由于$2,047 = 23 \times 89$，因此它不是一个素数。

梅森的影响

此后，许多学者提出了全新的有关2^n-1的假设，其中，法国教士马林·梅森于1644年的工作最为重要。他断言，当$n=2$，3，5，7，13，17，19，31，67，127，257时，2^n-1是素数。梅森的工作再次激发了大家对这一题目的研究兴趣，人们现在称形如2^n-1的素数为梅森素数（Mersenne primes，M_n）。

计算机的使用使找到更多的梅森素数成为可能。梅森所断言的n的取值中，有两个是错误的（67和257）；而在1947年，又有3个梅森素数被发现：$n=61$，89，107。2018年，"因特网梅森素数大搜索"项目找到了目前已知的第51个梅森素数。■

整数的简洁明了与素数结构的错综复杂形成了鲜明对比，将数论之美展现得淋漓尽致。

——安德烈亚斯·克瑙夫
德国数学家

参见: 欧几里得的《几何原本》52~57页，埃拉托斯特尼筛法 66~67页，黎曼猜想 250~251页，素数定理 260~261页。

沿恒向线航行
恒向线

背景介绍

主要人物
佩德罗·努内斯（1502—1578年）

领域
图论

此前
公元150年 数学家托勒密建立了经纬度的概念。

约1200年 磁罗盘在中国、欧洲等地被应用于航海。

1522年 葡萄牙航海家费迪南德·麦哲伦的船队首次完成了环球航行。

此后
1569年 地图学家杰拉杜斯·墨卡托（Gerardus Mercator）提出的圆柱地图投影法让航海家可以在地图上用直线来表示恒向线航线。

1617年 荷兰数学家威理博·斯涅尔（Willebrord Snell）将恒向螺旋线命名为"loxodrome"。

自1500年左右，船队便开始横渡世界的海洋。航海家们此时遇到一个问题：如何在考虑到地球表面弯曲性的同时绘制出环行世界的航线。葡萄牙数学家佩德罗·努内斯（Pedro Nunes）在《论球》一书中提出的恒向线（rhumb line）解决了这一难题。

恒向螺旋线

恒向线以相同的角度横穿每条子午线（经线）。由于越靠近两极，经线越密集，所以恒向线将弯曲成螺旋形。1617年，荷兰数学家威理博·斯涅尔将这种恒向螺旋线命名为"loxodrome"。这成为空间几何学中的重要概念。

恒向螺旋线助力了航海家，因为它让航海家可以仅用一个罗盘就完成航海。1569年，墨卡托提出了墨卡托地图（Mercator map）。在这种地图上，经线被画成平行线，于是所有恒向线都是直线。从

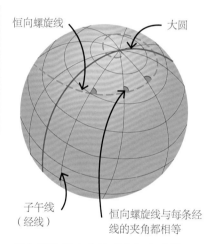

恒向螺旋线自北极或南极点开始，沿地球表面螺旋，以相同角度与每条经线相交。这条螺旋线的全部或部分就是恒向线。

此，人们在绘制航线时，只需在地图上画一条直线即可。但是，环游地球的最短路线并非恒向线，而是"大圆"（great circle），即以地球中心为圆心的圆。直到GPS发明后，沿"大圆"航线航行才成为可能。■

参见： 坐标 144~151页，惠更斯等时曲线 167页，图论 194~195页，非欧几里得几何 228~229页。

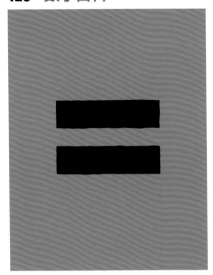

一对等长的线
等号与其他符号

背景介绍

主要人物
罗伯特·雷科德（约1510–1558年）

领域
计数系统

此前

公元250年 古希腊数学家丢番图在《算术》一书中用符号表示变量（未知量）。

1478年 《特雷维索算术》一书用朴素的语言讲解了如何进行加、减、乘、除运算。

此后

1665年 英国的艾萨克·牛顿发明了微积分，引入了极限、函数和导数的概念。这些运算需要借助新的符号来简化书写。

1801年 卡尔·弗里德里希·高斯发明了"全等"符号，用以表示两个图形的形状与大小均相等。

16世纪，当威尔士的医学博士、数学家罗伯特·雷科德开始他的工作时，人们尚未对算术中使用的符号达成共识。虽然那时阿拉伯数字系统已经成型，但统一的表示数学运算的方法仍未建立。

1543年，雷科德在《艺术基础》一书中将加号（+）和减号（-）引入英国数学界。这些符号最早出现于德国数学家约翰尼斯·维德曼（Johannes Widman）的《商业速算法》中，但似乎在此书出

版前，德国商人就已在使用这些符号了。先是意大利，再是英国，这些符号渐渐被越来越多的国家的学者采用。原先用于表示加法的字母"p"和表示减法的字母"m"逐步被取代。

1557年，雷科德又开始推广他发明的一个新符号。在《砺智石》一书中，他使用一对等长的平行线（=）表示相等，因为他认为，除此之外，"没有比它们更相等的了"。雷科德认为，这些符号可以让数学家脱离用语言文字书写计算过程的束缚。后来，等号得到了广泛使用，并且17世纪时又出现了诸多当今仍在使用的符号，例如乘号（×）和除号（÷）。

代数的表示法

尽管最早的代数技巧可以追溯至两千年以前的古巴比伦文明，

图中是罗伯特·雷科德的一个练习本，他在自己的计算过程中尝试使用等号（=）。雷科德使用的符号明显比现代符号更长。

参见: 位值制计数系统 22~27页, 负数 76~79页, 代数 92~99页, 十进制小数 132~137页, 对数 138~141页, 微积分 168~175页。

符号的发明			
符号	含义	发明者	年份
−	减法	约翰尼斯·维德曼	1489
+	加法	约翰尼斯·维德曼	1489
=	等于	罗伯特·雷科德	1557
×	乘法	威廉·奥特雷德	1631
<	小于	托马斯·哈里奥特	1631
>	大于	托马斯·哈里奥特	1631
÷	除法	约翰·雷恩	1659

但16世纪以前, 绝大多数的计算仍用文字方式来记录。有时候也会使用简写, 但没有统一的简写方式。英国的托马斯·哈里奥特与法国的弗朗索瓦·韦达是对代数学发展分别做出重要贡献的两位数学家, 他们统一用字母表示代数运算。在他们的符号体系中, 与当今区别最明显的是, 他们用重复的字母表示幂。例如, 他们用 aaa 表示 a^3, 用 $xxxx$ 表示 x^4。

现代的体系

法国数学家尼古拉斯·丘凯 (Nicholas Chuquet) 在1484年使用上标来表示指数 ("多少次幂"), 但书写方式与当今不同。例如, 他用6.2表示 $6x^2$。过了150多年, 上标才得以普及。1637年, 勒内·笛卡儿写下了 $3x + 5x^3$, 这是一个可明确分辨出使用了上标的式子, 但他仍然会将 x^2 记为 xx。直到19世纪初, 颇具影响力的德国数学家卡尔·弗里德里希·高斯开始使用 x^2, 上标符号才得以流行。笛卡儿的另一个贡献是在方程中用 x、y 和 z 表示未知量, 用 a、b 和 c 表示已知量。

代数符号经过了很长时间才得以流行, 但当这些符号变得有意义并且可以帮助数学家攻克难题时, 它便成为一种规范。17世纪时, 世界各地的数学家之间的联系日益紧密, 也加速了这些符号被采用的进程。■

为避免重复书写"等于"二字, 我会像我平时工作时经常使用的那样, 用一对平行线表示相等。
——罗伯特·雷科德

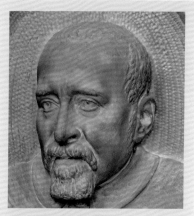

罗伯特·雷科德

雷科德于1510年左右出生于威尔士。长大后, 他先在牛津大学学习医学, 后来于1545年在剑桥大学获得医师资格。他曾在两所大学讲授数学, 并于1543年撰写了第一部关于代数的英语著作。1549年, 在伦敦从事了一段时间的医学工作后, 雷科德被任命为布里斯托尔造币厂厂长。然而, 他拒绝为后来的彭布罗克伯爵的军队提供资金, 随后便关闭了造币厂。

1551年, 雷科德被委任掌管都柏林造币厂, 然而由于未能赢利, 这一造币厂也被勒令停止营业。雷科德原本试图起诉彭布罗克处理失当, 却因诽谤中伤反被起诉。由于雷科德未能支付罚金, 他于1557年被押至伦敦的一所监狱中, 并于1558年在那里去世。

主要作品

1543年 《艺术基础》

1551年 《知识之途》

1557年 《砺智石》

负之正乘负之正得负

虚数与复数

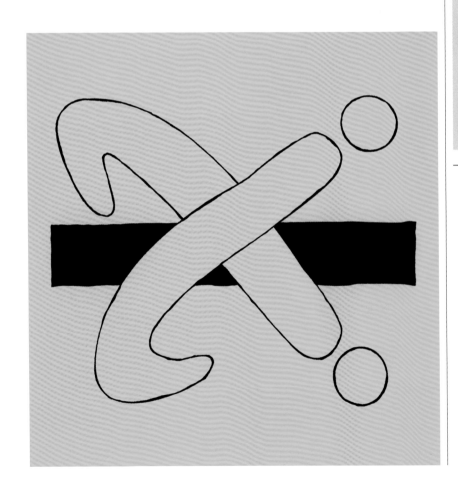

16世纪末期，意大利数学家拉斐尔·邦贝利在他的《代数学》中拟定了虚数与复数的运算法则，开辟了一片新天地。通常的法则是，任何正数和负数的平方都应当是正数。然而，虚数的平方可以是负数，这与通常的法则相悖。复数是实数（数轴上的数）与虚数之和，其形式为$a + bi$，其中a与b是实数，$i=\sqrt{-1}$。

几个世纪以来，学者们一直需要扩充"数"的概念以便求解各种问题，虚数与复数就是这一"征程"中产生的新概念。邦贝利撰写

参见: 二次方程 28~31页,无理数 44~45页,负数 76~79页,三次方程 102~105页,方程的代数解法 200~201页,代数基本定理 204~209页,复数平面 214~215页。

（非零）实数的平方是正数。

（纯）虚数的平方是负数。

复数是实数与虚数之和。

复数让我们可以求解多项式方程（一系列 x 的幂之和等于零的方程,例如 $3x^3-2x^2+x-5=0$）。

一些人相信虚幻的友人,而我相信虚数。

——R. M. 阿塞贾格
美国作家

快,塔尔塔利亚就向德尔·费罗发起了挑战。塔尔塔利亚是一名流动授课的老师,拥有相当强的数学能力,但财力有限。他独立于德尔·费罗发现了一种求解三次方程的一般方法。1526年,德尔·费罗去世,菲奥尔觉得是时候将德尔·费罗的求解方法公之于众了。他向塔尔塔利亚发起求解三次方程的挑战,却被塔尔塔利亚更高级的方

当加上（一个虚数单位）时,我称之为"负之正";当减去时,我称之为"负之负"。

——拉斐尔·邦贝利

的《代数学》让人们进一步理解了这些数和其他数的原理。当我们求解像 $x+1=2$ 这种最简单的方程时,我们只需要自然数（正整数）。然而,若要求解 $x+2=1$,我们就需要负整数;若要求解 $x^2+2=1$,我们还需要负数的平方根。邦贝利当时可用的数中并没有这种数,因而他必须发明出来,于是便有了虚数单位（$\sqrt{-1}$）的概念。16世纪初,负数仍为人所怀疑,虚数和复数更是几十年内未被人们广泛接受。

激烈的竞争

复数的概念在邦贝利早年时就已出现。当时,意大利数学家正在寻找求解三次方程的方法,这种方法应当尽可能高效,并且不依赖波斯博学家欧玛尔·海亚姆在12世

纪提出的几何方法。由于大多数二次方程均可用求根公式求解,因此人们对三次方程也着眼于寻找类似的公式。博洛尼亚大学数学教授希皮奥内·德尔·费罗找到了某些三次方程的求解方法,迈出了关键性的一步,但寻找更具普适性的公式的努力仍在继续。

这个时代的意大利数学家会公开挑战彼此,力求在最短时间内求解三次方程和其他问题。对于想在著名大学担任数学教授职位的学者而言,通过这种比赛获得名望至关重要。因而,许多数学家将他们的求解方法严格保密。德尔·费罗解决了形如 $x^3+cx=d$ 的方程。他只将自己的求解方法传授给了安东尼奥·菲奥尔和安尼贝勒·德拉·纳夫二人,并让他们发誓保密。很

拉斐尔·邦贝利的虚数运算法则

拉斐尔·邦贝利建立了虚数的运算法则。他用"负之正"（plus of minus）表示正虚数单位，用"负之负"（minus of minus）表示负虚数单位。例如，正虚数单位乘负虚数单位等于正整数单位；而负虚数单位乘负虚数单位等于负整数单位。

负之正	×	负之正	=	负
负之正	×	负之负	=	正
负之负	×	负之负	=	负
负之负	×	负之正	=	正

法"打"得落花流水。吉罗拉莫·卡尔达诺听闻此事，游说塔尔塔利亚将方法分享给他，但同德尔·费罗一样，分享的条件是永不公开。

超出正数范围

当时，所有的方程均用正数求解。而要想使用塔尔塔利亚的方法，卡尔达诺就不得不努力重塑观念，相信使用负数的平方根会对求解三次方程有所帮助。然而，虽然他已经准备尝试这一方法，但似乎并未被说服。他称这些负数解是"虚构的"（fictitious）或"错误的"（false），并且将寻找负数解的脑力劳动称为"精神折磨"（mental torture）。在《大术》一书中，他使用了负数的平方根。他写道："用$5+\sqrt{-15}$乘以$5-\sqrt{-15}$将得到$25-(-15)$，也就是$25+15$，因此乘积是40。"这是有关复数计算的最早记载，但卡尔达诺并未意识到这一突破的重要性。他称自己的工作是"微妙"（subtle）且"无用"（useless）的。

拉斐尔·邦贝利

拉斐尔·邦贝利于1526年生于意大利博洛尼亚。他是家中的长子，父亲是一位羊毛商人。尽管邦贝利并未接受过大学教育，但他师从一位身兼工程师和建筑师的人学习，随后自己也成为一名精通水利的工程师。他还对数学产生了兴趣，研究了古代和那个时代的数学家的作品。在等待排水系统工程重新开工时，他着手撰写他的重要著作《代数学》。这部书首次将复数的原始运算完整呈现出来。

邦贝利在梵蒂冈图书馆找到了丢番图《算术》一书的副本。这本书给他留下深刻的印象，他将其翻译成意大利语。这项工作也让他重新修订了《代数学》，在他去世的1572年，共有3卷出版，最后未完成的两卷于1929年出版。

主要作品

1572年 《代数学》

解释这些数

拉斐尔·邦贝利从各种数学家求解三次方程的"斗争"中汲取了精华，他非常欣赏卡尔达诺的《大术》一书。他所撰写的《代数学》是一部更易于理解的书，是对这一主题全面而创新的综述。此书对负数的算术运算进行了探讨，并使用了一些简洁的符号，这在当时已经是巨大的进步了。

这本书概述了正数与负数的基本运算法则，比如说"正乘正得正、负乘负得正"。随后，书中建立了虚数加、减、乘的全新的运算法则，只不过使用的术语与当今不同。例如，他所说的"负之正乘负之正得负"，意思是正虚数乘以虚数将得到负数：$\sqrt{-n} \times \sqrt{-n} = -n$。邦贝利还给出了如何使用这些运算法则求解三次方程的实例，求解过程中要用到一些负数的平方根。尽管邦贝利的记号已经很超前了，但当时代数符号的使用仍在萌芽之中。两个世纪后，瑞士数学家莱昂哈德·欧拉引入符号i来表示虚数单位。

> 在实数域中，连接两个真理的最短路径要通过复数域。

——雅克·阿达马
法国数学家

复数的应用

同自然数、实数、有理数和无理数一样，虚数与复数均被用来求解方程，并在其他日趋复杂的数学难题中发挥作用。

在过去几十年里，这些数集各自拥有了可在公式中使用的通用记号。例如，粗体大写字母 **N** 表示自然数集 {0, 1, 2, 3, 4, …}，大括号括起来表示一个集合。1939年，美国数学家内森·雅各布森（Nathan Jacobson）使用粗体大写

字母 **C** 表示复数集 {$a + bi$}，其中 a 与 b 为实数，$i = \sqrt{-1}$。

复数的出现让全部多项式方程都得以求解，并且事实证明，复数在数学的其他分支中也有广泛用途，甚至在数论（研究整数，尤其是正整数的学科）中也很重要。数论学家将整数视为复数，于是可以使用强大的复分析（研究关于复数函数的理论）方法来研究整数。例如，黎曼 zeta 函数就是一种蕴含素数信息的复数函数。其他领域中也有复数的身影——物理学家在电磁学、流体动力学和量子力学中使用复数，而工程师在设计电子电路、研究音频信号时也需要借助复数。■

> 人类有一种古老的、与生俱来的感觉：数字应当不会作弊。

——道格拉斯·侯世达
认知科学家

下图中的几个水杯展示了将蓝色食用色素滴在冰块上（左）后的变化过程。随着冰块融化，较重的蓝色色素会下沉。人们用复数对这类流体的速度与方向进行建模。

十分之术

十进制小数

背景介绍

主要人物
西蒙·斯蒂文（1548—1620年）

领域
数系

此前

830年 阿尔·肯迪所创作的4卷《印度数字的使用》使基于印度数字的位值制计数系统在阿拉伯国家传播开来。

1202年 比萨的列奥纳多（斐波纳契）撰写的《计算之书》将阿拉伯数字系统引入欧洲。

此后

1799年 法国大革命期间，法国在货币与度量衡中引入了公制系统。

1971年 英国引入十进制货币体系，将货币单位划分为源自拉丁体系的英镑、先令和便士。

分数（fraction）一词源自拉丁语fractio，意为"分离"。公元前1800年左右，古埃及人就开始使用这个词表示"整体的一部分"。最初，他们使用的分数仅仅局限于单位分数，即分子（上方的数字）为1的分数。古埃及人拥有表示 $\frac{2}{3}$ 和 $\frac{3}{4}$ 的符号，但将其他分数均表示为单位分数之和，例如 $\frac{1}{3}+\frac{1}{13}+\frac{1}{17}$。这种体系在记录数额时很方便，但计算时却十分麻烦。直到1585年西蒙·斯蒂文的《论十进》（《十分之术》）发表，十进制小数才变得司空见惯。

10的重要性

西蒙·斯蒂文是16世纪末至17世纪初的工程师和数学家，他在工作中需要进行诸多运算。为了简化运算，他使用了一个以10的幂为基础的系统来表示分数。斯蒂文成功预言：十进制小数系统最终将无处不在。

人类在历史文明发展进程中，使用过许多不同的基数来表

> 好的记号可以把大脑从所有不必要的工作中解放出来，让大脑去关注更高级的问题。
>
> ——艾尔弗雷德·诺思·怀特海
> 英国数学家

示"整体的一部分"。古罗马时期，人们用一个以12为基数的系统来表示分数，并且这些分数被写为文字：uncia表示 $\frac{1}{12}$，semis表示 $\frac{6}{12}$，semiuncia表示 $\frac{1}{24}$。然而，这一烦琐的系统让人们在计算时十分不便。古巴比伦时期，人们用以60为基数的计数系统表示分数，但在书写时，很难区分哪些数字表示整数、哪些数字表示"整体的一部分"。

西蒙·斯蒂文

西蒙·斯蒂文于1548年出生于现在的比利时布鲁日。在1583年进入莱顿大学之前，他曾担任簿记员、出纳员和业务员。他在大学中与莫里斯亲王相识，并结为好友。斯蒂文为亲王指导数学，提供军事战略建议，使亲王在与西班牙的战争中赢得了一系列胜利。斯蒂文同样是一名杰出的工程师，1600年，莫里斯亲王请他在大学中建立一所工程学院。1604年开始，斯蒂文担任军需官，提出了一些创新性的军事与工程思想，这些思想后来被整个欧洲

采用。他撰写了许多包括数学在内的各种学科的书。他于1620年去世。

主要作品

1583年 《几何问题》
1585年 《十分之术》
1585年 《称量原理》

参见: 位值制计数系统 22~27页, 无理数 44~45页, 负数 76~79页, 斐波那契数列 106~111页, 二进制数 176~177页。

几个世纪以来, 欧洲人使用罗马数字来计数并进行运算。中世纪意大利数学家列奥纳多 (斐波那契) 在阿拉伯国家旅行时, 了解到了印度的位值制计数系统。很快他便意识到, 利用这一系统进行与整数相关的记录和运算将十分实用且高效。他撰写的《计算之书》将阿拉伯诸多实用的思想引入了西方, 并将一种全新的表示分数的记号带到了欧洲, 这成为当今使用的分数记号的基础。斐波那契使用一条水平短线将分子与分母 (下方的数字) 分隔开, 但他沿袭了阿拉伯人的惯例, 将分数写在整数的左侧而非右侧。

十进制小数的引入

斯蒂文发现, 使用传统的分数既费时又容易出错。他决定使用一种十进制小数系统, 相应的"十进分数"(decimal fraction) 以10的幂为分母。这一系统早在斯

> **十进制小数是在"十分"过程中发明的一种算术, 存在于密码字符之中。**
>
> ——西蒙·斯蒂文

要**转换成十进制小数**, 首先需要将分数转换成"**十进分数**", 其分母 (下方的数字) 是10的幂。

转换后分数的**分子** (上方的数字) 便可用于将分数表示成**小数**。例如, $\frac{25}{100}$ 便可记为0.25。

分子被置于**小数分隔符**之后, 以表示其**并非整数**。小数点就是一种小数分隔符。

这种**十进制小数**系统让非整数量的**加法**与**减法**变得容易。

蒂文之前5个世纪就已出现, 而斯蒂文使其在欧洲流行开来。此后, 欧洲人开始用其进行与"整体的一部分"相关的记录与运算。他提出了十进制小数的符号体系, 并将印度人使用的整数位值制计数系统的优势融入其中。

在斯蒂文的十进制小数系统中, 原先需要写成分数之和的数 (例如 $32 + \frac{5}{10} + \frac{6}{100} + \frac{7}{1,000}$) 现在只需用单个数便可表示。斯蒂文在每个数字后加了一个圆圈, 这些圆圈是对原始的"十进分数"中分母的简写。由于32是整数, 所以在32后面跟一个圆圈内的0; 再比如, $\frac{6}{100}$ 记为6后面跟一个圆圈内的2 (这是由于原先分数的分母100是 10^2, 所以用2表示10的指数);

在斯蒂文十进制小数的符号体系中, 圆圈内的数表示转换成"十进分数"后分母中10的指数。下面展示的是斯蒂文如何书写如今被记为32.567的这个数。

3 2 ⓪ 5 ① 6 ② 7 ③

十进制小数系统让分数的除法与乘法变得容易，尤其是在与10进行运算的时候。这里展示的是32.567（或$32+\frac{5}{10}+\frac{6}{100}+\frac{7}{1,000}$）的运算实例。我们只需跨过小数点，将数字向左或向右移动一列即可。

	百位 100	十位 10	个位 1	十分位 $\frac{1}{10}$	百分位 $\frac{1}{100}$	千分位 $\frac{1}{1,000}$	万分位 $\frac{1}{10,000}$
× 1		3	2 ●	5	6	7	
× 10	3	2	5 ●	6	7		
÷ 10			3 ●	2	5	6	7

同样，$\frac{7}{1,000}$用7后面跟一个圆圈内的3表示。于是，整个数便可用这种方式写出（见135页右下角）。置于整数部分与小数部分中间的符号叫小数分隔符（decimal separator）。在斯蒂文的符号体系中，圆圈内的0演变成一个点，如今我们称其为小数点（decimal point）。小数点在当时被写在中线位置（中间高度），而现在被移至底部，以免与有时被用于表示乘法的点混淆。斯蒂文在圆圈内写的10的幂现在也已被移除，于是$32+\frac{5}{10}+\frac{6}{100}+\frac{7}{1,000}$被记作32.567。

不同的符号体系

小数点始终未被广泛接受，许多国家使用逗号来代替小数点。一般情况下，二者共用不会出现问题，但如果与千位分隔符（delimiter）一同使用，问题就变得棘手了。千位分隔符是将非常大的数的整数部分按每3位分隔开的符号。例如，在英国，数字2,500,000中的逗号即为千位分隔符，它能让我们快速认知数字的大小。英国将点号作为小数分隔符，将逗号作为千位分隔符。而在世界的其他地方，如果用逗号作为小数分隔符，就会将点号作为千位分隔符。比如在越南，二十万一般记为200.000。

通常，人们借助上下文足以理解这些符号的意义，但有时也会犯下大错。为避免出现错误，第22届国际计量大会于2003年决定：虽然点号和逗号都可用作小数分隔符，但千位分隔符不应使用这两个符号，而应当使用空格。然而，此表示法尚未得到普及。

十进制小数的优势

整数的加、减、乘、除运算法则可被应用于十进制小数中。此前的表示法需要人们掌握分数的一

在西班牙，小数分隔符用逗号表示。图中展示的集市摊位位于加泰罗尼亚，上面的价格就体现了这一点。在西班牙语的手写体中，上逗号（类似于撇号）也很常见。

系列与整数不同的运算法则，因而与此前的方法相比，十进制小数让分数的运算变得简单得多。例如，在分数表示法中，分数相乘时需要将分子与分母分别相乘，再对结果进行化简。而如果用十进制小数表示，乘以或除以10的幂就变得十分容易。以32.567为例（见第136页图），我们只需简单地左右移动小数点即可。

斯蒂文认为，引入十进制货币单位与度量衡，仅仅是时间上的问题。大约200年后的法国大革命期间，欧洲就开始使用长度和质量的十进制单位（分别为米和千克）。在建立公制系统的过程中，法国还曾试图引入时间的十进制体系：一天有10小时，每小时100分钟，每分钟100秒。然而这一尝试非常不得人心，以至于仅仅一年后就被放弃了。中国人在300多年的时间里曾使用各种形式的十进制时间体系，但最终也于1645年彻底废除。

在美国，托马斯·杰斐逊提倡在度量单位和货币单位中使用十进制体系。他在1784年的论文中说服国会使用包含美元、十美分、美分的十进制货币体系。实际上，十美分（dime）一词正源于《十分之术》的法语标题 Disme。然而，杰斐逊的观点并未使度量单位随之改变，英寸、英尺和码这些单位至今仍被使用。虽然19世纪时许多欧洲货币已十进制化，但直到1971年，英国才开始使用十进制货币。■

这块大理石匾位于巴黎的沃日拉尔路，是在法国科学院首次定义"米"后，于1791年建造的最初16个米标识之一。

有限小数与循环小数

用分子除以分母，就可以将分数转换成小数。如果分母只能被2或5整除而不能被其他素数整除，那么对应的小数位数就是有限的。例如，$\frac{3}{40}$ 可表示为0.075，由于40仅可被2和5两个素数整除，所以其可以用有限小数精确表示。

除此之外，其他分数转换后将得到循环小数，永远没有穷尽。例如，将 $\frac{3}{11}$ 表示成小数是0.18181818…，也可记作 $0.\dot{1}\dot{8}$，意思是1和8将循环出现。循环节的长度（对于 $0.\dot{1}\dot{8}$ 来说就是2）一般是可预知的，因为很多时候它都是分母减1的一个因数（因此，如果一个分数的分母是11，那么循环节中数字的个数就是10的因数）。无理数与这些不同，无理数是无限小数，且没有循环节。无理数不能用由两个整数组成的分数表示。

或许科学史上最重要的事件……（就是）十进制小数系统的发明……

——亨利·勒贝格
法国数学家

将乘法转换为加法

对数

背景介绍

主要人物
约翰·纳皮尔（1550—1617年）

领域
数系

此前
14世纪 印度数学家玛达瓦（Madhava）构造了一张精确的正弦三角函数表，以便计算直角三角形中角的大小。

1484年 法国的尼古拉斯·丘凯撰写了一篇关于使用等比级数进行计算的文章。

此后
1622年 英国数学家与牧师威廉·奥特雷德根据对数标度发明了对数计算尺。

1668年 德国数学家尼古拉斯·墨卡托（Nikolaus Mercator）在《对数术》一书中首次使用了"自然对数"一词。

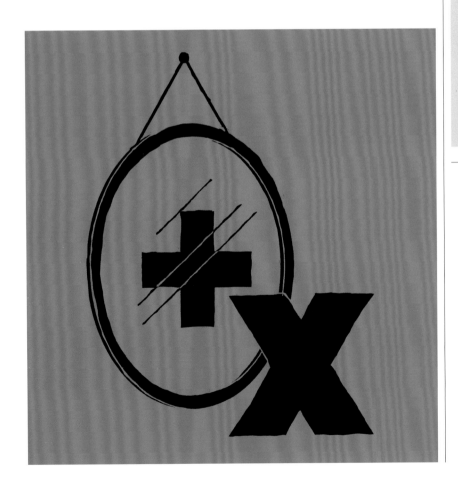

几千年以来，大多数计算都是借助计数板、算盘等工具来手动进行的。然而，乘法运算极其烦琐，比加法运算困难得多。在16—17世纪的科学革命中，可靠的计算工具的缺乏阻碍了航海、天文等领域的进步。这些领域涉及的计算更为繁杂，因此非常可能产生较大的误差。

利用级数求解

15世纪时，法国数学家尼古拉斯·丘凯研究了如何利用等比数列与等差数列的关系来辅助计

参见: 棋盘上的麦粒 112~113页, 极大值问题 142~143页, 欧拉数 186~191页, 素数定理 260~261页。

16世纪, **进行大数的乘法运算**是一项艰辛的工作。

约翰·纳皮尔发明了一种数表, 简化了运算过程。

在这种表格中, 每个数都有与之等价的"假数", 又称对数。

如果要将两数相乘, 只需**将二者的对数相加**, 再将结果**转换**为普通数字即可。

对数让数学家可以**通过加法来完成复杂的乘法运算**。

约翰·纳皮尔

1550年, 约翰·纳皮尔出生于苏格兰爱丁堡附近的Merchiston城堡的一户富裕家庭。13岁时, 他步入圣安德鲁斯大学, 对神学产生了浓厚的兴趣。然而, 在毕业之前, 他前往欧洲学习, 但这段时间他的具体经历鲜为人知。

纳皮尔于1571年回到苏格兰, 将许多时间花在打理他的庄园上, 他发明了新的方法来改良自己的土地、蓄养牲畜。他是一名狂热的新教徒, 曾撰写一部抨击天主教的著作。他对天文学有着浓厚的兴趣, 同时希望找到更简单的方法进行所需的运算, 因此他发明了对数。他还发明了一种用标号的木棒来计算的工具——纳皮尔算筹。纳皮尔于1617年在Merchiston去世。

主要作品

1614年 《奇妙的对数表的描述》

1617年 《筹算集》

算。在等差数列（arithmetic sequence, 又称算术数列）中, 每个数与前一个数之差是一个常数, 例如1, 2, 3, 4, 5, 6, …（按1递增）, 或3, 6, 9, 12, …（按3递增）。在等比数列（geometric sequence, 又称几何数列）中, 首项后的每个数都由前一个数乘以一个定值得到, 这个定值被称为公比。例如, 数列1, 2, 4, 8, 16的公比为2。如果我们写出一个等比数列（例如1, 2, 4, 8, …）, 再在其上

方写一个等差数列（例如1, 2, 3, 4, …）, 我们便会发现, 上方的数字刚好是通过以2为底的乘方运算得到下方数字时所对应的指数。苏格兰的数学家约翰·纳皮尔发明了对数表, 这一对数表的核心比我们这里所讨论的框架要复杂得多。

对数的生成

纳皮尔着迷于数字, 他花费大量的时间寻找简化计算的方法。1614年, 他发表了首篇关于

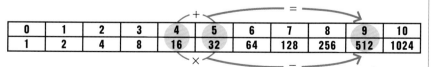

0	1	2	3	4	5	6	7	8	9	10
1	2	4	8	16	32	64	128	256	512	1024

该表的下面一行是一个等比数列（2的幂的递增数列）, 上面一行是等差数列, 表示利用2的幂计算得到下面一行的数字时对应的指数（所有非零数的0次方都是1）。若要将下面一行中的16和32相乘, 只需将对应的指数相加, 即4+5, 于是结果为2^9, 即512。

对数的概述及首张对数表。一个给定数字的对数，是通过另一定值（底数）的乘方运算得到该给定数字时所对应的指数。人们借助这种表格进行复杂的运算，让三角学得到了进一步发展。纳皮尔意识到，对数让计算的基本原理变得非常简单：可以用简单的加法运算来代替烦琐的乘法运算。每个数都有与之等价的一个数，纳皮尔最初称其为"假数"（artificial number），后来又将其命名为"对数"（logarithm），由希腊语中意为比例的logos一词与意为数字的arithmos一词组合而成。若要计算两个普通数字的乘法，只需将两数的对数相加，再将结果转换回普通数字的形式即可。若是计算除法，只需用一个数的对数减去另一个的对数，再将结果转换回去即可。

为了构造对数，纳皮尔设想有两个粒子分别沿两条平行线运动。第1条线无限长，而第2条线的长度是定值。两个粒子在相同时刻以相同速度从相同起始位置出发。

> 我终于找到了一些漂亮的简化法则。
>
> ——约翰·纳皮尔

无限长直线上的粒子做匀速运动，在相同时间内跨过恒定的距离。第2条线上的粒子的速度与其到线段终点的距离成比例。当第2个粒子到达线段起点与终点正中间的位置时，其运动速度是初始速度的一半；当到达四分之三位置时，运动速度是初始速度的四分之一；以此类推。这意味着第2个粒子将永远无法到达终点；同样，在无限长直线上运动的第1个粒子也永远不会停止脚步。在任意时刻，两个粒子的位置都存在唯一的对应关系。第1个粒子已经行进的距离就是第2个粒子尚未行进的距离的（负）对数。第1个粒子的运动过程可视作等差级数，第2个粒子的则是等比级数。

方法的改进

纳皮尔花了20年的时间完成计算，并将其首张对数表发表为《奇妙的对数表的描述》（*Mirifici Logarithmorum Canonis Descriptio*）。牛津大学数学教授亨利·布里格斯（Henry Briggs）认识到了纳皮尔对数表的重要性，但认为它们仍不太实用。

布里格斯曾于1616年和1617年两度访问纳皮尔。经过讨论，二人达成共识，认为应当重新将1的对数定义为0，将10的对数定义为1。这种方法让对数的使用更为简便。布里格斯还帮助计算了当"10的对数被定义为1"时普通数字的对数，且花了几年的时间重新计算了表格。计算结果发表于1624年，其中对数的计算达到了14位小数精

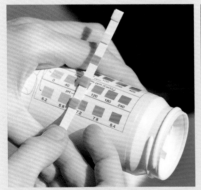

对数标度的pH值用于度量酸碱性。pH为2的酸性是pH为3酸性的10倍，是pH为4酸性的100倍。

对数标度

声音响度、流量、压力等物理量的值可能呈指数级变化，而非按照规则的增量来改变。在测量这种物理量时，通常要使用对数标度。这种标度并不对应测量值的真实值，而是真实值的对数。在对数标度中，每个刻度是前一个刻度的倍数。例如，在$\log_{10}$标度中，刻度上每增加一个单位，所测量的量将对应地变为原先的10倍。

在声学中，声音的响度以分贝为单位。分贝标度以听觉阈限为参考标准（定义为0分贝）。声音大小变成10倍后，对应的分贝值是10；100倍的声音的分贝值是20；1000倍的声音的分贝值是30，以此类推。这种对数标度与我们听到声音的方式非常契合，因为只有当声音的强度变为原先的10倍后，人耳感受到的声音大小才是原先的两倍。

纳皮尔撰写的讲述对数的书于1614年出版，图中是书的扉页。他的对数表背后蕴藏的原理于他去世两年后（1619年）发表。

度。布里格斯计算的以10为底的对数被记作$\log_{10}$，又被称为"常用对数"（common logarithm）。早先的2的幂的表格（见139页）即为以2为底（或$\log_2$）的简单对数表。

对数的影响

对数的出现对科学（尤其是天文学）产生了直接影响。德国天文学家约翰尼斯·开普勒于1605年发表了他的前两个行星运动定律，而直到对数表发明之后，他才有所突破，发现了第3个行星运动定律。第3个行星运动定律描述的是行星绕太阳旋转一周的时间与平均轨道距离之间的关系。当开普勒于1620年将这一发现发表于《天体的运动》一书中时，他将其归功于纳

皮尔。

指数函数

17世纪末期，人们发现了对数更为重要的意义。意大利数学家皮耶特罗·曼戈里（Pietro Mengoli）在研究数项级数时，发现交错级数$1-\frac{1}{2}+\frac{1}{3}-\frac{1}{4}+\frac{1}{5}-\cdots$的值约为0.693147，他证明了这个值是2的自然对数。自然对数（ln）有一个特殊的底数，其近似值为2.71828，后被称为e。之所以叫自然对数，是因为它自然而然地出现，刻画了达到某种增长水平所需的时间。由于自然对数的底数与自然增长和衰变之间存在联系，因此它在数学中意义重大。

正是通过曼戈里的工作，指数函数（exponential function）这一重要概念才为人所知。指数函数被用于表示指数级增长，即在任一特定时刻，一个量的增长速率与它的大小成比例，因此量越大，增长越快。这一概念与金融、统计及大多数科学领域都密切相关。指数函数的形式是$f(x)=b^x$，其中b大于0但不等于1，x可取任意实数。用数学术语来说，对于任一底数，对数

运算是指数运算（求一个数的幂）的逆运算。

欧拉工作的基础

精确对数表的推行促使诸如尼古拉斯·墨卡托等数学家继续对这一领域进行研究。他在1668年发表的《对数术》一书中，提出了自然对数的级数展开式$\ln(1+x)=x-\frac{x^2}{2}+\frac{x^3}{3}-\frac{x^4}{4}+\cdots$。这一公式是对曼戈里公式的推广，当x取1时即为曼戈里的公式。1744年，在纳皮尔制作出首张对数表130多年后，瑞士数学家莱昂哈德·欧拉发表了对e^x的全面探讨及其与自然对数的关系。■

1941年，空军妇女辅助队的一名成员使用的对数计算尺上标有对数刻度，可以辅助进行乘法、除法及其他函数运算。对数计算尺于1622年被发明，在便携计算器发明之前，它是一种极其重要的数学工具。

大自然将世间万物利用至尽可能小

极大值问题

天文学家约翰尼斯·开普勒因发现行星运动的椭圆轨道和行星运动三大定律而闻名，而除此之外，他在数学领域也做出了重要贡献。1615年，他设计了一种求解像木桶这类表面弯曲的立体图形最大容积的方法。

1613年，开普勒与第2任妻子结婚，从这时开始，他对这一问题产生了兴趣。婚宴上，卖葡萄酒的商人用一根长棍从酒桶顶部的孔穿入，沿对角方向伸至酒桶底部，通过长棍伸入的长度来测量葡萄酒的量。这一做法激起了开普勒的兴趣，他想知道是否任意形状的酒桶都可以用这种方法度量容积。他担心自己可能被骗，因而决定对这一容积问题进行分析。1615年，他在《葡萄酒桶的新立体几何》中将研究成果发表。

开普勒努力寻求计算表面弯曲的立体图形的面积与体积的方法。自古以来，数学家就对"不可分量"（indivisibles）的使用进行过探讨。不可分量是足够微小以至于不可再分的元素。从理论上讲，这

开普勒感觉被葡萄酒商人欺骗，希望找到一种度量酒桶容量的精确方法。

受阿基米德启发，他借助无穷小量，将酒桶分割成一层层薄片，进而计算出葡萄酒桶的精确体积。

开普勒使用的方法对微积分的发展起着关键作用。

种元素可以组成任何形状，还可以进行累加。例如，圆的面积就可借助细长的扇形三角形来求解。

为了求解酒桶及其他立体图形的体积，开普勒将其想象成堆叠起来的一个个薄层，总容积就等于

参见: 欧几里得的《几何原本》52~57页,圆周率的计算 60~65页,三角学 70~75页, 坐标 144~151页,微积分 168~175页,牛顿运动定律 182~183页。

商人将长棍沿对角方向伸入两桶,因浸入的长度相同,因此他收取了相同的费用。然而,第2个酒桶是细长形的,说明其容积更小,盛装的酒量更少,但其价格却与第1个相同。

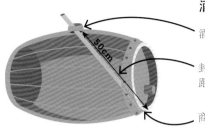

酒桶1

酒桶中部的封塞孔

封塞孔到对边的距离

商人的长棍

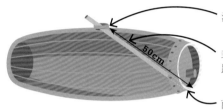

酒桶2

酒桶中部的封塞孔

封塞孔到对边的距离

商人的长棍

约翰尼斯·开普勒

约翰尼斯·开普勒于1571年出生于德国斯图加特附近。他亲眼看见了1577年的"大彗星"和月食,于是一生都对天文学充满兴趣。

1600年,开普勒移居布拉格。他的好友第谷·布拉赫就住在这里。开普勒在第一任妻子和儿子去世后,移居奥地利的林茨。作为帝国的数学家,他的主要工作是制作天文表。

开普勒坚信,上帝基于数学原理创造了宇宙。他以在天文学方面的工作著称,尤其是他的行星运动定律和天文表。他于1630年去世,在去世1年后,他所预测的水星凌日被成功观测到。

主要作品

1609年 《新天文学》

1615年 《葡萄酒桶的新立体几何》

1619年 《世界的和谐》

1621年 《哥白尼天文学概要》

每个薄层的容积之和。例如,在酒桶中,每个薄层都是一个薄圆柱体。

无穷小量

但是这样的方法存在问题。对于这些圆柱体来说,如果它们是有厚度的,那么圆柱体的直边就与酒桶的曲边不相符;而若没有厚度,这些圆柱体又没有容积。开普勒的解决方案是接受"无穷小量"(infinitesimals)的概念,即存在且不会消失的最薄切片。早在古希腊时期,阿基米德等人就已提出这一概念。无穷小量在连续的事物与分散成离散单元的事物之间建立了桥梁。

开普勒用他的圆柱体法求出了各种形状的酒桶的最大容积。他借助由圆柱体的高、直径和自顶到底的对角线围成的三角形进行研究。他探讨了像商人那样用长棍将对角线的长度固定时,酒桶高度的变化如何改变容积。结果发现,当高度略低于直径的1.5倍时,这种矮胖形状的酒桶具有最大容积。他婚礼上用的酒桶就是这种形状的。相比之下,开普勒的故乡莱茵河畔使用的高酒桶所盛的酒要少得多。

开普勒还注意到,形状越接近极大值,容积增加得越慢。这一发现为微积分的诞生做出了贡献,人们开始对极大值与极小值进行探究。微积分是一门研究连续变化的数学学科,而极大值与极小值则是变化的转折点或极限,直观来看,就是任意图形的峰值与谷值。

皮埃尔·德·费马紧随开普勒的脚步,对极大值、极小值进行了研究,为后来17世纪艾萨克·牛顿与戈特弗里德·莱布尼茨在微积分上做出贡献开辟了道路。■

天花板上的苍蝇

坐标

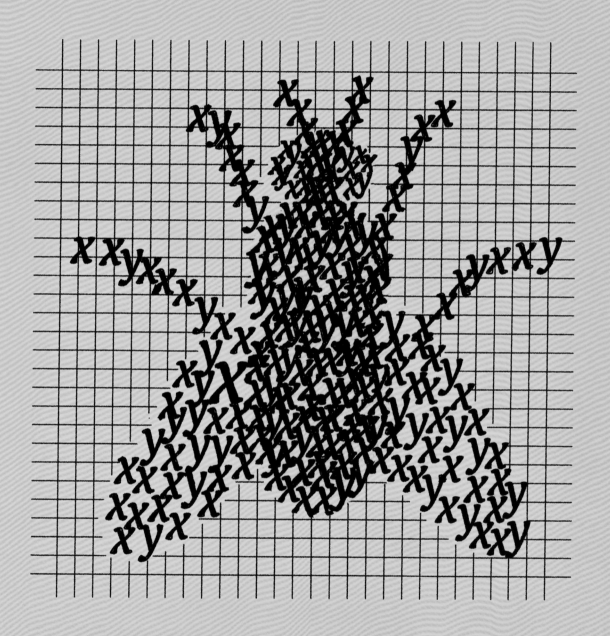

背景介绍

主要人物
勒内·笛卡儿（1596—1650年）

领域
几何

此前

公元前2世纪 阿波罗尼奥斯对直线和曲线上的点的位置进行了研究。

约1370年 法国哲学家尼克尔·奥里斯姆（Nicole Oresme）使用以坐标定义的线表示定性与定量关系。

1591年 法国数学家弗朗索瓦·韦达引入了代数中用来表示变量的符号。

此后

1806年 让-罗贝尔·阿尔冈使用坐标平面表示复数。

1843年 爱尔兰数学家威廉·哈密顿（William Hamilton）添加了两个新的虚数单位，创造了四元数。这种数可被标在四维空间中。

在几何学（研究形状与大小的学科）中，坐标让人们可以用数来表示单个点（精确的位置）。常见的坐标系有很多种，而其中最主要的是笛卡儿坐标系（Cartesian system）。这种坐标系以法国哲学家勒内·笛卡儿的拉丁名Renatus Cartesius命名。笛卡儿在《几何学》中提出了他的坐标几何。这篇文章是他的哲学著作《谈谈方法》的三个附录之一，他在此书中提出了探寻科学真理的方法。另外两个附录与光和气象相关。

基石

古希腊的欧几里得于2,000多年前撰写《几何原本》以来，几何学一直未能得到进一步发展，而坐标几何的出现改变了几何学的研究方向。同时，坐标几何还通过将方程转换为线（以及将线转换为方程）的方式彻底改变了代数学。学者们可以使用笛卡儿坐标系将数学关系用直观图象表示。线、面、形也可被理解为一系列确定的点的集

> 仅用圆与直线作图的问题。
> ——勒内·笛卡儿对几何的描述

合，这改变了人们对自然现象的思考方式。当火山喷发、干旱等事件发生时，人们还可以通过绘制事件的强度、持续时间、频率等图象来判断趋势。

发现新方法

关于笛卡儿如何发明了坐标系有两种说法。有人认为，他在看到一只苍蝇在卧室的天花板上飞来飞去时，突然有了这一想法。他意识到，他可以将苍蝇的位置绘成图象，用数字来描述它相对于两

勒内·笛卡儿

勒内·笛卡儿于1596年出生于法国图赖讷，是一位地位较低的贵族之子。笛卡儿出生后不久，母亲便去世了，他被送去与祖母同住。后来，他上了一所耶稣会的大学，而后又去普瓦捷学习法律。1618年，他离开法国前往荷兰，作为一名雇佣兵加入荷兰陆军。

大致在这段时期，笛卡儿开始提出他的哲学思想和数学定理。他于1623年回到法国，卖掉了他在那里的财产，然后返回荷兰学习。1649年，他受瑞典女王克里斯蒂娜邀请，指导她学习，并创办新的学院。然而，他虚弱的体质让他无法抵抗寒冷的冬天。1650年2月，笛卡儿因患肺炎而去世。

主要作品

1630—1633年 《论世界》

1630—1633年 《论人》

1637年 《谈谈方法》

1637年 《几何学》

1644年 《哲学原理》

参见: 毕达哥拉斯 36~43页,圆锥曲线 68~69页,三角学 70~75页,恒向线 125页,维维亚尼三角形定理 166页,复数平面 214~215页,四元数 234~235页。

矩形形状的天花板具有长度和宽度。

↓

二维坐标使用水平距离(x)与垂直距离(y)来定位。

↓

因此,天花板上苍蝇的位置可以用数学方法表示。

个相邻墙壁的位置。另一种说法是,1619年,他当雇佣兵的时候梦到了这一想法。人们觉得,他也正是在那时找到了几何和代数之间的联系,而这种联系正是坐标系的基础。

最简单的笛卡儿坐标系是一维的,它表示直线上的位置。直

> 我意识到,如果我想要在科学上建立起某种坚定可靠、经久不变的东西,我就必须……从根本上重新开始。
>
> ——勒内·笛卡儿

线的一端被设定为零点,从该点出发,经过相等长度或长度的一部分便可得到所有其他点。我们用一把直尺便可测量从零开始的一单位距离;类似地,我们只需一个坐标值就可以表示出直线上一点的精确位置。此外,坐标更常被用于描述同时拥有长度和宽度的二维平面上的点,或是除此之外还具有深度的三维空间内的点。为此,我们需要多条数轴,每条数轴都从相同的零点(或原点)出发。要想表示平面(二维)上的一点,需要两条数轴。被称作x轴的水平线与竖直的y轴始终相互垂直,它们的唯一交点是坐标原点。表示x轴上位置的值叫

《几何学》的这一版本于1639年出版(之所以使用拉丁语,是因为拉丁语是学者使用的语言)。笛卡儿最初用法语出版此书,因而受过较少教育的人也可以阅读此书。

横坐标(abscissa),y轴的叫纵坐标(ordinate)。每条轴分别对应一个数字,用这两个数字组成的坐标便可精确地表示某个具体位置。

如今,我们在读图时,用有序数组(写在括号内且有严格先后顺序的一列数)的形式表示这两个数。如果将横坐标始终写在纵坐标之前,就有了有序数组(x,y)。坐标在负数被广泛接受之前就已被构思出来,但现今的坐标通常同时包括正数与负数。负数在原点的下方及左侧,而正数在原点的上方及右侧。两条轴放在一起,便得到一个被称为"坐标平面"的点场。这个平面沿两个维度向外延伸,中心位置即为原点$(0,0)$。平面上任何一点,甚至是可能延伸至无穷远处的

点，均可用一对数字来精确表示。

绘制三维空间

对于三维空间，我们需要第3个数字来表示坐标，并写成有序数组（x, y, z）的形式。其中，z表示第3条轴的值，该轴与x轴和y轴生成的平面相垂直（见151页图）。每两条轴都能组成自己的坐标平面，这些平面相互垂直，将整个空间划分成8个区域，每个区域叫一个"卦限（octant）"。每个卦限内的坐标都是x、y和z的8种正负排列之一。在这8种排列方式中，下为三者全负，上为三者全正，中间还有6种可行的正负交错组合。

曲线

《几何学》的内容很快成为坐标系的基础。然而，笛卡儿主要感兴趣的是坐标如何帮助他用代数方法更好地理解线，尤其是曲线。为此，他创建了一个全新的数学领域——解析几何（analytic geometry）。在解析几何中，我们用坐标以及一对变量x与y之间的关系来刻画形状。这与欧几里得的综合几何（synthetic geometry）风格迥异，后者通过"如何使用直尺与圆规绘制形状"来定义形状。这一古老的方法有其局限性，而笛卡儿的新方法开辟了各种全新的可能。

《几何学》中涉及许多对曲

> **我解决过的每一个问题都成为日后解决其他问题的法则。**
> ——勒内·笛卡儿

线的讨论。"曲线"这一话题在17世纪重新引起了人们的兴趣，一方面因为古希腊数学家的著作被重新翻译，另一方面因为曲线在天文学、力学等科学探索领域中有着突出地位。

坐标可以将曲线与图象转换为方程，从而被直观地呈现出来。一条从原点出发、向对角方向延伸且与两轴距离相等的直线可以用方程$y = x$表示。这条直线上的点的坐标为(0,0)、(1,1)、(2,2)、等等。再比如说，$y = 2x$这条直线则更为陡峭，上面有(0,0)、(1,2)、

> 直线上的任意一点可以用一个数x来定义。

> 平面上的任意一点可以用两个数x和y来定义。

> 直线上各点的x和y都具有同一种关系。

> 所有的方程都可以被绘制成线。

> 所有的线都可以被表示为方程。

> 坐标让曲线与图象可以转换为方程，而方程又可以被绘制为曲线或图象。

> **对我来说，一切都能变成数学问题。**
> ——勒内·笛卡儿

过山车轨道可被绘制成图象，用x与y两轴之间的关系来表示。在这条曲线中，笔直的部分对应的方程是$y=x$。

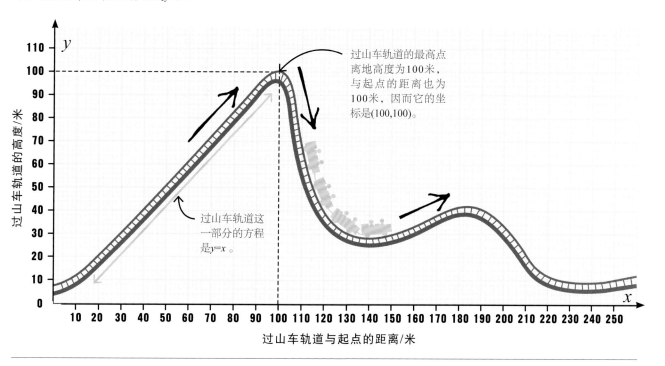

等点。与$y=2x$平行的另一条直线与y轴的交点并非一定是原点，例如可能是(0,2)。这样的一条直线的公式是$y=2x+2$，上面包含点(0,2)、(1,4)、(2,6)等。

笛卡儿的坐标将代数所具备的描述关系的能力展现得淋漓尽致。上述所有直线均具有相同的一般方程：$y=mx+c$，其中系数m是直线的斜率，它表示与x相比，y的变化有多大（或多小）。同时，常数c表示当x等于0时直线与y轴的交点。

圆的方程

在解析几何中，所有以原点为圆心的圆均可表示为$r=\sqrt{x^2+y^2}$，其被称为圆的方程。这是因为，圆可被视为到某一中心点距离相

等的所有点的集合，而这一距离就是圆的半径。如果圆心是(0,0)，那么根据勾股定理便可得到圆的方程。我们可以将圆的半径看作短边长分别为x与y的直角三角形的斜边，因而有$r^2=x^2+y^2$，其可被改

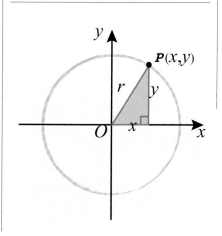

写为$r=\sqrt{x^2+y^2}$。通过用不同的x、y的取值来得到相同的r，便可在坐标系中画出圆。例如，如果r等于2，那么圆与x轴的交点即为(2,0)和(-2,0)，与y轴的交点即为(0,2)和(0,-2)。圆上所有其他点均可被视作直角三角形的一个沿圆移动的顶点。当顶点沿圆移动时，三角形两条短边的长度会不断变化，而斜边的长度不会改变，因为其始终是圆的半径。按这种特定方式移动的点所形成的线被称为"轨迹"（locus）。早在笛卡儿出生前大约

圆周上任意一个坐标为(x,y)的点P可以与圆心$(0,0)$用线段相连（圆的半径），这一线段刚好是边长分别为x与y的直角三角形的斜边。这个圆的方程是$r^2=x^2+y^2$。

极坐标

数学中，最能与笛卡儿坐标系匹敌的便是极坐标系。极坐标用两个数字来定义平面上的一个点。第1个数是极径坐标r，表示到中心点（被称为"极点"，而不是原点）的距离。第2个数是极角坐标θ，表示与极轴的夹角，其中极轴对应的角度是0°。如果将其与笛卡儿坐标系进行对比，那么极轴就对应着笛卡儿的x轴，极坐标（1,0°）将代替笛卡儿坐标（1,0）。笛卡儿坐标系中的（0,1）的极坐标形式即为（1,90°）。

极坐标让我们可以更为简便地对平面上的复数进行运算，尤其是乘法运算。当把复数表示为极坐标形式后，复数的乘法运算将得到简化，只需将极径坐标相乘，再将极角坐标相加即可。

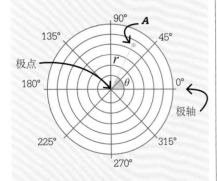

A的坐标为（r,θ）

极坐标系通常被用来分析物体围绕某一中心点或与中心点相关的运动。

1750年，古希腊几何学家阿波罗尼奥斯就提出了这一想法。

交流想法

除了借鉴古希腊学者提出的定理，笛卡儿还与其他法国数学家交流想法，其中就有与他经常联系的皮埃尔·德·费马。笛卡儿和费马都使用了代数符号，即弗朗索瓦·韦达于16世纪末提出的x与y的符号体系。费马本人也独立提出了一套坐标系，但并未将其发表。笛卡儿了解并借鉴了费马的想法，改进了自己的想法。费马还帮助荷兰数学家弗兰斯·范·斯霍滕（Frans van Schooten）了解笛卡儿的思想。范·斯霍滕将笛卡儿的《几何学》译成拉丁文，并将坐标这一数学工具的使用加以普及。

新的维度

范·斯霍滕和费马都建议将笛卡儿的坐标系扩展到三维中。如今，数学家和物理学家对坐标的使用远不止此，并且会设想任意维度

修正后的极坐标可以从角度与距离两方面提供飞机飞行目的地的信息，可替代GPS。

的空间。尽管我们几乎不可能将这种空间直观地呈现出来，但数学家仍然可以用这些工具刻画在四维、五维或他们想达到的任意维空间中运动的线。

坐标还可被用来确定两个量之间的关系。这一想法最早在14世纪70年代被提出，当时一位名叫尼克尔·奥里斯姆的哲学家就使用直角坐标及他研究成果中的几何形式来理解一些量之间的关系，例如速度与时间的关系、热的强度与由热引起的膨胀程度之间的关系等。

一些量可以用坐标来表示。这种量被称为"向量"或"矢量"（vector），存在于纯粹的数学"向量空间"（vector space）之中。向量是具有两个值的量，用图象表示时，一个值代表大小（线的长度），一个值代表方向。速度就是一个向量，因为它具有两个值（速

度大小及运动方向）。我们还可以用这种方式将其他向量（例如奥里斯姆研究的热量与膨胀程度）可视化，进而更轻松地为其加上、减去不同的值，或是对其进行其他操作。

19世纪的数学家还发现了笛卡儿坐标系的新用途。与在二维、三维或更高维空间中表示向量一样，他们用笛卡儿坐标系表示复数（虚数与实数之和）和四元数。

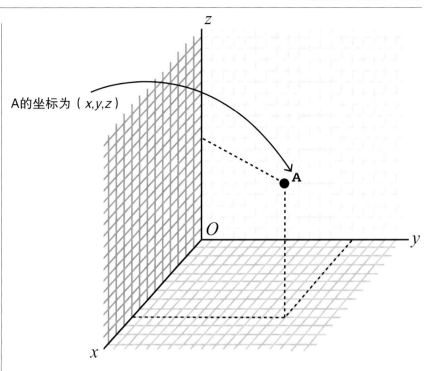

A的坐标为（x,y,z）

三维笛卡儿坐标系可被用于绘制具有诸如宽度、深度和高度这类属性的物体。3条坐标轴彼此成直角，它们的交点即为坐标原点（O）。

重要的坐标

笛卡儿坐标系绝非唯一的坐标系。地理坐标（geographic coordinate）根据与预先设定的大圆（赤道与格林尼治子午线）所成的角度来表示地球上的点。天球坐标（celestial coordinate）与之类似，用一个假想的以地球为中心并延伸至太空无穷远处的大球来刻画星体的位置。极坐标（polar coordinate）由与中心的距离和所成角度确定，在某些类型的计算中也十分有用。

然而，笛卡儿坐标系始终是一种无处不在的工具。从简单的数据调查，到原子的运动，都离不开笛卡儿坐标系。若是没有它，微积分、时空学、非欧几里得几何的进展都无从谈起。笛卡儿坐标系不但为数学带来了重大突破，还对从工程、经济学到机器人技术和计算机动画等的诸多科学与艺术领域产生了深远影响。■

一项绝妙的发明

摆线下方面积

背景介绍

主要人物

博纳文图拉·卡瓦列里

（1598–1647年）

吉·德·罗贝瓦尔（1602–1675年）

领域

应用几何

此前

约公元前240年 阿基米德在他的《机械理论方法》一书中研究了球的体积和表面积。

1503年 法国数学家查尔斯·德·波弗莱斯（Charles de Bovelles）在《几何学概论》中首次对摆线进行了阐述。

此后

1656年 荷兰数学家克里斯蒂安·惠更斯基于摆线发明了摆钟。

1693年 德·罗贝瓦尔的摆线下方面积求解方法在被提出60多年后才得以发表，那时他已经去世18年了。

古希腊人对与由曲线围成的图形的面积和体积相关的问题感到困惑。在比较图形面积的大小时，他们首先将每个图形转换为与之面积相等的正方形，再对正方形的面积大小进行比较。对于直线围成的图形来说，这很容易，但处理曲线围成的图形时就会遇到困难。

这一问题始终悬而未决。直到1629年，意大利数学家博纳文图拉·卡瓦列里（Bonaventura Cavalieri）发现了一种方法，可以通过将弯曲的图形切成平行薄片来计算其面积与体积（卡瓦列里原理，又称"祖暅原理"，见第153页图），但直到6年后他才将结果公之于众。1634年，吉尔·德·罗贝瓦尔使用这一方法计算发现，摆线（转动的轮子边缘形成的弧线）下方的面积是生成这一摆线的圆（轮子）的面积的3倍。

化圆为方

古希腊数学家阿基米德曾使用一种精巧的"穷竭法"来计算抛物线与直线围成区域的面积。使用

这个轮子在滚动时碾过一块口香糖。此图展示了口香糖随轮子转动经过的路径，它是一条摆线。正如德·罗贝瓦尔发现的那样，摆线下方的面积是轮子面积的3倍。

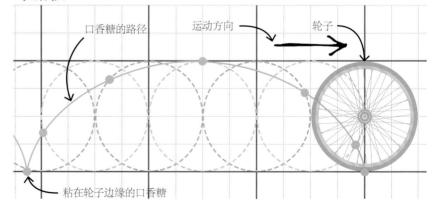

参见: 欧几里得的《几何原本》52~57页，圆周率的计算 60~65页，梅森素数 124页，极大值问题 142~143页，帕斯卡三角形 156~161页，惠更斯等时曲线 167页，微积分 168~175页。

> **一个我以前没注意到的漂亮结果。**
>
> ——勒内·笛卡儿
> 对德·罗贝瓦尔发现的
> 求摆线下方面积的方法的评述

由于这个鱼翅形（左）和三角形（右）在等高的点处具有相同的高度与宽度，因此根据卡瓦列里原理，这两个图形可被切成面积相近的平行块。

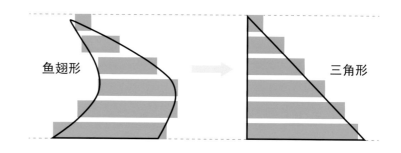

鱼翅形 → 三角形

这一方法时，他首先需要在抛物线围成区域中内嵌一个面积已知的三角形，再在其余各个空隙中嵌入更小的三角形。阿基米德将这些三角形的面积相加，就得到了他所希望求解的面积的近似值。但是，他那个时代所使用的尺规作图法有其局限性。当他试图使用求积法计算三维空间中球体的表面积时，他需要构造一个与球表面积相等的正方

形，而他并未成功实现这一点。

此问题的全新表述

查尔斯·德·波弗莱斯于1503年发表了首个对摆线的阐述。意大利博学家伽利略将摆线命名为cycloid，源自"圆形的"（circular）一词的希腊语。他还尝试通过将摆线与圆的模型分别切开，再称量薄片的重量并将重量进行比较的方式来计算其面积。1628年在

右，法国人马林·梅森向他的数学家同伴们发起挑战，来计算摆线下方的面积并找出摆线上一点处的切线。这些数学家有德·罗贝瓦尔、勒内·笛卡儿以及皮埃尔·德·费马。当德·罗贝瓦尔向笛卡儿宣告胜利时，笛卡儿认为那只不过是一个"非常渺小的成果"。笛卡儿于1638年发现了摆线的切线，转而向德·罗贝瓦尔和费马发起挑战，让他们解决这一问题。最后只有费马取得了成功。

1658年，英国建筑师克里斯托弗·雷恩计算得出，摆线弧长等于生成它的圆的直径的4倍。同年，布莱士·帕斯卡计算出摆线的任一竖直切片的面积。他还设想将这些竖直切片围绕一条水平轴旋转，并计算出了这种旋转扫出的图形的表面积与体积。帕斯卡将图形分割为无穷小的切片，并借此揭示摆线的性质。这种思想促使艾萨克·牛顿在建立早期的微积分时引入了"流数"这一概念。■

吉尔·德·罗贝瓦尔

吉尔·德·罗贝瓦尔于1602年出生于法国北部罗贝尔瓦附近。当地的教士为他讲授经典著作以及数学。1628年，他移居巴黎，并加入了马林·梅森的知识分子圈。

1632年，德·罗贝瓦尔成为热尔韦学院的一名数学教授。两年后，他在争取皇家学院一个享有盛誉的职位的竞争中取得了胜利。他生活节俭，却设法为他的大家庭购买了农

场，并出租了一些土地以创收。他一生都致力研究数学。1669年，他发明了一套天平，被称为罗贝瓦尔天平。他于1675年去世。

主要作品

1693年 《不可分量论》

用二维塑造的三维空间

射影几何

背景介绍

主要人物
吉拉德·笛沙格（1591–1661年）

领域
应用几何

此前

约公元前300年 欧几里得在《几何原本》中提出的诸多想法，形成了后来的欧几里得几何。

约公元前200年 阿波罗尼奥斯在《圆锥曲线论》中阐述了圆锥曲线的性质。

1435年 意大利建筑师莱昂·巴蒂斯塔·阿尔伯蒂将透视原理写入了《论绘画》一书中。

此后

1685年 法国数学家、画家菲利普·德·拉·海尔在《圆锥曲线》中定义了双曲线、抛物线和椭圆。

1822年 法国数学家和工程师让-维克托·彭赛列撰写了一篇关于射影几何的论文。

传统的欧几里得几何中，所有的二维图形与物体都处于同一平面内。射影几何（projective geometry）则与之不同，它关注的是随着观察物体的视角的变化，物体的外观将如何改变。

文艺复兴时期的艺术家和建筑师早在两个世纪前就已提出了透视（perspective）的想法。菲利波·布鲁内列斯基重新发现了古希腊与古罗马人熟知的线条透视原理，并在他的建筑图纸、雕塑和绘

线条透视与几何

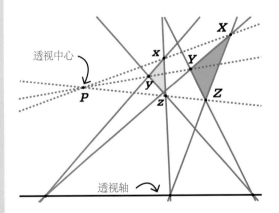

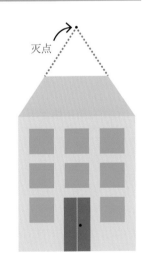

从透视中心（P）的视角来看，这两个三角形构成了透视关系。连接两个三角形对应顶点的直线（X到x，Y到y以及Z到z）总会相交于P。如果三角形XYZ是一个真实的物体，那么从P处观察时，它看起来将会是三角形xyz。笛沙格定理指出，这两个三角形对应边延长线的交点将位于同一条直线上，这条直线叫"透视轴"。

由于透视关系，这个平顶建筑物两侧的平行线看似最终将交汇于一点。这一汇合点被称作"灭点"（vanishing point）。

参见： 毕达哥拉斯 36~43页，欧几里得的《几何原本》52~57页，圆锥曲线 68~69页，摆线下方面积 152~153页，帕斯卡三角形 156~161页，非欧几里得几何 228~229页。

> 好的建筑应该是生活本身的投影。
>
> ——瓦尔特·格罗皮乌斯
> 德国建筑师

画作品中进行了尝试。他的建筑师同伴莱昂·巴蒂斯塔·阿尔伯蒂使用灭点来塑造三维透视感。

从地图到数学

随着西方探险家航行至新大陆，他们需要一幅能够在二维平面内描绘球形世界的精确地图。1569年，制图师杰拉杜斯·墨卡托发明了一种现今被称为"圆柱地图投影"的新方法。我们可以将其想象为，先把地球仪的表面投射至旁边的一个圆柱体之上，再将这个圆柱体从上到下剪开、铺平，这样便可制成一张二维地图。

17世纪30年代，法国数学家吉拉德·笛沙格开始研究当把图形投射到平面上（透视映射）时，图形的哪些性质不会发生改变。虽然图形的尺寸与角度会有所变化，但共线性（collinearity）不会改变。也就是说，如果3个点 X、Y、Z 在同一直线上，且 Y 在 X 与 Z 之间，则它们的象 x、y、z 也在同一直线上，且 y 在 x 与 z 之间。任何一个三

角形的象都是另一个三角形。将两个三角形的对应边延长后，它们将分别交于3个点，且这3个点在同一直线（透视轴）上；而连接每个顶点与其对应顶点的3条直线将交汇于同一点（透视中心）。

笛沙格发现，在这种投射下，所有圆锥曲线都是等价的。如果要证明某一种不变性质（例如共线性），我们不需要对每种圆锥曲线都进行研究，而只需针对单个情形加以证明即可。例如，帕斯卡的"神秘六角星"定理说，对于圆锥曲线上的6个点，连接其中各对点的直线的交点将位于同一直线上。要证明这一结论，我们只需对圆上6个点的情形加以证明即可，这一证明将对其他圆锥曲线同样成立。

随后，笛沙格发现从无穷远处的点（例如太阳）发出的光是平行光。如果我们将这种无穷远处的点也添加至欧几里得平面上，那么每对直线都会有一个交点。这时，

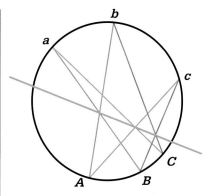

在圆上绘制任意的6个点，并按图中方式相连（Ab；aB；Ac，aC；Cb，cB），那么我们可以作一条直线，使其穿过各对相同颜色直线的交点。根据投影方法，这一结论对椭圆也成立。

平行直线也会有交点，交点是无穷远点。

1822年，彭赛列将这种方法发展成一套完整的几何学。如今，射影几何被建筑师与工程师在CAD技术中使用，还被应用于电影与游戏的计算机动画之中。■

吉拉德·笛沙格

吉拉德·笛沙格出生于1591年，他一生都居住在里昂。他来自一个富裕的律师家庭。笛沙格曾多次造访巴黎，并通过马林·梅森与笛卡儿和帕斯卡结为了好友。

笛沙格最初的职业是家庭教师，后来担任了工程师和建筑师。他是一名出色的几何学家，并常与他的数学家朋友们分享想法。他的一些小册子经过扩充后，成为论文并得以

发表。他撰写了有关透视的文章，并将数学应用于诸如设计螺旋楼梯、新型水泵等实际项目之中。笛沙格于1661年去世，他的作品在1864年被重新找到并出版。

主要作品

1636年 《透视》

1639年 《试图处理圆锥与平面相交结果的草稿》

对称性质一望而知

帕斯卡三角形

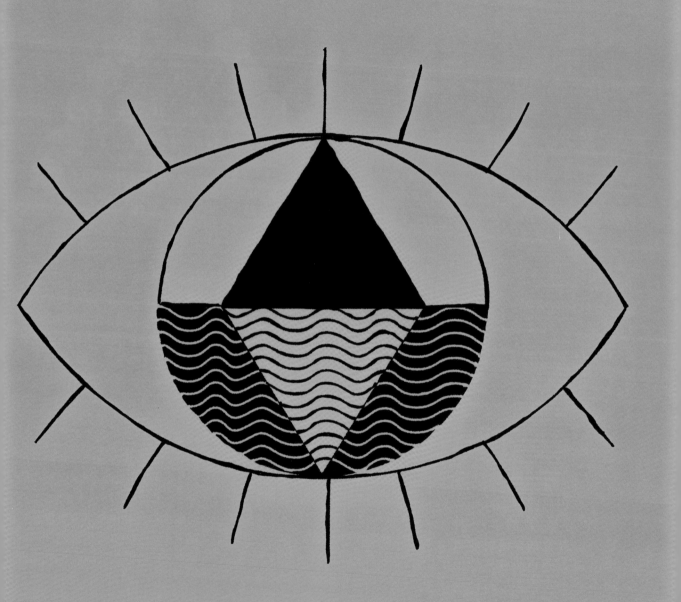

意识有两种形式……一种是数学的，一种是……直觉的。利用前者得出观点要更为缓慢，但却十分……严格；而后者具有更大的灵活性。

——布莱士·帕斯卡

对相邻两个数字求和（如图中箭头所示），再将和写在下一行，便得到了帕斯卡三角形。各行首尾均为数字1。

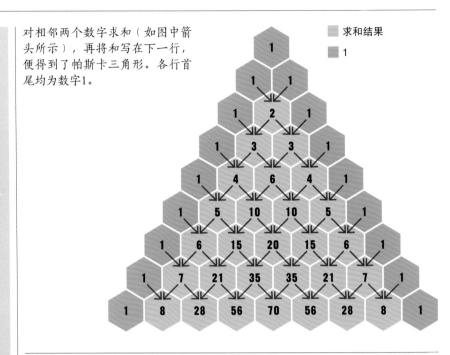

求和结果
1

数学通常被用来刻画数字结构，帕斯卡三角形（Pascal's triangle，即杨辉三角）就是其中最引人注目的结构之一。帕斯卡三角形是用一种非常简单的数字排布方式排列出的等边三角形，每行的数字个数不断增加，每个数均为上一行相邻两数之和。帕斯卡三角形的大小可任意变化，可以仅有几行，亦可延伸至任意多行。

似乎如此简单的数字排布方式只能得出简单的结构。然而，帕斯卡三角形却为高等数学的诸多分支，例如代数、数论、概率、组合数学等，提供了肥沃的土壤。人们在这一三角形中发现了许多重要的数列。数学家们相信，这一三角形中或许还蕴含一些我们尚未了解到的数字之间的联系。

这一三角形最常以法国哲学家和数学家布莱士·帕斯卡的名字命名，他于1653年在《论算术三角形》一书中对其进行了深入探讨。但在意大利，它被称为"塔尔塔利亚三角形"，得名于在15世纪撰写了有关这一三角形的论述的数学家尼科洛·塔尔塔利亚。事实上，这一三角形的起源可追溯至公元前450年的古印度。

概率论

帕斯卡曾为这一三角形做出重大贡献，因为他为研究其性质确立了一套清晰的框架，特别是他在与他的同伴法国数学家皮埃尔·德·费马的通信中，借助这一三角形奠定了概率论的基础。在帕斯卡之前，卢卡·帕乔利、吉罗拉莫·卡尔达诺和塔尔塔利亚等数学家都曾撰写文章，探讨"把骰子掷出特定数字"或是"按照某种方式出牌"的概率应当如何计算。然而，他们的理解都不太可靠。帕斯卡通过研究这一三角形，将这团"乱

参见：二次方程 28~31页，二项式定理 100~101页，三次方程 102~105页，斐波那契数列 106~111页，梅森素数 124页，概率 162~165页，分形 306~311页。

麻"理顺了。

赌注分配

1652年，法国一个臭名昭著的赌徒请帕斯卡来研究概率。他希望知道，如果一场机会游戏赌局突然被强行终止，那么如何分配赌注才能保证公平。例如，如果一场赌局正常结束的条件是其中一个玩家赢得特定回合数，那么在提前终止的情况下，是否应当根据每个玩家已经赢得的回合数来分配赌注？帕斯卡通过"将数字逐个组合到一起"的方式来表示已经进行的各个回合，这自然将得到一个逐步扩大的三角形。帕斯卡得出的结论是，在帕斯卡三角形中，每个数字表示的就是产生特定结果的各种可行组合方式的总数。

一个事件的概率被定义为其可能发生的次数的比例。一个骰子有6个面，所以掷骰子得到任意一面的概率均为 $\frac{1}{6}$。换句话说，我们需

帕斯卡三角形的**顶端**是数字1，各行首尾也是数字1。

每行的数字都比上一行多1个。

得到的这一由数字组成的三角形可以无限延伸下去。

每个数字是上方相邻的两个数字之和。

要关注事件可能发生的次数，再用其除以可能发生的情况的总数。对于单个骰子来说，这是个很简单的问题，但对于多个骰子或是54张扑克牌而言，概率的计算将变得更加复杂。然而，帕斯卡发现，当你从特定数量的可行选择中选取多个对象时，用帕斯卡三角形便可计算出所有可行的组合数目。

二项式的计算

正如帕斯卡所料，答案就藏于二项式之中。二项式指含有两项的表达式，例如$x+y$。帕斯卡三角形的每一行都给出了特定幂的二项式系数。第0行（三角形顶端）表示二项式的0次幂：$(x+y)^0 = 1$。对于二项式的1次幂，表示为$(x+y)^1 = 1x + 1y$，因而两个系数

布莱士·帕斯卡

布莱士·帕斯卡于1623年出生于法国的克莱蒙费朗，是一名数学神童。10多岁的时候，他的父亲带他参加了马林·梅森在巴黎举办的数学沙龙。大约在21岁时，帕斯卡开发了第一台投入市场的加减法机器。除数学贡献外，帕斯卡在17世纪的诸多科学进展中也发挥了重要作用，例如他对流体的探索与对真空性质的研究等，帮助人们更好地理解了气压的概念。压强的单位正

是帕斯卡（Pascal）。1661年，他于巴黎推出了世界首个公共交通服务——能载5人的公共汽车。他于1662年去世，享年39岁，但去世的原因仍是个谜。

主要作品

1653年《论算术三角形》
1654年《数字幂求和》

球棒之国（Bat Country）是美国艺术家格温·费希尔创作的一套立体铁架。这一铁架由垒球和球棒制成，具有谢尔宾斯基四面体的形状。这种四面体是由谢尔宾斯基三角形构成的三维结构。

（1和1）与三角形的第1行相对应。二项式 $(x+y)^2 = 1x^2 + 2xy + 1y^2$ 的系数为1、2和1，即为帕斯卡三角形的第2行。随着幂指数的增大，二项展开式的表达式将越来越长，系数会继续与帕斯卡三角形的对应行相匹配。例如，对于二项式 $(x+y)^3 = 1x^3 + 3x^2y + 3xy^2 + 1y^3$，其系数与帕斯卡三角形的第3行相对应。如果我们要计算事件的概率，只需用可能发生事件的次数除以对象总数对应行的所有系数之和即可。例如，一户人家有3个孩子（对象总数），则其中一女两男的概率即为 $\frac{3}{8}$（第3行的所有系数之和为8，而这户人家的3个孩子中有1个女孩的情形有3种）。

帕斯卡三角形简化了概率的计算。由于帕斯卡三角形可以无穷延伸，因此这一方法对任何幂指数都适用。帕斯卡三角形中的数字与二项式系数之间的联系揭示了数字与概率的一个基本事实。

直观的结构

帕斯卡提出的这种简单的数字结构与费马的工作相结合，催生了概率的数学理论。然而，它的实用性还不止于此。首先，它提供一种将二项式高次幂展开的快速方法。若是没有此方法，其计算将十分耗时。

数学家在其中不断找到新的惊喜。帕斯卡三角形的某些结构非常简单，例如，三角形的外边缘

古代的三角形

早在17世纪之前，数学家就已经知道了帕斯卡三角形。帕斯卡三角形在伊朗被称为"海亚姆三角形"，以欧玛尔·海亚姆的名字命名。然而，他只是在7世纪至13世纪研究过这一三角形的众多数学家之一。同样，在中国，贾宪于1050年左右创造了一个与之相似的三角形，用于表示系数。他的三角形于13世纪初被杨辉采用并加以普及，因而，中国人称其为"杨辉三角"。

朱世杰在1303年创作的《四元玉鉴》中对此进行了说明。

然而，对帕斯卡三角形最早的记载来自古印度。一段公元前450年用于指导诗词韵律的古印度文字中出现了对这一三角形的叙述，其被称为"须弥山之梯"。古印度数学家还发现，这一三角形斜对角线上的数字蕴含着一串数列，如今被称为"斐波那契数列"（见第161页图）。

位于缅甸的辛比梅宝塔是神圣的须弥山的象征。须弥山之梯已成为帕斯卡三角形的代名词。

均由数字1组成，而接下来的第一条对角线中的数字是一串简单的数列：1, 2, 3, 4, 5, …。

帕斯卡三角形还有一个特别吸引人的特性，那就是"曲棍球杆"（hockey stick）结构。我们可以利用这一结构进行加法运算。假设你从该三角形外缘的任意一个1出发，沿对角方向向下移动，然后停在任意位置。此时，如果你希望计算沿对角方向走过的所有数字之和，你只需向反方向继续前行一步。例如，你从左侧边缘上第4个数字1出发，斜向右下方移动，并停在数字10的位置。那么如果要计算已经走过的数字总和（1+4+10），只需向左下方斜走一步，便可得到15。

如果我们将可被某一给定数字整除的所有数着色，便可得到分形图案（fractal pattern）；而若将所有偶数着色，将得到一种由波兰数学家瓦茨瓦夫·谢尔宾斯基

> "
> **我无法在创作的时候评判我的作品；我必须像画家一样站到远处，但又不能太远。**
>
> ——布莱士·帕斯卡
>
> "

于1915年发现的三角形图案。若不借助帕斯卡三角形，我们只需将等边三角形3条边的中点相连，将其划分成更小的三角形，亦可得到这种图案。这种划分可以无限进行下去。如今，谢尔宾斯基三角形已被广泛应用于编制图案和折纸之中。在折纸时，如果将谢尔宾斯基三角形转换至三维空间中，便会形成谢尔宾斯基四面体。

数论

帕斯卡三角形中还蕴藏着许多更为复杂的结构。斐波那契数列就是人们在帕斯卡三角形中找到的结构之一，其蕴含于斜对角线之中（见下图）。人们还发现了另一个与数论的联系：指定某一行，这行上方各行的全部数字之和永远比这一指定行的数字之和少1。如果某一指定行上方所有数字之和为素数，那么它就是梅森素数。梅森素数指比2的幂少1的数，例如3（2^2-1）、7（2^3-1）和31（2^5-1）。与帕斯卡同时代的马林·梅森首次列举了这类素数。如今，已知最大的梅森素数是$2^{82,589,933}-1$。如果我们将帕斯卡三角形画得足够大，便可以在其中找到这一数字。■

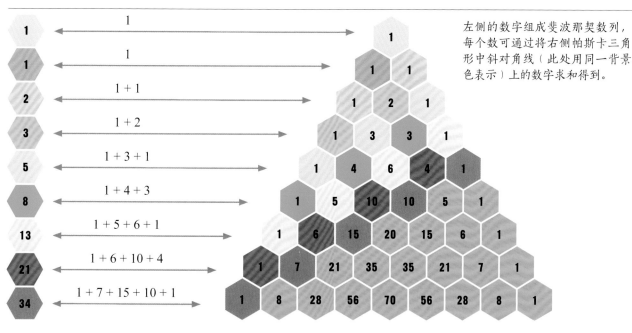

1

1

1 + 1

1 + 2

1 + 3 + 1

1 + 4 + 3

1 + 5 + 6 + 1

1 + 6 + 10 + 4

1 + 7 + 15 + 10 + 1

左侧的数字组成斐波那契数列，每个数可通过将右侧帕斯卡三角形中斜对角线（此处用同一背景色表示）上的数字求和得到。

可能性受制于规律，受控于规律

概率

背景介绍

主要人物
布莱士·帕斯卡（1623—1662年）
皮埃尔·德·费马（1601—1665年）

领域
概率

此前
1620年 伽利略发表了题为《赌博竞赛》的论文，计算了将骰子掷出特定点数的可能性。

此后
1657年 克里斯蒂安·惠更斯撰写了一篇关于概率论及其在机会游戏中的运用的论文。

1738年 亚伯拉罕·棣莫弗发表了《机遇论》。

1812年 皮埃尔-西蒙·拉普拉斯（Pierre-Simon Laplace）在《概率的分析理论》一书中，将概率论应用于科学问题研究中。

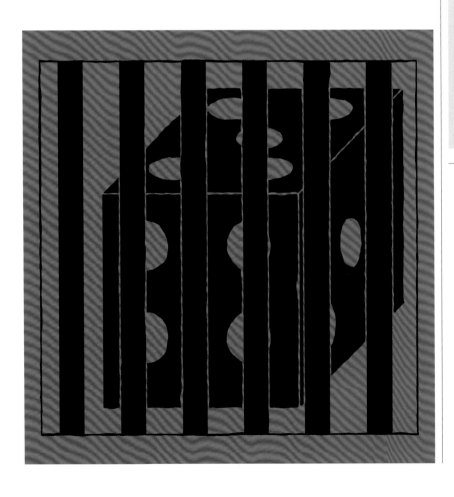

16 世纪之前，人们认为无论以何种精确程度都无法对未来事件的结果加以预测。然而，在意大利文艺复兴时期，学者吉罗拉莫·卡尔达诺对有关掷骰子的结果进行了深入分析。17世纪时，此类问题引起了法国数学家布莱士·帕斯卡和皮埃尔·德·费马的关注。二人分别因帕斯卡三角形（见156~161页）与费马大定理（见320~323页）等发现而闻名，但他们还将概率的计算提升至一个全新的水平，为概率论奠定了基础。

概率是对某事发生可能性的度量。人们在对机会游戏的结果进

参见: 大数定律 184~185页, 贝叶斯定理 198~199页, 蒲丰投针实验 202~203页, 现代统计学的诞生 268~271页。

> 概率论只不过是把常识化成计算而已。

——皮埃尔-西蒙·拉普拉斯

行预测时,找到了一种估算概率的有效方法。例如,要计算将骰子掷出6点的概率,我们可以先将骰子掷一定的次数,再用其中掷出6点的次数除以掷的总次数。这一结果被称为频率(relative frequency),即掷出6点的可能性的大小,其可以用分数、小数或百分数表示。然而,这是一种基于真实试验得出的观测结果。任何单个事件的理论概率可以通过用期望的结果发生的次数除以可能发生的结果的总数得到。将一个骰子掷一次,掷出6点的概率为 $\frac{1}{6}$,而掷出其他任意点数的概率为 $\frac{5}{6}$。

概率的估算

17世纪时,有一种游戏风靡法国。这个游戏有两个玩家参与,他们轮流掷4个骰子,希望掷出至少一个幺点(1点)。这两个玩家拿出相同赌资,并事先约定,最先取得一定回合数胜利的玩家将赢得全部赌资。一个自诩为"梅雷骑士"的玩家知道,将单个骰子掷一次得到幺点的概率为 $\frac{1}{6}$,他希望计算出将一对骰子掷一次得到两个幺点的概率为多少。

梅雷骑士指出,将单个骰子掷两次得到两个幺点的概率为

皮埃尔·德·费马

皮埃尔·德·费马于1601年生于法国博蒙-德洛马涅。他于1623年移居奥尔良学习法律,随即开始追求自己在数学上的兴趣。与同时代其他学者一样,他对古代的几何问题进行了研究,并试图运用代数方法解决这些问题。1631年,费马移居图卢兹,从事律师工作。

在业余时间,费马继续进行数学研究,他将他的想法通过书信传递给布莱士·帕斯卡等好友。1653年,他感染瘟疫,但幸存下来,并取得了一些他最好的成果。除了在概率方面的思想,他还开创了微分学,但他更因在数论方面的贡献及费马大定理而为人所知。他于1665年在卡斯特尔去世。

主要作品

1629年 《曲线的切线》

1637年 《求极大值和极小值的方法》

不可能	不太可能	等可能	很可能	必然
0		0.5		1

从只装有粉色糖果的罐中取出蓝色糖果。

从装有等量蓝色与粉色糖果的罐中取出蓝色糖果。

从只装有蓝色糖果的罐中取出蓝色糖果。

我们可以轻松得到这里各种情形发生的概率。若所探讨的元素(蓝色糖果)并不存在,则概率是0;若所有糖果有一半是蓝色,则取出蓝色糖果的概率为0.5(或 $\frac{1}{2}$,或50%);若事件必然发生(罐中全部为蓝色糖果),则概率为1(或100%)。

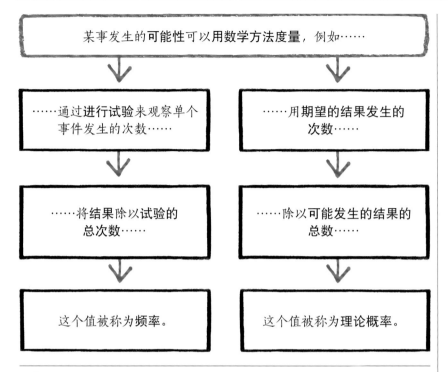

某事发生的**可能性**可以用数学方法度量，例如……

……通过**进行试验**来观察单个事件发生的次数……

……用**期望的结果**发生的次数……

……**将结果除以**试验的总次数……

……**除以可能发生的结果**的总数……

这个值被称为**频率**。

这个值被称为**理论概率**。

$\frac{1}{36}$，其等于将单个骰子掷一次得到一个幺点的概率的 $\frac{1}{6}$。因此他认为，若使掷一对骰子得到一对幺点的概率与掷单个骰子得到一个幺点的概率相等，那么单个骰子每被掷一次，这对骰子就应当相应被掷6次。进一步，若希望掷一对骰子得到一对幺点的概率与掷4个骰子得到一个幺点的概率相等，那么这对骰子应当被掷24次。然而，梅雷骑士却始终输，因而他不得不做出推断：将一对骰子掷24次出现一对幺点的概率小于将一个骰子掷4次出现一个幺点的概率。

1654年，梅雷骑士向他的好友帕斯卡请教了这一问题，并提出了进一步的疑问：若一个游戏在完成前被提前终止，那么应当如何在玩家之间分配赌资？这一问题历史悠久，被称为"点数分配问题"（problem of points）。1494年，意大利数学家卢卡·帕乔利就曾认为，赌资应当按照每个玩家已经赢得的回合数之比例来分配。

但在16世纪中叶，另一位杰出的数学家尼科洛·塔尔塔利亚指出，如果游戏只进行了一个回合便被中断，那么这种分配方式将是不公平的。他的解决方案是根据领先程度及游戏总回合数的比例关系来分配赌资，但对于回合数很多的游戏来说，这样的方式也会给出不令人满意的结果。对这一问题，塔尔塔利亚仍不确定是否有一种可以使所有玩家对其公平性都心服口服的解决方式。

帕斯卡与费马的信

17世纪时，数学家经常在一些科学学会中见面。当时，数学家马林·梅森每周都在其位于巴黎的家中举办会议。帕斯卡参加了这些会议，但他与费马未曾谋面。尽管如此，在思考了梅雷骑士的问题后，帕斯卡仍选择给费马写信，向他传达自己对这些问题及相关问题

在标准轮盘中，若只转一次轮盘，小球落入任意给定数字的可能性为 $\frac{1}{37}$。旋转次数越多，这一数字将愈发接近于1。

> 选择意味着概率，而概率意味着数学家可以登场了。
>
> ——汉娜·弗莱
> 英国数学家

的想法，并询问费马的观点。这是帕斯卡与费马之间的首次书信往来，而概率的数学理论便在此时生根发芽。

玩家与庄家

帕斯卡与费马通过他们的共同好友皮埃尔·德·卡克维（Pierre de Carcavi）通信，这些信展现了二人对点数分配问题从不同角度进行的思考。他们探讨了一个玩家与一个庄家之间的游戏：玩家要争取在8次投掷中至少掷出一个幺点；而如果玩家失败，则庄家赢得赌资。若游戏在玩家掷出一个幺点前就被打断，则应当根据玩家获胜的"期望"来分配赌注。赌局开始时，8次掷骰子全部失败的概率为$(\frac{5}{6})^8 \approx 0.233$，因此掷出至少一个幺点的概率为$1-0.233$，即$0.767$。显然，该游戏更偏向于掷骰子的玩家，而非庄家。

建立理论

在信中，帕斯卡与费马对其他的游戏中断情形进行了探讨。例如，假设双方交替进行游戏，直到一方胜利。费马指出，起决定性作用的应当是游戏中断时剩余的回合数。他指明，若一个玩家在一场掷10个幺点的游戏中以7∶5领先，其最终获胜的概率与在一场掷20个幺点的游戏中以17∶15领先的获胜概率相同。

帕斯卡举了一个例子。双方进行一系列游戏，二人获胜的可能性相等，最先赢得3局游戏的玩家赢得赌资。每个玩家下注32皮斯托尔，总赌资为64皮斯托尔。前3轮游戏结束后，第一个玩家赢得两轮胜利，另一个赢得一轮胜利。如果他们现在进行第4轮游戏并且第一个玩家获胜，那么他将赢得64皮斯托尔；而若另一方获胜，则双方分别赢得了两轮游戏，且二人在最后一轮游戏中获胜的可能性相等。倘若他们在后一种情形下中断游戏，则双方应当各自收回自己的32皮斯托尔。

帕斯卡逐步推导的方法与费马深思熟虑的回复展示出在推算概率时使用"期望"的一些早期示例。二人的书信往来建立了概率论的基本原理，而机会游戏则继续为早期的理论学者提供肥沃土壤。荷兰物理学家与数学家克里斯蒂安·惠更斯撰写了一篇被译为《关于赌博游戏的推断》的论文，这是第一部关于概率论的著作。

大数定律（Law of Large Numbers，LLN）是刻画将同一动作（如掷骰子）重复执行多次后得到结果的一个定律。瑞士数学家雅各布·伯努利在《猜度术》（*Ars Conjectandi*）一书中，用一部分笔墨阐述了大数定律的雏形。18世纪末至19世纪初，皮埃尔-西蒙·拉普拉斯将概率论应用于实际问题与科学问题之中，并于1812年在《概率的分析理论》一书中阐述了他的方法。■

概率论

虽然古代及中世纪的法律在评估司法证据方面已对概率进行了分级，但当时的分级方式尚无相关的理论基础。同样，在文艺复兴时期，人们在设计船舶保险时，仅仅基于对风险的直观估计来厘定保费。"获胜概率"是赌博的一个重要属性，而吉罗拉莫·卡尔达诺是将数学方法应用于概率研究的第一人。虽然帕斯卡与费马在信中对机会游戏的探讨为后续理论研究做出了重大贡献，但在两人去世后，相关研究仍然聚焦于机会游戏。

18世纪头10年末期，皮埃尔-西蒙·拉普拉斯将概率论的范围拓展至科学领域。此外，他还用数学工具来预测诸如自然现象等诸多事件的概率。他还认识到了其在统计学中的用途。概率论还被应用于心理学、经济学、工程学与体育等诸多其他领域。

距离之和等于高度

维维亚尼三角形定理

意大利数学家温琴佐·维维亚尼（Vincenzo Viviani）在佛罗伦萨跟随伽利略学习。1642年伽利略去世后，维维亚尼将伽利略的重要作品汇总到一起，在1655—1656年编制出版了首部作品集。

维维亚尼对声速进行过研究，他测量的声速与真实值相差在每秒25米以内，但他因提出的一个三角形定理而为人所知。这个定理说，等边三角形内任意一点到三角形各边的距离之和等于三角形的高。

定理的证明

我们先建立一个底边长为a、高度为h的等边三角形（见右上方），再在三角形内绘制一点。从该点出发，向3条边分别绘制垂线（p、q和r），与各边相交成90°。如果将该点与大三角形的各个顶点相连，即可将其分割为3个小三角形。三角形的面积等于$\frac{1}{2}$×底×

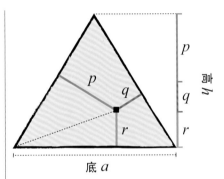

等边三角形的高（例如上图的高）始终等于三角形内任意一点到3条边的垂线长度之和。

高，因而若垂线长度分别为p、q和r，则小三角形的面积之和即为$\frac{1}{2}(p+q+r)a$。这一数值应当与大三角形面积相等，而大三角形的面积为$\frac{1}{2}ha$，因此$h=p+q+r$。如果你将长度为h的木棒截成3段，那么你总可以在三角形中找到一点，使得各段长度分别等于垂线长度p、q与r。■

参见：毕达哥拉斯 36~43页，欧几里得的《几何原本》52~57页，三角学 70~75页，射影几何 154~155页，非欧几里得几何 228~229页。

摆的摆动
惠更斯等时曲线

背景介绍

主要人物
克里斯蒂安·惠更斯
（1629—1695年）

领域
几何

此前
1503年 法国数学家查尔斯·德·波弗莱斯是描述摆线的第一人。

1602年 伽利略发现，摆完成一次摆动所耗费的时间不依赖于摆幅。

此后
1690年 瑞士数学家雅各布·伯努利借鉴惠更斯对等时曲线问题给出的不完美解答，来求解最速降线问题，即寻找下降速度最快的曲线。

18世纪最初几年 英国钟表匠约翰·哈里森（John Harrison）等人用弹簧代替摆，解决了经度问题。

16 56年，荷兰物理学家与数学家克里斯蒂安·惠更斯发明了摆钟，即悬挂固定重量物体的钟。他希望解决如何在航海时确定船只所处经度这一问题。若没有对时间的精确计量，这一问题将不可能解决。然而，海浪的翻滚会导致摆的摆动发生大幅度变化，进而造成时间度量的偏差，因此我们需要一块精确的钟来解决这一问题。

寻找正确的曲线

解决问题的关键在于，我们需要找到摆应当遵循的一条运动轨迹，使得无论摆摆动的最高点位于何处，其降至最低点的时间都是不变的（这一轨迹被称为"等时曲线"）。惠更斯认识到，这一轨迹应当是摆线，即一种高处陡峭、低处平缓的曲线。我们需要对任意一个摆的运动轨迹加以调整，使其沿摆线运动。惠更斯的想法是，可以通过添加摆线形的"夹板"来限制摆的运动。理论上，这样会使摆从任意起点开始摆动所耗费的时间都相同。然而，用这种方法带来的误差将比惠更斯希望解决的误差还要大。直到18世纪50年代，意大利人约瑟夫-路易斯·拉格朗日（Joseph-Louis Lagrange）才推导出问题的解：曲线的高度必须与摆走过的弧长的二次方成正比。■

我……为这一几何学中引人注目的事而感到震惊：所有沿摆线运动的物体……无论从哪里开始，都以完全相同的时间滑落至底。
——赫尔曼·梅尔维尔
《白鲸》（1851年）

参见：摆线下方面积 152~153页，帕斯卡三角形 156~161页，大数定律 184~185页。

凭借微积分,我可以预测未来

微积分

背景介绍

主要人物
艾萨克·牛顿（1642—1727年）
戈特弗里德·莱布尼茨
（1646—1716年）

领域
微积分

此前
公元前287年—公元前212年 阿基米德利用"穷竭法"计算面积与体积，并引入了无穷小量的概念。

约1630年 皮埃尔·德·费马使用一种新方法求解曲线切线，并寻找极大值点与极小值点。

此后
1740年 莱昂哈德·欧拉将微积分的思想应用于综合微积分、复代数及三角学中。

1823年 法国数学家奥古斯丁·路易斯·柯西正式提出了微积分基本定理。

微积分是研究事物如何变化的数学分支，它的发展是数学史上最重大的进展之一。微积分可以描述运动车辆的位置如何随时间变化，光源的亮度如何随远离光源的距离而衰减，以及人眼的位置如何随物体的移动而变化。借助微积分，我们可以确定千变万化的现象在何处达到极大值或极小值，以及在二者之间的变化速率。

除了变化速率，微积分的另一个重要方面是研究如何求和。这一方面源自人们计算面积的需求。人们最终将对面积与体积的研究提炼为积分（integration），将变化速率的计算称为微分（differentiation）。

微积分让我们对各种现象的变化发展有了更好的理解，因此，我们可以借助它对未来的状态进行预测或施加影响。正如代数与算术是用来处理数值或广义量的工具一样，微积分也有其专门的法则、符号及应用场景。微积分在17—19世纪的发展促成了工程学、物理学等

世界上没有任何事物不显示出极大或极小的性质。
——莱昂哈德·欧拉

领域的飞速进步。

古代的起源

古巴比伦人及古埃及人对测量十分感兴趣。于他们而言，重要的是如何计算用于种植和灌溉农作物的田地的尺寸，以及如何测定储存粮食的建筑物的体积。他们提出了早期的面积与体积的概念，但这些概念往往出现于非常具体的示例之中。例如，在莱因德纸草书中，有一个问题涉及直径为9开赫特（khet，古埃及的一种长度单位）的圆形田地的面积。莱因德纸草书中提出的方法最终于3,000多年后演变为所谓的积分学。

"无穷"这一概念是微积分的核心。古希腊时期，埃利亚的芝诺曾提出一系列哲学问题，被称为"芝诺运动悖论"。他认为运动是不可能的，因为在任意给定的距离内，总要经过无穷多个中点。公元前370年左右，古希腊数学家欧多克索斯提出了一种计算图形面积的方法。他先用面积已知的相同多边形来填充这个图形，再将多边形

阿基米德将圆视作有无穷多条边的多边形。

他通过将圆嵌入多边形，并将多边形边长缩小至无穷小的方式来近似圆的面积。

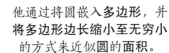

将图形划分成无穷多个部分是积分学（研究面积与体积的学科）的重要思想。

古希腊的思想是现代微积分的基础。

参见: 莱因德纸草书 32~33页,芝诺运动悖论 46~47页,圆周率的计算 60~65页,十进制小数 132~137页,极大值问题 142~143页,摆线下方面积 152~153页,欧拉数 186~191页,欧拉恒等式 197页。

随着文明的进步,精准的测量变得至关重要。这幅古埃及墓葬画展示的是测量员正在使用绳子测算麦田的尺寸。

无限缩小。他认为,这些多边形的面积之和最终将收敛至圆的真实面积。

这种方法被称为"穷竭法",于公元前225年左右被阿基米德采用。在计算圆面积时,他将圆内嵌于多边形之中,并令多边形的边数逐渐增加。随着边数增加,(面积已知的)多边形将愈发接近于圆。阿基米德将这一想法发挥到极致,他设想多边形的边长将收缩至无穷小。在微积分的发展历程中,无穷小量的发现是一个里程碑式的节点。像芝诺运动悖论这种先前无法解决的难题,现在都迎刃而解了。

初生的想法

中世纪时,中国和古印度的数学家在处理无穷求和方面取得了更多进展。同样,在伊斯兰世界,代数的发展意味着我们不需要对所有可能的情形进行成百上千次计算。我们可以借助一般化的符号,证明某个命题对直到无穷大的所有数字来说都是正确的。

在欧洲,数学的发展长期停滞。然而随着14世纪文艺复兴的到来,人们对数学重新燃起了兴趣,这也促使人们对运动以及与距离、速度相关的规律提出了新的观点。法国数学家与哲学家尼克尔·奥里斯

姆对加速运动的物体的速度随时间的变化进行了研究。他发现,刻画这种关系的图象下方的面积刚好等于物体运动的距离。17世纪末,英国的艾萨克·牛顿与伊萨克·巴罗(Isaac Barrow)、德国的戈特弗里德·莱布尼茨以及苏格兰数学家詹姆斯·格雷果里正式描述了这一想法。

奥里斯姆的想法受到了"牛津计算者"(Oxford Calculators)的启发。"牛津计算者"是14世纪牛津大学墨顿学院的一个学者团体,他们提出了平均速度定理,这一定理后被奥里斯姆证明。这一定理说,若第1个物体做匀加速运动,第2个物体按第1个物体的平均速度匀速运动,且两个物体运动时间相同,则两个物体的运动距离相

物体运动的最终速度,并非指其到达最终位置之前的速度,也并非之后的速度,而是其在到达的那一瞬间的速度。

——艾萨克·牛顿

等。墨顿学院的这些学者使用计算与逻辑学来解决物理与哲学问题，并对热、色、光和速度等现象的定量分析感兴趣。他们的灵感来自天文学家阿尔·巴塔尼的三角学，以及亚里士多德的逻辑与物理学。

全新的发展

到了16世纪末，微积分发展的步伐逐步加快。1600年左右，法国数学家弗朗索瓦·韦达提倡在代

数中使用符号（前文已提及）。数学家西蒙·斯蒂文在当时提出了极限的概念，因为他发现数量之和可以收敛至一个极限值，这与阿基米德多边形的面积将收敛至圆的面积有异曲同工之妙。

几乎与此同时，德国数学家与天文学家约翰尼斯·开普勒正致力研究行星的运动。在研究过程中，他计算了行星轨道围成的面积，并且意识到轨道为椭圆形而非

圆形。在求解面积时，他使用了古希腊人的方法，将椭圆划分为宽度无穷小的带状区域来求解。

开普勒使用的方法是后来正式化的积分学的奠基石。1635年，意大利数学家博纳文图拉·卡瓦列里在《用新方法促进的连续不可分量的几何学》一书中将其进一步推广。卡瓦列里提出"不可分量法"，这是一种求解图形面积的更加严谨的方法。17世纪，英国神学家、数学家伊萨克·巴罗与意大利物理学家埃万杰利斯塔·托里拆利（Evangelista Torricelli）取得了新的进展。皮埃尔·德·费马与勒内·笛卡儿紧随其后，他们对曲线的分析让"图形代数"这一全新的领域得到进一步发展。费马还研究了极大值与极小值，即曲线的最高点与最低点。

流数模型

1665—1666年，英国数学家艾萨克·牛顿提出了"流数法"（method of fluxions）。这是一种对随时间变化的变量进行计算的方法，是微积分历史上的一个里程碑。同开普勒和伽利略一样，牛顿对研究运动物体充满兴趣，并且十分渴望将天体的运动与地球上物体的运动统一起来。

牛顿在他的流数模型中考虑了沿曲线运动的一个点。他将其划

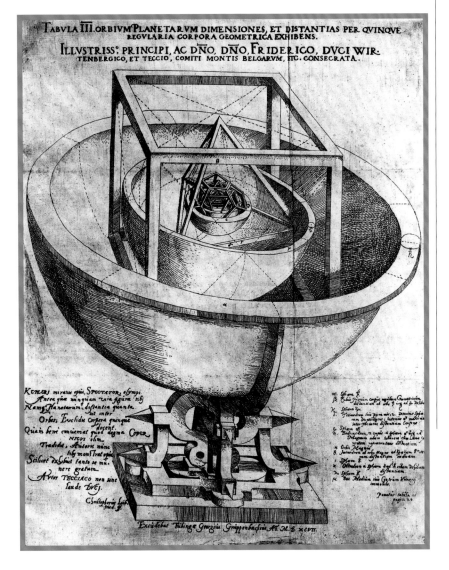

这幅开普勒创作的基于柏拉图立体的太阳系模型插图，出现于1596年出版的一本书中。开普勒使用宽度为无穷小的条带来测量轨道所覆盖的距离。这种方法是积分的雏形。

微分学与积分学是互逆的关系。

人们用微分学来计算导数，它表示曲线的斜率，即任意给定点处的变化速率。

人们用积分学来计算积分，它表示曲线下方围成的面积。

人们借助导数来计算降落物体在任意给定瞬间的运动速率。

人们借助积分来计算二维图形的面积或三维图形的体积。

分为相互垂直的两个分量（x和y），并研究各个分量的速度。这项工作为后来的微分学奠定了基础，其与积分学结合在一起，便产生了微积分基本定理（见右侧专栏）。微分学的思想是，变量在某一点的变化速率等于该点处切线的斜率（倾斜程度）。我们可以通过绘制曲线的切线（仅在一点处与曲线相交的直线）来刻画它，这条直线的斜率即为曲线在该点处的变化速率。牛顿意识到，曲线在极大值与极小值点处的切线的斜率是0，因为当某物处于最高点或最低点时，其位置在这一瞬间不会改变。接下来，牛顿考虑了这一问题的反问题，让自己的理论得以进一步升华：若已知变量的变化速率，我们能否计算出变量自身的运动情况？要解决这一"反微分"问题，便需求解曲线下方的面积。

牛顿与莱布尼茨

在牛顿探索微积分的那段时间里，德国数学家戈特弗里德·莱布尼茨也在研究自己的一套微积分

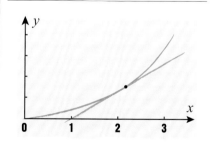

我们可以使用微分来计算给定点的变化速率。蓝色曲线表示整体的变化速率，而橙色切线表示在给定点的变化速率。

微积分基本定理

微积分的研究以微积分基本定理（the fundamental theorem of calculus）为基础。这一定理阐明了微分与积分的关系，而二者都依赖无穷小量的概念。这一定理最早由詹姆斯·格雷果里于1668年在《几何的通用部分》中提及，随后于1670年由伊萨克·巴罗加以推广，再于1823年被奥古斯丁·路易斯·柯西正式提出。

这一定理分为两部分。第一部分是说，积分与微分是相反的概念。对于任意连续函数（一种可以使所有值都有定义的函数），都存在一个"反导数"（"不定积分"），使得其导数（对变化速率的一种度量）是该函数本身。定理的第2部分是说，若给"反导数"$F(x)$赋值，则其计算结果——函数$f(x)$的定积分可以用于求解函数$f(x)$的曲线下方的面积。

詹姆斯·格雷果里（1638—1675年）是表述出微积分基本定理的第一人。

理论。曲线上的一点可由两个坐标来定义，而他的研究建立在这两个坐标的无穷小变化之上。莱布尼茨使用了一套与牛顿截然不同的符号体系，并在1684年发表了一篇论文，论文的内容便与此后的微分学有关。两年后，他又发表了另一篇关于积分学的论文，并再一次使用了与牛顿不同的符号。在一篇写于1675年10月29日的未发表的手稿中，莱布尼茨首次使用了"积分号"∫。该符号在当今得到了普遍使用和认可。

至于到底是牛顿还是莱布尼茨发明了现代微积分，学术界充满争议。二人，甚至是整个数学界，都因此长期沉浸于痛苦之中。虽然牛顿在1665−1666年就已提出流数理论，但直到1704年，他才将其作为《光学》一书的附录发表。莱布尼茨于1673年左右开始研究他的微积分，并于1684年发表。据说，牛顿后来所创作的《自然哲学的数学原理》就受到了莱布尼茨成果的些许影响。

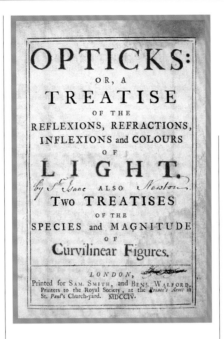

到了1712年，莱布尼茨与牛顿公开谴责对方剽窃。如今，大家对此的共识是，莱布尼茨与牛顿二人均独立提出了微积分的思想。

瑞士的雅各布·伯努利与约翰·伯努利（Johann Bernoulli）兄弟也对微积分做出了巨大贡献，他们在1690年创造了"积分"（integral）一词。苏格兰数学家科林·麦克劳林（Colin Maclaurin）于1742年发表《流数论》（Treatise on Fluxions），他在其中升华并推广了牛顿的方法，力图使其更为严谨。在此书中，麦克劳林将微积分应用于对代数项无穷级数的研究中。与此同时，约翰·伯努利之子的密友、瑞士数学家莱昂哈德·欧拉也受到了他们的微积分思想的影响。他将无穷小量的概念应用于所谓的指数函数e^x中，并最终推导出了"欧拉恒等式"$e^{i\pi}+1=0$。这一方程将5个最基本的数学常量

艾萨克·牛顿的《光学》是一部关于光的反射与折射的论文。这篇论文发表于1704年，其中有他在微积分领域研究工作的第一手细节资料。

（e、i、π、0和1）用一种非常简单的方式联系了起来。

18世纪，微积分这一用于刻画和理解物理世界的工具在不断发展中愈发彰显出它的作用。18世纪50年代，欧拉与法国数学家约瑟夫-路易斯·拉格朗日合作，利用微积分提出了一个方程——欧拉-拉格朗日方程（Euler-Lagrange equation）。人们借助这一方程加深了对流体（气体与液体）力学和固体力学的理解。19世纪初，法国物理学家与数学家皮埃尔-西蒙·拉普拉斯借助微积分提出了电磁学理论。

将理论正式化

微积分发展出各式各样的版本。1823年，奥古斯丁·路易斯·

如果我知道我们在每一瞬间的瞬时速度，那我能否根据这一信息推断我们已行走多远？微积分告诉我，这是可行的。

——珍妮弗·奥莱特
美国科学作家

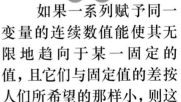

如果一系列赋予同一变量的连续数值能使其无限地趋向于某一固定的值，且它们与固定值的差按人们所希望的那样小，则这一固定值就被称为极限。

——奥古斯丁·路易斯·柯西

现代微积分的符号	
$\dot{f}$	由**牛顿**发明的微分符号
$\int$	由**莱布尼茨**发明的积分符号
dy/dx	由**莱布尼茨**发明的微分符号
f'	由**拉格朗日**发明的微分符号

柯西正式表述了微积分基本定理。这一定理本质上是说，微分（计算用曲线表示的变量的变化速率）是积分（计算曲线下方面积）的逆过程。柯西对微积分的正式表述使微积分理论被视作一个整体，人们可以用一套被普遍认可的表示法来统一处理无穷小量。

后来，微积分这一领域在19世纪又得到了进一步发展。1854年，德国数学家波恩哈德·黎曼通过定义函数的有限上限与下限，表示出判断哪些函数可积、哪些不可积的准则。

无处不在的应用

物理学与工程学的诸多进展都依赖于微积分。阿尔伯特·爱因斯坦在20世纪初就将其应用于他提出的狭义相对论与广义相对论之中；微积分还在量子力学（研究亚原子粒子运动的学科）中得到广泛应用。1925年，奥地利物理学家埃尔温·薛定谔（Erwin Schrödinger）提出了薛定谔波动方程。这一微分方程用波来刻画粒子，粒子的状态只能借助概率来确定。在科学界，这是一次开创性的突破。此前，科学界一直被确定性理论支配。

微积分在当今有许多重要应用。例如，在搜索引擎、建筑项目、医疗进展、经济模型、天气预报等中，都有着微积分的身影。微积分是一个无处不在的数学分支，我们很难想象一个没有微积分的世界，那必定是一个没有计算机的世界。许多人认为，微积分是过去400年来最为重要的数学发现。∎

戈特弗里德·莱布尼茨

戈特弗里德·莱布尼茨于1646年出生于德国莱比锡的一个学术家庭。他的父亲是一位道德哲学教授，母亲是一位法学教授的女儿。1667年，莱布尼茨在完成大学学业后，成为一名法律与政治顾问。这一职务使他得以四处旅行，并结识其他欧洲学者。在其雇主于1673年去世后，莱布尼茨于汉诺威担任不伦瑞克公爵的图书管理员。

莱布尼茨既是著名的哲学家，也是一位数学家。他终身未娶，于1716年悄无声息地离世。他的成功因他与牛顿的争执而被蒙上阴影，直到他去世数年后，其成果才得到认可。

主要作品

1666年 《论组合术》

1684年 《求极大值和极小值的新方法》

1703年 《二进制算术阐释》

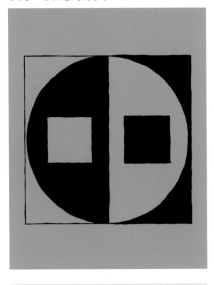

数字科学之完美

二进制数

背景介绍

主要人物

戈特弗里德·莱布尼茨

（1646—1716年）

领域

数论、逻辑

此前

约公元前2000年 古埃及人使用二进制计数系统的加倍与减半方法来计算乘法与除法。

约1600年 英国数学家、占星家托马斯·哈里奥特尝试使用包括二进制在内的计数系统。

此后

1854年 乔治·布尔借助二进制算术，发明了布尔代数。

1937年 克劳德·香农（Claude Shannon）阐释了如何使用电子电路与二进制编码来实现布尔代数。

1990年 计算机屏幕上的像素按照十六进制进行编码，可以显示超过65,000种颜色。

在日常生活中，我们习惯于使用以10为基数、包括0到9这10个数字的计数系统。二进制计数系统是以2为基数的计数系统，这套系统只需使用0与1两个数字。在二进制计数系统中，各个数位表示的是2的幂，进位时依次乘以的数字并不是10。因此，二进制数1011表示的并非1,011，而是11（由右至左分别为：一个1，一个2，零个4，一个8）。

在二进制计数系统中，各个

十进制数	二进制数					二进制直观图				
	16s	8s	4s	2s	1s	16s	8s	4s	2s	1s
1	0	0	0	0	1	□	□	□	□	■
2	0	0	0	1	0	□	□	□	■	□
3	0	0	0	1	1	□	□	□	■	■
4	0	0	1	0	0	□	□	■	□	□
5	0	0	1	0	1	□	□	■	□	■
6	0	0	1	1	0	□	□	■	■	□
7	0	0	1	1	1	□	□	■	■	■
8	0	1	0	0	0	□	■	□	□	□
9	0	1	0	0	1	□	■	□	□	■
10	0	1	0	1	0	□	■	□	■	□

二进制计数系统是一种以2为基数的系统，用1与0来书写。该表展示了如何将数字1至10从十进制数转换成二进制数，以及相应的二进制直观图。二进制直观图展示的是计算机将如何处理这些数，其中1表示"开"，0表示"关"。

参见： 位值制计数系统 22~27页，莱因德纸草书 32~33页，十进制小数 132~137页，对数 138~141页，机械计算器 222~225页，布尔代数 242~247页，图灵机 284~289页，密码学 314~317页。

> 用二进制计算，也就是用0和1计算……是科学计算的最基本方式，亦可催生新的发现。即便从对数的使用来说，这些新发现也是……有用的。
>
> ——戈特弗里德·莱布尼茨

数位的选择非此即彼——要么是1，要么是0。这种简单的"开或关"思想在计算中至关重要，因为每个数字均可被表示为一系列类似开关的"开"与"关"操作。

二进制能力的显现

1617年，苏格兰数学家约翰·纳皮尔宣称发明了一种基于棋盘的二进制计算器。棋盘中每个方格都对应一个值，根据方格上是否摆放了筹码来决定这个值取"开"还是取"关"。这个计算器可以进行乘法与除法运算，甚至还可以求平方根。

与此同时，托马斯·哈里奥特尝试使用包括二进制在内的计数系统。他可以将十进制数转换成二进制数，还可以转换回来。此外，他还能使用二进制数进行计算，然而，他的想法直到他去世很长时间后才得以发表。

培根密码

英国哲学家弗朗西斯·培根（Francis Bacon, 1561-1626年）发明了一种被他称为"双字母"密码的编码方式，使用a与b两个字母来生成整个字母表：a = aaaaa，b=aaaab, c=aaaba, d=aaabb，以此类推。如果用0代替a，用1代替b，就变成了二进制序列。这是一种容易被破解的编码，但培根意识到，a与b可以不是字母，它们可以是任意两个不同的对象，"……例如用钟声、号声，用灯光和火把……以及任何拥有类似性质的工具"。用这种密码，一条密信可以被隐藏在一群物体或一系列数字之中，甚至可以被藏于音乐符号之中。塞缪尔·莫尔斯（Samuel Morse）提出了一种彻底改变19世纪通信方式的点划电报码，它与现代计算机所使用的"开""关"编码类似，二者和培根密码有异曲同工之妙。

二进制数的潜能最终被德国数学家与哲学家戈特弗里德·莱布尼茨发现。1679年，他描述了一种基于二进制原理的计算机器，其依据闸门处于打开还是关闭的状态来控制大理石的掉落。后来的计算机的工作原理与之类似，只不过使用的是开关和电力，而非闸门和大理石。

莱布尼茨在1703年发表的《二进制算术阐释》一书中阐明了他对二进制系统的想法。他在文中展示了如何用0和1表示数，进而可以将最为复杂的计算转换成基本的二进制形式。他的思想受到了中国传教士的影响。传教士向他介绍了中国古代的一部占卜书——《易经》。这部书将现实划分为阴、阳两极，两极相对，一个用虚线表示，一个用实线表示。人们将这些线以6个为一组，排布成64卦，共有64种不同的样式。莱布尼茨意识到，这种使用两极的占卜方法与他的二进制系统之间存在着联系。

最重要的是，莱布尼茨受其宗教信仰的影响，希望用逻辑学来回答有关上帝存在的问题。他相信，这种二进制系统蕴含着他对宇宙起源的认知，其中0代表虚无，而1代表上帝。■

中国古代哲学家孔子（公元前551年—公元前479年）对《易经》的讲解与评注影响了莱布尼茨的工作，也影响了17—18世纪其他科学家的研究。

THE
ENLIGHTENMENT
1681–1799

启蒙运动时期
1681年—1799年

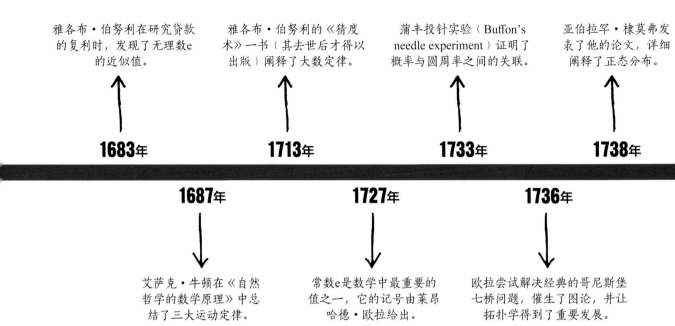

雅各布·伯努利在研究贷款的复利时，发现了无理数e的近似值。

雅各布·伯努利的《猜度术》一书（其去世后才得以出版）阐释了大数定律。

蒲丰投针实验（Buffon's needle experiment）证明了概率与圆周率之间的关联。

亚伯拉罕·棣莫弗发表了他的论文，详细阐释了正态分布。

1683年　　**1713**年　　**1733**年　　**1738**年

1687年　　**1727**年　　**1736**年

艾萨克·牛顿在《自然哲学的数学原理》中总结了三大运动定律。

常数e是数学中最重要的值之一，它的记号由莱昂哈德·欧拉给出。

欧拉尝试解决经典的哥尼斯堡七桥问题，催生了图论，并让拓扑学得到了重要发展。

17世纪后期，欧洲已成为世界的文化与科学中心。科学革命风生水起，在文化与社会的各个方面都催生出一套崭新而理性的方法论。众所周知，启蒙运动时期是一个重要的社会政治变革时期，在18世纪极快地加速了知识与教育的传播。同时，这也是数学取得长足进步的时期。

瑞士巨擘

　　牛顿与莱布尼茨的思想在物理与工程学中得到了实际应用。在此基础上，雅各布·伯努利与约翰·伯努利兄弟二人于17世纪提出变分法及其他数学概念，进一步发展了微积分理论。哥哥雅各布因数

论方面的成果而闻名，但他同时也促进了概率论的发展，提出了大数定律。

　　伯努利家族成员成为18世纪初期的主要数学家，让他们的家乡瑞士巴塞尔成为数学研究的中心。数学家莱昂哈德·欧拉就诞生并求学于此，或许他也是启蒙运动时期最伟大的数学家。欧拉是约翰的儿子丹尼尔·伯努利和尼古拉·伯努利的好友。欧拉在很小的时候就被视为雅各布和约翰的继任者。年仅20岁时，他便提出了可用于表示无理数e的符号。雅各布·伯努利曾计算此数的近似值。

　　欧拉发表了许多专著和论文，对数学的各个领域进行了研究。他

经常找到几何、代数与数论中看似相去甚远的概念之间的联系，而这些联系成为此后数学研究领域的基础。例如，对于"规划一条贯穿哥尼斯堡市的路线，使其经过且只经过7座桥中的每座桥一次"这一看似简单的问题，他给出的解法揭示了拓扑学中更深层的概念，激发了人们对新领域的研究。

　　欧拉对数学的所有领域都做出过巨大贡献，尤其是微积分、图论和数论。在规范数学符号方面，他也起到了重要作用。他因"欧拉恒等式"这一优美的公式而广为人知，这一公式展现了各个基本数学常数（如e与π）之间的联系。

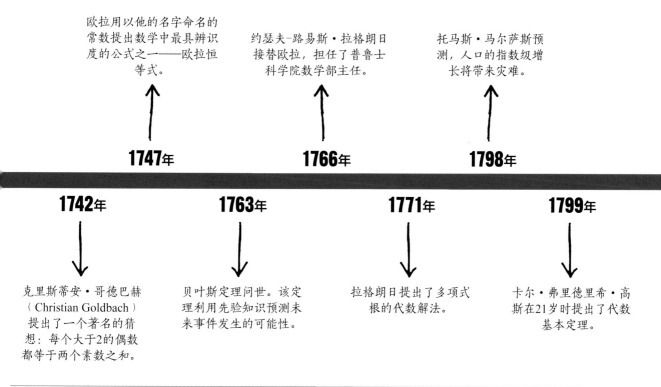

欧拉用以他的名字命名的常数提出数学中最具辨识度的公式之一——欧拉恒等式。

约瑟夫-路易斯·拉格朗日接替欧拉，担任了普鲁士科学院数学部主任。

托马斯·马尔萨斯预测，人口的指数级增长将带来灾难。

1747年　　**1766**年　　**1798**年

1742年　　**1763**年　　**1771**年　　**1799**年

克里斯蒂安·哥德巴赫（Christian Goldbach）提出了一个著名的猜想：每个大于2的偶数都等于两个素数之和。

贝叶斯定理问世。该定理利用先验知识预测未来事件发生的可能性。

拉格朗日提出了多项式根的代数解法。

卡尔·弗里德里希·高斯在21岁时提出了代数基本定理。

其他数学家

　　伯努利家族成员与欧拉掩盖了18世纪其他数学家的成就的光芒。克里斯蒂安·哥德巴赫便是其中之一，他是一位与欧拉同时代的德国人。哥德巴赫在职业生涯中结识了莱布尼茨和伯努利家族成员等其他有影响力的数学家，并定期同他们交流。在写给欧拉的一封信中，哥德巴赫提出了他最著名的猜想：每个大于2的偶数均可被表示为两个素数之和。这一猜想至今未被证明。

　　其他数学家为概率论的发展做出了贡献。例如，乔治-路易·勒克莱尔（Georges-Louis Leclerc，即蒲丰伯爵，Comte de Buffon）将微积分原理应用于概率，论证了圆周率与概率之间的联系；法国人亚伯拉罕·棣莫弗则提出了正态分布的概念；英国人托马斯·贝叶斯（Thomas Bayes）提出了利用先验知识预测未来事件发生的可能性的定理。

　　18世纪下半叶，法国成为欧洲数学研究的中心，约瑟夫-路易斯·拉格朗日成为其中重要的人物。拉格朗日因与欧拉合作而为人所知，但后来他又为多项式与数论做出了重要贡献。

崭新的天地

　　在这一世纪收尾之际，欧洲大地因政治革命而风雨飘摇。革命推翻了法国君主制，也促使了美国的诞生。一名年轻的德国人卡尔·弗里德里希·高斯发表了代数基本定理，标志着他辉煌的职业生涯的开始，也标志着数学的历史将迎来新的时期。■

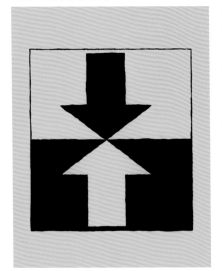

每个作用力都有与之大小相等、方向相反的反作用力

牛顿运动定律

艾萨克·牛顿借助数学方法解释了行星及地球上物体的运动规律，彻底改写了我们看待宇宙的方式。1687年，他将他的发现发表于《自然哲学的数学原理》一书之中。我们通常简称其为《原理》。

行星如何运动

1667年，牛顿已探索出他的三大运动定律的雏形，并且已经知晓使物体沿圆周运动所需要的力。

他将自己对力的认识与德国天文学家约翰尼斯·开普勒提出的行星运动定律结合，推导出了椭圆轨道与万有引力定律之间的联系。1686年，英国天文学家埃德蒙·哈雷（Edmond Halley）说服牛顿，请他将他的新物理学及其在行星运动中的应用撰写成文。

牛顿在《原理》一书中用数学方法证明，万有引力的结论与实验观察到的现象相吻合。他分析了物体在力的作用下的运动，借助万

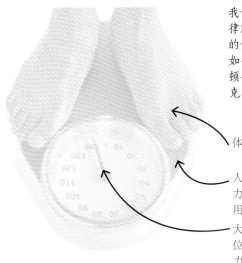

我们可以用牛顿第二定律与第三定律解释秤的工作原理。在称量自己的体重时，我们的重力是一个力，如今以牛顿（newton）为单位。牛顿也可被转换为质量单位，例如千克。

体重秤上的人体被重力向下牵引。

人受重力影响，对秤产生了向下的压力，而秤以与之大小完全相等的反作用力将人体向上推。

大多数秤在显示体重时以千克为单位。1千克物体在地球表面受到的重力约为9.81牛顿。

参见: 三段论逻辑 50~51页, 极大值问题 142~143页, 微积分 168~175页, 艾米·诺特与抽象代数 280~281页。

牛顿三大运动定律

第一定律: 一切物体总保持静止状态或匀速直线运动状态, 除非作用在它上面的力迫使它改变这种状态。

第二定律: 物体运动的变化与施加给它的作用力成比例, 并且变化方向位于施加的力所在的直线上。

第三定律: 每个作用力都有与之大小相等、方向相反的反作用力。

有引力的假设解释了潮汐现象、抛体运动以及摆的运动, 还解释了行星与彗星的轨道。

运动定律

牛顿《原理》的开篇即为他提出的三大运动定律。第一定律是说, 物体运动状态的改变需要力的作用。这个力可能是两个物体之间的万有引力, 也可能是其他作用力（例如用斯诺克球杆击球）。第二定律阐释了物体运动的变化与施加给它的作用力的关系。如果我们绘制一幅速度随时间变化的图象, 则图象上任意一点的斜率即为物体的加速度。牛顿第三定律说, 每个作用力都有与之大小相等、方向相反的反作用力。置于桌子上的物体将桌子向下压, 而桌子反过来以相同大小的力将物体向上推。若这一定理不正确, 则物体将发生移动。长期以来, 整个机械物理学都以牛顿的三大运动定律为基础, 直到爱因斯坦提出相对论, 这一局面才被打破。∎

艾萨克·牛顿

艾萨克·牛顿于1642年出生于英国的林肯郡, 并在其祖母的抚养下长大。牛顿就读于剑桥大学三一学院, 他在那里表现出了对科学与哲学的痴迷。在1665年至1666年的大瘟疫期间, 大学被迫关闭。而正是在此期间, 牛顿提出了他关于流数（给定时间点的变化速率）的想法。

牛顿在万有引力、运动和光学领域取得了重大发现, 他还在这些领域与英国著名的科学家罗伯特·胡克展开了竞争。他在政府担任过几个职位, 皇家铸币厂厂长就是其中之一。任职期间, 他监督英国的货币体系从银本位转向了金本位。此外, 他还担任过皇家学会主席。牛顿于1727年去世。

主要作品

1687年 《自然哲学的数学原理》

实证与期望结果相同

大数定律

背景介绍

主要人物

雅各布·伯努利（1655—1705年）

领域

概率

此前

约1564年 吉罗拉莫·卡尔达诺写下了关于概率的首部著作《论机会游戏》。

1654年 皮埃尔·德·费马与布莱士·帕斯卡开辟了概率论领域。

此后

1733年 亚伯拉罕·棣莫弗指出，随着样本数增加，结果将愈发接近正态分布（钟形曲线），这就是后来的中心极限定理。

1763年 托马斯·贝叶斯提出了一种预测结果可能性的方法，这一方法把与结果相关的一些初始条件考虑在内。

大数定律是概率论与统计学的基础之一。这一定律保证，从长远来看，我们能够以合理的准确度来预测未来事件的结果。例如，此定律使金融公司在设计养老保险等保险产品时，可以预判需要赔付的概率，进而更合理地为产品定价；此外，它还可以保证赌场总能从赌徒身上获利。

根据这一定律得知，随着观察到的某事件发生的次数越来越多，由此得到的结果发生概率（或可能性）的估计值将越来越接近观察之前计算得到的理论值。换句话说，根据大量试验得到的平均值将与使用概率论计算得到的期望值非常接近，并且增加试验次数会使这一平均值与期望值更为接近。

这一定律于1835年由法国数学家西莫恩·泊松（Siméon Pois-

我们可以用概率论计算随机事件的期望可能性。

试验得到的平均值与直接计算得到的期望值并不完全匹配。

随着试验次数的增加，试验得到的平均值将与期望值愈发接近。

经过大量次数的试验，试验得到的平均值与期望值几乎相等。

参见: 概率 162~165页,正态分布 192~193页,贝叶斯定理 198~199页,泊松分布 220页,现代统计学的诞生 268~271页。

雅各布·伯努利

雅各布·伯努利于1655年出生于瑞士巴塞尔。他曾学习神学,但对数学有着极大的兴趣。1687年,他成为巴塞尔大学的数学教授,余生一直担任这一职务。

除了对概率论的研究,伯努利还因发现数学常数e而闻名。他在计算资金增长情况的过程中发现了这一常数。他还曾参与微积分的发展历程。在对这一数学新领域的发明权之争中,他支持戈特弗里德·莱布尼茨一方,反对艾萨克·牛顿。伯努利与他的弟弟约翰·伯努利一同从事微积分的研究。然而,约翰嫉妒他哥哥的成就,在雅各布于1705年去世前几年,二人关系破裂。

主要作品

1713年 《猜度术》
1744年 《全集》

我们将猜度术定义为……估算……某些事件的概率的艺术,进而在判断和决策时,始终可以基于已经了解到的事物做出最好的选择。

——雅各布·伯努利

son)命名,然而它的诞生要归功于瑞士数学家雅各布·伯努利。这一突破性进展被他称为"黄金定律"(golden theorem),由他的侄子于1713年在《猜度术》一书中发表。

尽管伯努利并不是认识到数据收集与结果预测之间关系的第一人,但他给出了二者关系的首个证明。他考虑一个具有两种结果(胜利或失败)的游戏。假设游戏获胜的理论概率是W,伯努利猜测,随着游戏进行次数的增加,玩家获胜次数与游戏总次数之比f将收敛至W。他证明了随着试验次数增加,f高于或低于W某一特定数值的概率将接近于0(不可能发生)。

根据大数定律,当裁判抛掷硬币时,队长依据前几场比赛的抛掷结果来选择正面或反面是没有优势的。

错误的概率

抛硬币是大数定律的一个实例。假设正面或反面朝上的概率相等,则大数定律说明,随着抛掷次数增加,其中有一半(或非常接近一半)的次数为正面朝上,另一半为反面朝上。然而,在刚开始的时候,正反两面出现的次数可能十分不平衡。例如,前10次抛掷可能会得到7次正面、3次反面。这样看来,下一次抛掷的结果很可能是反面。然而,这就是所谓的"赌徒谬误",即人们会认为每轮游戏(抛掷)的结果是相关联的。一位赌徒可能会认为,由于正反面的次数应当平衡,因而第11次投掷的结果更可能是反面。但是每次抛掷得到正面或反面的概率本应相同,并且每次抛掷的结果本应与其他各次相互独立。这正是所有概率理论的起点。经过1,000次抛掷后,前10次抛掷出现的不平衡现象便可忽略不计了。■

一种可以由自身生成自身的奇特数字

欧拉数

背景介绍

主要人物
莱昂哈德·欧拉（1707—1783年）

领域
数论

此前

1618年 约翰·纳皮尔在一本关于对数的书的附录中列出了一系列对数，这些对数是利用现今被称为e的常数计算得到的。

1683年 雅各布·伯努利在研究复利时使用了e。

1733年 亚伯拉罕·棣莫弗发现了正态分布，服从这种分布的数据大多集中在一个中心点附近，而越到极端位置，数据量越少。正态分布的方程中含有e。

此后

1815年 约瑟夫·傅里叶对e是无理数的证明得以发表。

1873年 法国数学家夏尔·埃尔米特（Charles Hermite）证明了e是超越数。

数学常数是重要的、良定义的数。它的大小永不改变。

常数e（2.718…）具有一些特殊性质。

它是无理数：
它不能用简单的分数表示，即不能被表示为两个整数之比。

它是超越数：
它无法作为整系数多项式方程的根。

数学常数e，又被称为欧拉数，它等于2.718…，小数点后有无穷多位。这一数字首次出现于17世纪初。当时，人们发明了对数，并借助其简化了复杂的运算。苏格兰数学家约翰·纳皮尔编制了以2.718…为底数的对数表。在进行与指数级增长相关的运算时，使用这种对数表将事半功倍。这种对数后被称为"自然对数"，因为有了它，人们可以用数学方法刻画自然界的诸多过程。

17世纪末，瑞士数学家雅各布·伯努利使用2.718…来计算复利，但首次将其称为e的人是他弟弟约翰·伯努利的学生莱昂哈德·欧拉。欧拉将e计算至小数点后18位，并于1727年写下他首部关于e的著作《思考》，然而这部作品直到1862年才得以发表。1748年，欧拉在《无穷分析引论》一书中对e进行了进一步的探索。

莱昂哈德·欧拉

欧拉于1707年出生于瑞士巴塞尔。他的父亲是一名新教牧师，曾接受过数学训练，并且是伯努利家族的朋友。欧拉早年接受他父亲的教育，并对数学充满了兴趣。虽然他进入大学学习的是神学，但在约翰·伯努利的支持下，他转而学习数学。此后，欧拉继续在瑞士和俄国进行研究，并成为有史以来成果最多的数学家。尽管从1738年起，他的视力开始下降，到1771年甚至双目失明，但他仍为微积分、几何学、三角学等领域做出了巨大贡献。他于1783年在圣彼得堡去世，工作到了最后一刻。

主要作品

1748年 《无穷分析引论》
1862年 《思考》

参见：位值制计数系统 22~27页，无理数 44~45页，圆周率的计算 60~65页，十进制小数 132~137页，对数 138~141页，概率 162~165页，大数定律 184~185页，欧拉恒等式 197页。

复利

复利的计算中就有e的雏形。例如，如果我们不将储蓄账户中得到的利息直接支付给投资者，而将其再次投入账户之中使累积存款额增加，便可形成复利。若逐年计算利息，则一笔本金为100英镑、利率为每年3%的投资在一年后将得到100英镑 × 1.03 = 103英镑；两年后，将会变成100英镑 × 1.03 × 1.03 = 106.09英镑。10年后，这笔投资便会变成100英镑 × 1.03^{10} =

134.39英镑。这一问题的计算公式为 $A = P(1+r)^t$，其中A为最终金额，P为初始投资额（本金），r为利率（用小数表示），t是年数。

如果利息计算频率高于每年一次，计算过程便会发生改变。例如，若逐月计算利息，则月利率应为年利率的 $\frac{1}{12}$。由于 3% ÷ 12 = 0.25%，那么这笔投资在一年后将变为100英镑 × 1.0025^{12} = 103.04英镑。若逐日计算利息，则日利率为3% ÷ 365 = 0.008…%，一

年后的累积存款额将是100英镑 × $1.00008…^{365}$ = 103.05英镑。在这种情况下，计算公式为 $A = P(1+\frac{r}{n})^m$，其中n是每年的计息次数。随着计息的时间间隔逐步缩短，一年后累积的收益将接近于 $A = Pe^r$。伯努利在他的计算中几乎解决了这一问题，他将e视作了 $(1+\frac{1}{n})^n$ 在n趋向于无穷（n→∞）时的极限。随着n的增大，公式 $(1+\frac{1}{n})^n$ 将愈发接近e的值。例如，当n=1时，得到的e的值是2，而n=10时给出的e的值

复利将使最终的存款额变大。此例展示了本金为10英镑、年利率为100%的投资将如何积累利息，并与利息支付时间间隔较短的复利情形进行对比。

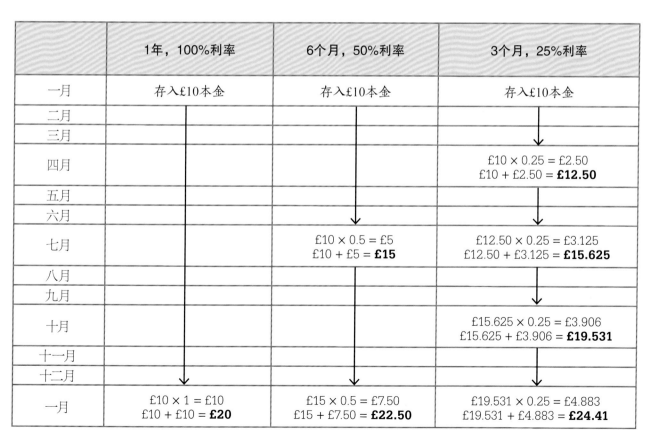

	1年，100%利率	6个月，50%利率	3个月，25%利率
一月	存入£10本金	存入£10本金	存入£10本金
二月			
三月			
四月			£10 × 0.25 = £2.50 £10 + £2.50 = **£12.50**
五月			
六月			
七月		£10 × 0.5 = £5 £10 + £5 = **£15**	£12.50 × 0.25 = £3.125 £12.50 + £3.125 = **£15.625**
八月			
九月			
十月			£15.625 × 0.25 = £3.906 £15.625 + £3.906 = **£19.531**
十一月			
十二月			
一月	£10 × 1 = £10 £10 + £10 = **£20**	£15 × 0.5 = £7.50 £15 + £7.50 = **£22.50**	£19.531 × 0.25 = £4.883 £19.531 + £4.883 = **£24.41**

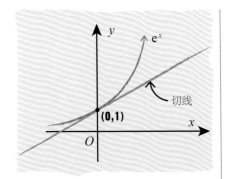

指数函数可用于计算复利。这一函数形成的曲线为 $y = e^x$，其与 y 轴相交于（0,1），并且陡峭程度呈指数级增长。该图还展示了曲线的切线。

为2.5937…， $n = 100$ 时给出的e的值为2.7048…。

欧拉将e精确计算到了小数点后18位。在计算这一数值时，他可能使用了序列 $e = 1 + 1 + \frac{1}{2} + \frac{1}{6} + \frac{1}{24} + \frac{1}{120} + \frac{1}{720} + \cdots$ 的前20项。这些分母是通过计算各个整数的阶乘得到的。一个正整数的阶乘，指该整数与比它小的全部正整数的乘积。例如，2的阶乘是 2×1，3的是 $3 \times 2 \times 1$，4的是 $4 \times 3 \times 2 \times 1$，5的是 $5 \times 4 \times 3 \times 2 \times 1$，以此类推。若用阶乘符号表示，前面的公式可被写为 $e = 1 + 1 + \frac{1}{2!} + \frac{1}{3!} + \frac{1}{4!} + \cdots$。

虽然欧拉将e计算至小数点后18位，但请注意，其小数位将无限延续下去，这意味着e是无理数。1873年，法国数学家夏尔·埃尔米特证明了e也不是代数数（任何整系数多项式的复根）。因而，它是一个超越数，即无法通过求解这种方程来得到的数。

增长曲线

复利是指数级增长的实例之一。我们可以将这种增长过程绘制出来，从而得到一条曲线。18世纪时，英国牧师托马斯·马尔萨斯设想，倘若人口增长的过程不受战争、饥荒等因素的制约，那么人口也将呈指数级增长。也就是说，人口将持续以相同速率增长，进而使总量不断增加。若人口增长速率恒定，我们可以用公式 $P = P_0 e^{rt}$ 来计算人口，其中 P_0 为初始人口， r 是

增长速率， t 是时间。

通过绘制图象，我们可以观察到e的其他特殊性质。函数 $y = e^x$（指数函数，见左上图）的图象是一条曲线，其在坐标(0,1)处的切线的斜率也精确为1。这是因为，e^x 的导数（变化速率）仍为 e^x，而导数正是求解切线的工具。因此其切线的斜率将永远与 y 的取值相等。

错排

我们将集合中元素的不同排

位于美国密苏里州的圣路易斯大拱门是一个扁平的悬链线形拱门。它由建筑师埃罗·沙里宁（Eero Saarinen）于1947年设计。

悬链线

悬链线（catenary）是公式 $y = \frac{1}{2} \times (e^x + e^{-x})$ 对应的曲线。在自然界和技术界，常可找到悬链线的身影。例如，方帆在风力作用下会呈现出悬链线形状；倒向悬链线形拱门也因其强度而常被用于建筑工程之中。

长期以来，人们都以为悬链线的形状与抛物线相同。然而，荷兰数学家克里斯蒂安·惠更斯证明，悬链线不能由多项式方程给出。他于1690年将

这一曲线命名为"悬链线"，来自拉丁语catena（意为"链"）。惠更斯、戈特弗里德·莱布尼茨和约翰·伯努利3位数学家各自计算了悬链线的公式，得出了相同的结论，他们的成果于1691年一同发表。1744年，欧拉刻画了悬链面（catenoid）。这种曲面像是将圆柱的腰部束紧后得到的形状，可通过将悬链线绕一个轴旋转得到。

序方式称为排列（permutation）。例如，集合1, 2, 3可被排为1, 3, 2；2, 1, 3；2, 3, 1；3, 1, 2；3, 2, 1。若将初始排法也考虑在内，则共有6种排列方式。这是因为，这种集合的排列个数等于其中最大整数的阶乘，为3！。而欧拉数在一种被称为"错排"（derangement）的排列问题中十分重要。所谓错排，指所有元素都不留在初始位置的排列方式。当元素个数为4时，可能的排列总数为24。而如果我们要找到集合1, 2, 3, 4的错排，便需将其他以1开头的排列剔除在外。以2开头的错排共有3种；以3开头的错排还有3种；以4开头的错排也有3种，因而共有9种。当元素个数为5时，排列方式的总数为120个；当有6个元素时，排列总数将达到720。这导致找出所有错排方式的任务量十分巨大。

欧拉数的出现使计算任意集合的错排个数成为可能，因为错排个数刚好等于将排列总数除以e，再四舍五入后得到的整数。例如，集合1, 2, 3共有6种排列方式，而

$6 \div e = 2.207\cdots$，再四舍五入，得到的即为2。欧拉曾帮助普鲁士腓特烈大帝对10个数的错排问题进行分析。他发现，对于10个数的排列，用 $\frac{1}{e}$ 近似计算出现错排的概率，精度可达到小数点后6位。

其他用途

欧拉数与许多其他计算问题都密切相关。例如，"将某一数字拆分后，寻找何种拆分方式得到的数字乘积最大"这一问题就与欧拉数有关。对于数字10来说，3和7便是一种拆分方式，乘积为21；若拆成6和4，乘积为24；若拆成5和5，乘积为25。25便是将10拆分成两个数字后得到的最大乘积。若拆成3个数字，例如3，3，4，其乘积为36。但如果考虑小数，则 $3\frac{1}{3} \times 3\frac{1}{3} \times 3\frac{1}{3} = 37.037\cdots$ 即为拆成3个数时的最大乘积。若拆成4

研究者希望测定有机材料的碳年代。他首先对一个样本（这里展示的是远古人类骨骼）进行测试，再根据放射性衰变速率，利用欧拉数计算它的年代。

个数，便是 $2\frac{1}{2} \times 2\frac{1}{2} \times 2\frac{1}{2} \times 2\frac{1}{2} = 39.0625$。而如果拆成5个数，只能得到 $2 \times 2 \times 2 \times 2 \times 2 = 32$。简言之，$(\frac{10}{2})^2 = 25$，$(\frac{10}{3})^3 = 37.037\cdots$，$(\frac{10}{4})^4 = 39.0625$，以及 $(\frac{10}{5})^5 = 32$。拆成5个数得到的结果比前面的更小，这说明对于10而言，最优的拆分数目在3与4之间。借助欧拉数，我们既可以计算出最大乘积为 $e^{\frac{10}{e}} = 39.598\cdots$，也可以计算出最优分割数为 $\frac{10}{e} = 3.678\cdots$。■

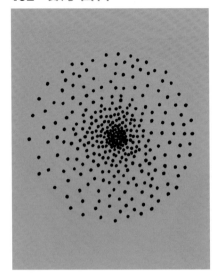

随机的变化具有统一的模式

正态分布

背景介绍

主要人物

亚伯拉罕·棣莫弗

（1667—1754年）

卡尔·弗里德里希·高斯

（1777—1855年）

领域

统计、概率

此前

1710年 英国医生约翰·阿巴思诺特（John Arbuthnot）发表了一份统计数据，证明"天意"与人口中男性和女性的数量有关。

此后

1920年 英国统计学家卡尔·皮尔逊（Karl Pearson）表示，他后悔将高斯曲线称为正态曲线，因为这使人们认为其他所有概率分布都是"异常"的。

1922年 美国的纽约证券交易所使用正态分布对投资风险进行建模。

18世纪时，法国数学家亚伯拉罕·棣莫弗使统计学向前迈出了重要一步。他在雅各布·伯努利发现的二项分布（binomial distribution）的基础之上，证明了事件总会聚集在均值（下图中的*b*）附近。这一现象被称为正态分布。

二项分布用两种可能性中的一种来表示事件结果，这一概念由雅各布·伯努利在1713年发表的《猜度术》一书中首次提出。人们抛掷

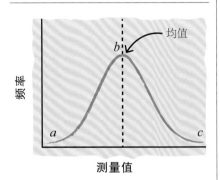

钟形曲线是正态分布的直观图示。曲线的最高点*b*表示均值，各个数值都聚集在均值附近。数值离均值越远，对应的频率越低。图中*a*与*c*两处的频率最低。

一枚硬币后，可产生两种可能的结果："胜"和"负"。这种能产生两种结果的试验被称为伯努利试验（Bernoulli trial）。如果我们进行固定次数（*n*次）的伯努利试验并记录其中取胜的次数，每次取胜的概率均为*p*，那么得到的即为二项分布。这一分布被记为$B(n, p)$。二项分布$B(n, p)$可以取0到*n*的值，且取值集中在均值*np*附近。

计算均值

1721年，苏格兰从男爵亚历山大·卡明（Alexander Cuming）向棣莫弗提出了一个关于在机会游戏中获胜期望的问题。棣莫弗得出的结论是，这一问题可归结于计算二项分布的平均偏差（一组数字各个数值与总均值的平均差距）。他在《分析杂论》中写下了自己的结果。

棣莫弗当时已意识到，二项分布会聚集在均值附近。他绘制了一条不平整的曲线，并且发现，收集的数据越多，这条曲线就越接近钟形（正态分布）。1733年，棣莫

参见： 概率 162~165页，大数定律 184~185页，代数基本定理 204~209页，拉普拉斯妖 218~219页，泊松分布 220页，现代统计学的诞生 268~271页。

弗已确知他发现了一种用正态分布近似二项分布的简单方法，并继而为二项分布绘制了钟形曲线。他将自己的发现写成一篇短论文，随后纳入1738年出版的《机遇论》之中。

使用正态分布

18世纪中叶以来，钟形曲线大显身手，成为对各类数据建模时不可或缺的工具。1809年，卡尔·弗里德里希·高斯率先将正态分布视作一种强大的统计工具。法国数学家皮埃尔-西蒙·拉普拉斯使用正态分布为随机误差（如测量误差）的曲线建模，这是正态曲线的早期应用之一。

19世纪时，许多统计学家潜心研究实验结果中的随机变化。英国统计学家弗朗西斯·高尔顿（Francis Galton）使用一种叫作"梅花机"（又叫"高尔顿板"）的工具来研究随机变化。这种板由

排成三角形的一系列钉子组成。人们让珠子从高尔顿板上方掉落至下方，并在下方用一连串竖直的管来接这些珠子。高尔顿对各个管中的珠子数量加以统计，并将得到的分布称为"正态"的。他与卡尔·皮尔逊二人的成果一同让"正态"一

词得以普及，用以描述所谓的高斯曲线。

如今，正态分布已被广泛应用于统计数据建模中。从人口研究到投资分析，都离不开正态分布。■

事件聚集在均值附近。

正态分布适用于连续数据，即在给定区间内可以取任何值的数据。它将形成一条钟形曲线。

二项分布适用于离散数据，即它的取值是一些离散的数值。

棣莫弗说，当样本量足够大时，可以使用钟形曲线来估计二项分布。

亚伯拉罕·棣莫弗

亚伯拉罕·棣莫弗生于1667年，成长于法国天主教家庭，并成为一名新教徒。棣莫弗曾因其宗教信仰而被短暂监禁，获释后他移居英国。在伦敦，他成为一名私人数学教师。他曾希望获得大学教师职位，但作为一名生活在英国的法国人，他仍遭受了一些歧视。尽管如此，棣莫弗仍给当时的许多杰出科学家留下了深刻印象，艾萨克·牛顿就在其中。1697年，他当选为皇家学会会员。除了在分布方面的贡献，他在复数方面的成果最为著名。他于

1754年在伦敦去世。

主要作品

1711年 《抽签的测量》

1721—1730年 《分析杂论》

1738年 《机遇论》

哥尼斯堡的 7座桥

图论

背景介绍

主要人物
莱昂哈德·欧拉

领域
数论、拓扑

此前
1727年 欧拉对常数e进行了探究，这一数字被用于描述指数级增长与衰减。

此后
1858年 奥古斯特·莫比乌斯（August Möbius）将欧拉的图论公式拓展至一种由相接的面形成的、只有一个面的特殊曲面之上。

1895年 亨利·庞加莱（Henri Poincaré）发表论文《位置分析》（Analysis situs）。在论文中，他将图论一般化，进而开创了数学的一个新领域——拓扑学（研究几何图形在连续变形后仍保持不变的性质的学科）。

> 欧拉的图论关注不同点之间的连接关系。

> 一个图含有一个离散的结点（或顶点）集合，且各个结点由弧相连。

> 如果一条路径经过所有结点，并且经过且只经过每条弧一次，则其被称为"欧拉通路"。

> 在哥尼斯堡七桥问题中，不可能找到欧拉通路。

图论与拓扑学始于莱昂哈德·欧拉对一道数学难题的尝试求解。这个难题是，能否找到一条可以走完位于哥尼斯堡的7座桥的路径，且使得每座桥仅能过一次。欧拉发现这一问题与位置几何有关，并提出了一套新的几何学，以证明我们不可能找到这样的路径。在此问题中，点与点之间的距离无关紧要，真正重要的是各点之间的连接关系。

欧拉对哥尼斯堡七桥问题进行了建模。他将4块陆地分别抽象为4个点（结点或顶点），并将各座桥抽象为弧（曲边或边），这些弧将各个结点连接了起来。于是，他得到了一张"图"（graph），这张图刻画了陆地与桥梁之间的关系。

参见: 坐标 144~151页, 欧拉数 186~191页, 复数平面 214~215页, 莫比乌斯带 248~249页, 拓扑学 256~259页, 蝴蝶效应 294~299页, 四色定理 312~313页。

> 读读欧拉,读读欧拉。他是所有人的老师。
>
> ——皮埃尔-西蒙·拉普拉斯

首个图论定理

欧拉分析的前提是,每座桥仅能通过一次,并且每进入一块陆地,随后都需离开这块陆地。为避免两次走过同一座桥,一进一出必须对应两座不同的桥。因此,每块陆地均需与偶数座桥相连,只有始点与终点可以例外(若始点与终点位于不同位置)。然而,在图中(见右图),A是5座桥的端点,B、C和D均为3座桥的端点。倘若与奇数条边相连的结点不止两个,那么我们就不可能找到穿过每座桥仅一次的路径。欧拉给出了这一证明,进而得到了首个图论定理。

我们最常用"图象"一词表示笛卡儿坐标系,上面的点用x轴与y轴坐标来表示。一般来说,所谓的"图"含有一个离散的结点(或顶点)集合,且各个结点由弧相连。交汇于同一结点的弧的数量被称为这一结点的"度"(degree)。在哥尼斯堡的图中,A的度是5,B、C和D各点的度均为3。

经过且仅经过各条边一次的路径被称为"欧拉回路"(如果始点与终点不同,则被称为欧拉通路)。

哥尼斯堡七桥问题可被表述为:"在哥尼斯堡的图中,是否存在欧拉回路或欧拉通路?"欧拉给出的答案是,存在这种路径的图至多只能有两个奇数度结点,但哥尼斯堡图中有4个奇数度结点。

网络理论

我们可以通过赋值的方法为一个图上的弧"加权",例如,用这些权重来表示地图上不同的道路长度。这种带权图也被称为"网络"(network)。在许多学科(包括计算机科学、粒子物理学、经济学、密码学、社会学、生物学和气候学)中,人们常用网络来刻画不同物体之间的联系,并且通常是为了优化某一特定的属性,例如两点之间的最短距离。

人们可以应用网络理论解决所谓的"旅行商问题"(travelling salesperson problem)。这一问题是,一个旅行商希望找到一条路径,使得他从本地出发,行经一系列城市,最终回到本地的总路程最短。据说,这一难题最初是一道写在谷类食品盒背面的挑战题目。虽然现在的计算能力已取得巨大进步,但没有一种方法能找到这一问题的最优解。这是因为,随着指定城市数目的增加,寻找最优解的时间将呈指数级增长。■

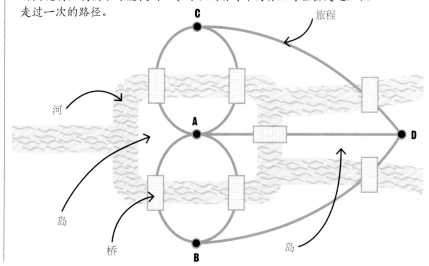

哥尼斯堡这座城市有7座桥,它们将城市的两侧与两个岛相连。欧拉的图说明,我们不可能找到一条可以到访每个岛并且每座桥走过且仅走过一次的路径。

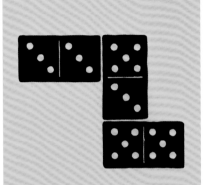

大于2的偶数均为两个素数之和

哥德巴赫猜想

1742年，俄国数学家克里斯蒂安·哥德巴赫向数学家莱昂哈德·欧拉写了一封信。哥德巴赫认为，他有了一个惊人发现——大于2的偶数均可分解为两个素数，例如6可分解为3+3、8可分解为3+5。欧拉确信哥德巴赫是正确的，但他无法给出证明。哥德巴赫还提出，每个大于5的奇数均为3个素数之和，并由此推出，每个大于2的整数均可表示为素数之和。他提出的这些额外的命题被称为原始的强（strong）猜想的弱（weak）命题。这是因为，如果强猜想成立，那么这些弱命题都将成为其自然而然的推论。

迄今为止，凭借手动计算和电子方法，学者均未能找到任何一个不符合原始强猜想的偶数。2013年，人们用一台计算机测试了上至 4×10^{18} 的偶数，也未能找到反例。因此，似乎这一猜想非常有可能是正确的，然而，数学家需要对此给出确定性的证明。

几个世纪以来，这一猜想的几个不同的弱命题已得到证明，但时至今日，尚无人能证明强猜想。似乎最聪明的人也注定败在这一猜想之下。■

加州大学洛杉矶分校的陶哲轩是2006年菲尔兹奖与2015年数学科学突破奖的获得者。他于2012年发表了一种弱猜想的严格证明。

参见：梅森素数 124页，大数定律 184~185页，黎曼猜想 250~251页，素数定理 260~261页。

最美的方程

欧拉恒等式

莱昂哈德·欧拉于1747年提出公式$e^{i\pi}+1=0$。这一公式被称为"欧拉恒等式"，它囊括了5个最重要的数学常数：0（零），加上或减去它后结果不变；1，乘以或除以它后结果不变；e（2.718…），是刻画指数级增长与衰减的核心数字；i（$\sqrt{-1}$），是虚数的基本单位；π（3.141…），是圆的周长与直径之比，存在于数学和物理学的诸多方程中。其中，e和i两个常数由欧拉本人提出。欧拉的出色之处在于，他将这5个里程碑式的数字用3个简单的数学运算联系了起来——幂运算（例如5^4，即$5\times5\times5\times5$）、乘法和加法。

复数次幂

像欧拉这样的数学家曾扪心自问，一个数的复数次幂是否有意义？所谓复数，指的是将实数与虚数相结合得到的数，例如$a+bi$，其中a与b是任意实数。当欧拉对e

它很简单……却又格外深邃；它将5个最重要的数学常数纳入其中。

——戴维·珀西
英国数学家

进行幂运算，且将指数选定为i乘以π时，他发现计算结果是-1。再在等式两边分别加1，便可得到欧拉恒等式$e^{i\pi}+1=0$。这一方程非常简明，因此数学家认为其十分"优雅"（elegant）。数学家常用该词描述那些内涵深刻却又异常简洁的证明。■

参见：圆周率的计算 60~65页，三角学 70~75页，虚数与复数 128~131页，对数 138~141页，欧拉数 186~191页。

没有完美无缺的理论

贝叶斯定理

背景介绍

主要人物
托马斯·贝叶斯（1702—1761年）

领域
概率

此前
1713年 雅各布·伯努利的《猜度术》一书在他去世后得以发表，此书建立了全新的概率数学体系。

1718年 亚伯拉罕·棣莫弗在其著作中定义了事件的统计独立性。

此后
1774年 皮埃尔-西蒙·拉普拉斯在《关于事件原因的概率》中引入了逆概率原理。

1992年 国际贝叶斯分析学会（International Society for Bayesian Analysis, ISBA）成立，旨在推进贝叶斯定理的应用与发展。

贝叶斯定理可基于先验知识计算事件发生的概率。

与事件相关的条件可以帮助我们更精确地计算事件的概率。

这一定理可以让我们更准确地预测未来事件发生的可能性。

1763年，威尔士牧师、数学家理查德·普赖斯（Richard Price）发表了一篇题为《论有关机遇问题的求解》的论文。此文的作者是托马斯·贝叶斯，他在此文发表两年前就已去世。按照他的遗愿，这篇论文交给了普赖斯。这篇论文是概率建模方面的一次突破，且至今仍被应用于各个领域中，如搜寻下落不明的飞机、检测疾病等。

雅各布·伯努利在著作《猜度术》中证明，随着随机生成的独立同分布的变量个数的增加，这些观测值的均值将愈发接近其理论平均值。例如，如果你抛硬币的次数足够多，那么其中正面向上的次数将越来越接近总抛掷次数的一半，即正面向上的概率为0.5。

后来，亚伯拉罕·棣莫弗证明，若样本的数量足够多，那么平均来说，诸如人的身高这种连续型随机变量的分布将接近一条钟形曲线。这种曲线后被德国数学家卡尔·弗里德里希·高斯和英国统计学家卡尔·皮尔逊称为"正态

参见: 概率 162~165页, 大数定律 184~185页, 正态分布 192~193页, 拉普拉斯妖 218~219页, 泊松分布 220页, 现代统计学的诞生 268~271页, 图灵机 284~289页, 密码学 314~317页。

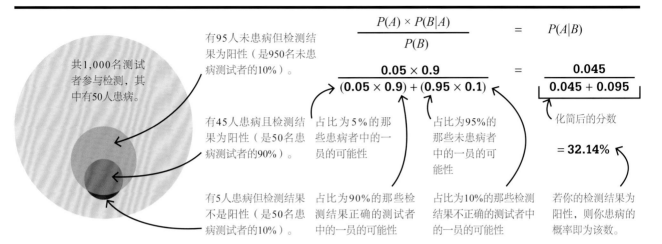

$$\frac{P(A) \times P(B|A)}{P(B)} = P(A|B)$$

$$\frac{0.05 \times 0.9}{(0.05 \times 0.9) + (0.95 \times 0.1)} = \frac{0.045}{0.045 + 0.095}$$

共1,000名测试者参与检测,其中有50人患病。

有95人未患病但检测结果为阳性(是950名未患病测试者的10%)。

有45人患病且检测结果为阳性(是50名患病测试者的90%)。

有5人患病但检测结果不是阳性(是50名患病测试者的10%)。

占比为5%的那些患病者中的一员的可能性

占比为90%的那些检测结果正确的测试者中的一员的可能性

占比为95%的那些未患病者中的一员的可能性

占比为10%的那些检测结果不正确的测试者中的一员的可能性

化简后的分数

= 32.14%

若你的检测结果为阳性,则你患病的概率即为该数。

若人群中只有5%的人会患病(事件A),而诊断检测结果有90%的概率是准确的。我们用P表示概率。你可能会认为,如果你检测结果为阳性(事件B),则你患病的概率$P(A|B)$为90%。然而,由于检测结果不准确的可能性有10%,贝叶斯定理将这种检测结果错误的情形也考虑在内,即考虑了$P(B)$的影响。

分布"。

算出概率

然而,现实世界中的大多数事件要比抛硬币复杂得多。为使概率变得真正可用,如何"根据实际事件发生的结果来反推形成此事件的概率"就变成了数学家需要攻克的一个难题。研究这一难题需要着眼于观测到的事件发生的原因,因而这一难题研究的概率与"抛硬币正面向上的概率为0.5"的那种直接概率并不相同,其被称为"逆概率"(inverse probability)。研究事件发生原因的概率的问题被称为"逆概率问题"。例如,若抛掷一枚折弯了的硬币20次,其中有13次正面向上,我们希望基于此确定其正面向上的概率是否介于0.4至0.6之间,这就是一个逆概率问题。

为了给出逆概率的计算方法,贝叶斯考虑了两个相依事件:"事件A"与"事件B"。二者发生的概率分别为$P(A)$和$P(B)$,其中P取值于0到1之间。如果事件A发生,它将改变事件B发生的概率,反之亦然。为此,贝叶斯引入了"条件概率"(conditional probability)的概念。给定事件B发生后,A发生的概率被记为$P(A|B)$;给定事件A发生后,B发生的概率被记为$P(B|A)$。贝叶斯设法找到了这4个概率之间的关系,推导出了方程$P(A|B)=P(A) \times P(B|A) \div P(B)$。■

托马斯·贝叶斯

托马斯·贝叶斯于1702年出生,在伦敦长大,是一位牧师之子。他在爱丁堡大学学习了逻辑学和神学,并追随父亲担任神职,将一生中大多数时间用于管理一座位于肯特郡坦布里奇韦尔斯的长老会教堂。

虽然我们对贝叶斯一生中身为数学家所做的贡献了解甚少,但我们知道他在1736年匿名发表了一篇文章。他在文中为艾萨克·牛顿的微积分基础理论辩护,驳斥了哲学家乔治·贝克莱(George Berkeley)的批判。贝叶斯于1742年成为皇家学会会员,于1761年去世。

主要作品

1763年 《论有关机遇问题的求解》

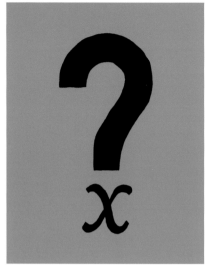

一个代数问题而已

方程的代数解法

背景介绍

主要人物

约瑟夫-路易斯·拉格朗日

（1736—1813年）

领域

代数

此前

628年 婆罗摩笈多提出了一个可以求解许多二次方程的公式。

1545年 吉罗拉莫·卡尔达诺发明了三次和四次方程的求根公式。

1749年 莱昂哈德·欧拉证明了n次多项式方程刚好有n个复根（其中$n=2$、3、4、5或6）。

此后

1799年 卡尔·弗里德里希·高斯首次发表了代数基本定理的证明。

1824年 挪威的尼尔斯·亨利克·阿贝尔将保罗·鲁菲尼于1799年给出的证明补充完整，证明了五次方程没有通用的求根公式。

含有单个未知数（x以及x的幂，例如x^2和x^3）的多项式方程是解决诸多实际问题的强有力的工具。例如，$x^2 + x + 41 = 0$就是一个多项式方程。虽然我们可以利用迭代的数值计算方法近似求解这类方程，但直到18世纪，这类方程才得以精确地求解（利用代数方法）。攻克这一难题的过程催生了诸多全新的数学理论。像负数与复数这种全新的数，以及现代的代数符号和群论等，都是当时的智慧结晶。

寻找方程的解

古巴比伦人与古希腊人曾使用几何方法求解一些问题。如今，这些问题常用二次方程来表示。中世纪时，人们确立了更加抽象的算法；到了16世纪，数学家已经知晓

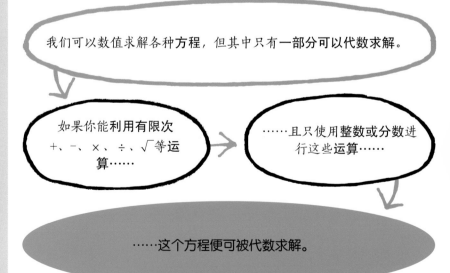

我们可以数值求解各种方程，但其中只有一部分可以代数求解。

如果你能利用有限次 $+$、$-$、$\times$、$\div$、$\sqrt{\ }$等运算……

……且只使用整数或分数进行这些运算……

……这个方程便可被代数求解。

参见: 二次方程 28~31页, 代数 92~99页, 二项式定理 100~101页, 三次方程 102~105页, 惠更斯等时曲线 167页, 代数基本定理 204~209页, 群论 230~233页。

多项式方程的根与系数之间的某些关系, 并推导出了三次方程 (最高次数为3) 与四次方程 (最高次数为4) 的求根公式; 17世纪时, 多项式方程的一套一般性理论已经成型, 现在人们称为 "代数基本定理"。这一定理是说, 一个n次 (x的最高次数为n) 多项式方程刚好有n个根, 它们可以是实数或复数。

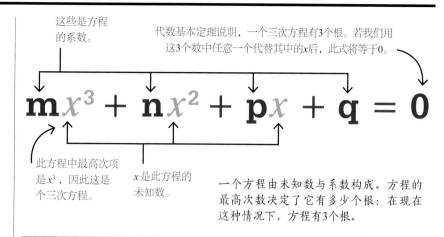

这些是方程的系数。

代数基本定理说明, 一个三次方程有3个根。若我们用这3个数中任意一个代替其中的x后, 此式将等于0。

$$mx^3 + nx^2 + px + q = 0$$

此方程中最高次项是x^3, 因此这是个三次方程。

x是此方程的未知数。

一个方程由未知数与系数构成。方程的最高次数决定了它有多少个根: 在现在这种情况下, 方程有3个根。

根与置换

数学家约瑟夫-路易斯·拉格朗日在《关于方程的代数解法的研究》中引入了一种求解多项式方程的一般方法。他的成果的理论性很强。他研究了多项式方程的结构, 以探求在何种情况下才能找到这种方程的求根公式。拉格朗日使用了一种技巧, 即寻找一个新的方程来求解, 这个新方程的系数与原始方程的系数有关, 但方程次数更低。他将这一技巧与一个十分引人注目的创新思想结合到一起——他考虑了根的各种可行的置换 (permutation, 即重新排序)。拉格朗日从这些置换蕴含的对称性中洞悉了为何三次与四次方程可以通过公式求解, 并论证了为何找到五次方程的求根公式需要另辟蹊径 (因为根的置换及对称性有所不同)。

在拉格朗日研究的20年中, 意大利数学家保罗·鲁菲尼也开始着手证明五次方程没有通用的求根公式。拉格朗日对置换及对称性的探究奠定了更为抽象且笼统的群论 (group theory) 的基石。法国数学家埃瓦里斯特·伽罗瓦 (Évariste Galois) 将群论进一步深化, 并借助其证明了为何不可能找到次数为5或高于5的方程的代数解法, 也就是说, 他证明了为何这类方程的通用求根公式并不存在。■

约瑟夫-路易斯·拉格朗日

拉格朗日于1736年生于都灵, 最初名为朱塞佩·洛德维科·拉格朗日亚 (Giuseppe Lodovico Lagrangia)。他承袭家人的法国传统, 沿用了法语版本的名字。作为一名自学成才的年轻数学家, 他致力研究等时曲线问题, 并提出了一种寻找能解决这类问题的函数的方法。在他19岁那年, 他写信给莱昂哈德·欧拉, 欧拉发现他天赋异禀。拉格朗日将他的方法应用于对各种物理现象的研究之中。欧拉将这种方法命名为 "变分法" (calculus of variations)。

1766年, 在欧拉的引荐下, 他被任命为柏林科学院数学部主任; 1787年, 他又移居至巴黎的法兰西科学院。他在法国大革命时期得以幸存, 最终于1813年在巴黎去世。

主要作品

1771年 《关于方程的代数解法的研究》

1788年 《分析力学》

1797年 《解析函数论》

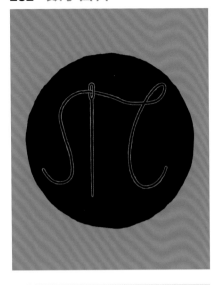

让我们收集事实

蒲丰投针实验

背景介绍

主要人物
乔治-路易·勒克莱尔（蒲丰伯爵）
（1707—1788年）

领域
概率

此前
1666年 意大利数学家吉罗拉莫·卡尔达诺的《论机会游戏》正式出版。

1738年 亚伯拉罕·棣莫弗发表了《机遇论》。

此后
1942—1946年 曼哈顿计划是美国领导的一项核武器开发计划，其中大量应用了蒙特卡罗方法（通过生成随机变量来对风险进行建模的计算方法）。

20世纪头10年末期 量子蒙特卡罗方法被应用于微观系统中粒子相互作用的研究中。

1733年，数学家、博物学家乔治-路易·勒克莱尔（蒲丰伯爵）提出了一个有趣的问题，并给出了解答。这一问题是，如果将一根针抛在一系列距离相等的平行线之上，则这根针与其中任意一条线相交的概率是多少？这个问题现在被称为"蒲丰投针实验"，是最早的概率计算问题之一。

简洁的说明

最初，蒲丰用这一投针实验来估算π。他的做法是，将一根长为l的针多次投掷在一系列间距为d的平行线之上，其中d大于针的长度l。随后，蒲丰计算了针与平行线相交的次数与总抛掷次数之比（p），并推导出公式：针的长度l的二倍，除以间距d与"针和平行线相交次数占比"p之积，所得结果近似为π，即π$\approx(2l)\div(dp)$。若要计算针与其中一条平行线相交的概率，可以在公式两边同乘p，再同除以π，即可得到$p\approx(2l)\div(\pi d)$。

许多概率问题可以应用各个量与π的关系。例如，我们考虑

一个内切于正方形的四分之一圆（见下图）。正方形底部的水平边即为x轴，左侧的竖直边是y轴；左下角刻度的取值为0，圆弧两端的取值均为1。若我们任意选取0到1之间的两个数字作为某一点的x轴坐标和y轴坐标，则我们只需计算$\sqrt{a^2+b^2}$，即可确定该点是位于四分之一圆内（成功）还是圆外（失败），其中a是x轴坐标，b是y轴坐标。若该点位于圆弧之外，计算结果将大于1；而若位于圆弧内部，计算结果将小于1。这个点是随机选取的，因此它可能位于正方

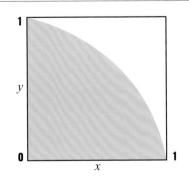

我们可以借助圆周率计算出，在正方形内随机取一个点，其落在四分之一圆内的概率大约是78%。

参见: 圆周率的计算 60~65页, 概率 162~165页, 大数定律 184~185页,
贝叶斯定理 198~199页, 现代统计学的诞生 268~271页。

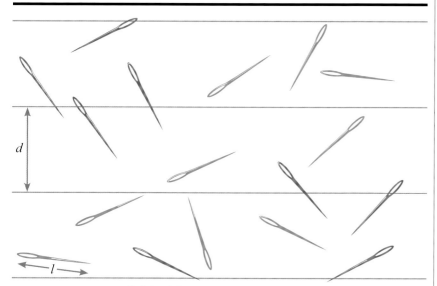

d = 平行线之间的距离
l = 针的长度

蒲丰投针实验给出了将概率与圆周率关联起来的方法。蒲丰将针分成两种情况: 若抛掷后, 针与其中某条线相交, 则认为其是"成功"的(粉色); 而若针未与其中任何一条线相交, 则认为其是"不成功"的(蓝色)。随后, 蒲丰计算了"成功"的概率。

形中的任意一个位置。对于刚好落在四分之一圆上的点, 我们也可将它们视作成功的点。于是, 成功的概率等于 $\pi r^2 \div 4$。圆的半径为1, 即 $r^2 = 1$, 那么圆的面积就是 π; 而对于四分之一圆, 其面积即为 π 除以4, 结果大约是0.78。整个正方形区域的面积为 $1 \times 1 = 1$, 因此落在阴影区域的概率近似为 $0.78 \div 1 = 0.78$。

蒙特卡罗方法

此问题是一类更广泛的实验的一个实例, 其中应用了一种被称为"蒙特卡罗方法"(Monte Carlo method)的统计方法。蒙特卡罗这一名字是波兰裔美国科学家斯塔尼斯拉夫 · 乌拉姆(Stanislaw Ulam)及其同事在第二次世界大战中进行核武器研究时为随机抽样方法提出的代号。在现代, 蒙特卡罗方法仍有用武之地, 特别是当今计算机的发明让我们可以用极短的时间一次又一次地重复概率实验。∎

在风力发电量分析中, 给定不同的不确定性程度, 我们可以利用蒙特卡罗方法预测一个风力发电站在使用期内的电能产量。

乔治-路易 · 勒克莱尔(蒲丰伯爵)

乔治-路易 · 勒克莱尔于1707年出生于法国蒙巴尔。他的父母敦促他从事与法律相关的职业, 但他对植物学、医学和数学知识更感兴趣。20岁时, 他对二项式定理进行了研究。

蒲丰和同时代许多科学精英一样, 能孜孜不倦地进行写作与研究。他兴趣广泛、成果颇丰, 从造船, 到自然历史, 再到天文学, 他都有涉足。这位伯爵还翻译了一系列科学著作。

1739年, 蒲丰被任命为巴黎御花园(巴黎的皇家植物园)的管理员, 他引入了更多的植物品种, 还扩大了花园的占地面积。他一直承担这项职务, 直到1788年他在巴黎去世。

主要作品

1749—1786年 《自然通史》
1778年 《各个自然时代》

代数给予我们的，往往比我们所期望的还要多

代数基本定理

背景介绍

主要人物
卡尔·弗里德里希·高斯（1777—1855年）

领域
代数

此前
1629年 阿尔伯特·吉拉德声称，一个n次多项式方程有n个根。

1746年 让·勒朗·达朗贝尔首次尝试证明代数基本定理。

此后
1806年 罗贝尔·阿尔冈首次发表了对于复系数方程的代数基本定理的严格证明。

1920年 亚历山大·奥斯特洛夫斯基证明了高斯对代数基本定理的证明中剩下的假设。

1940年 赫尔穆特·克内泽尔（Hellmuth Kneser）对阿尔冈的代数基本定理给出了首个构造性证明，使得我们可以找到这些根。

> 通过坦诚承认自己的无知来求解问题的方法被称为代数。

——玛丽·埃弗里斯特·布尔
英国数学家

所谓的方程，指的是含有未知量的等式。我们可以利用方程来求解未知量。从古巴比伦时期开始，学者们便致力求解方程，偶尔还会遇到看似无法求解的例子。公元前5世纪时，希帕索斯曾尝试求解方程$x^2 = 2$，并发现$\sqrt{2}$是无理数（既不是整数，也不是分数的数）。据说，他因这一发现而被处死。大约800年后的丢番图所处的时代还没有负数的概念，因此他无法接受解为负数的方程。例如，对于方程$4 = 4x + 20$来说，x就应等于-4。

多项式与根

18世纪时，多项式方程是数学界研究最多的领域之一。这种方程常被用于求解力学、物理学、天文学及工程学中的问题，其中含有像x^2这种未知量的幂。一个多项式

16世纪时，吉罗拉莫·卡尔达诺在求解三次方程的过程中遇到了负数。他接受了这种数，认为这种解是有效解。这是代数学向前迈出的重要一步。

方程的根，指的是某个用其替换未知量后可以使多项式等于0的特定数值。1629年，法国数学家阿尔伯特·吉拉德证明，一个次数为n的多项式方程有n个根。例如，

多项式方程是一种由**变量**（如x与y）、**系数**（如4）和**运算符号**（例如"+"和"-"）构成的方程（如$x^2 + 4x - 12 = y$）。

多项式方程的根指用其替换变量后（如$x = -6$）可以使多项式等于0的数。

所有的多项式方程都有根，并且这些根要么是实数，要么是复数。

这一结论被称为"代数基本定理"。

参见：二次方程 28~31页，负数 76~79页，代数 92~99页，三次方程 102~105页，虚数与复数 128~131页，方程的代数解法 200~201页，复数平面 214~215页。

求解一个方程的根

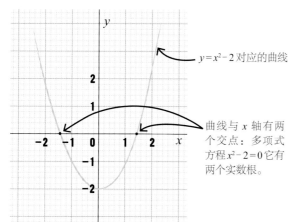

一个次数为2的多项式方程，例如$x^2-2=0$，一定有两个实数根或复数根。

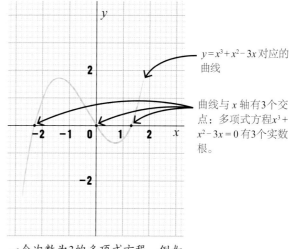

一个次数为3的多项式方程，例如$x^3+x^2-3x=0$，一定有3个实数根或复数根。

二次方程$x^2+4x-12=0$有两个根，即$x=2$与$x=-6$，二者均能使多项式$x^2+4x-12$等于0。之所以有两个根，是因为多项式方程的最高次项x^2的次数为2。如果将任意一个二次方程绘制成图象（见上图），我们很容易找到这些根：曲线与x轴的交点即为根的位置。尽管吉拉德的定理十分有用，但由于当时还没有复数的概念，所以他的工作没能延续下去。而复数正是此后我们推导出代数基本定理并用它求解所有可能的多项式方程的关键。

复数

所有的正数与负数、有理数与无理数一起组成了实数。然而，一些多项式方程并没有实数根。16世纪时，意大利数学家吉罗拉莫·

卡尔达诺与他的同行面对的便是这一问题，他们在求解三次方程时发现，一些解中含有负数的平方根。这似乎是无稽之谈，因为一个负数与自身相乘得到的一定是正数。

1572年，另一位意大利人拉斐尔·邦贝利解决了这一问题。他对数系进行了扩充，使得除实数外，数系还包含像$\sqrt{-1}$这种数，并建立了它们的运算规则。1751年，莱昂哈德·欧拉对多项式方程的虚数根进行了研究，并将$\sqrt{-1}$称为"虚数单位"，记作i。虚数部分即为i的倍数。将实数部分与虚数部分组合到一起，例如$a+bi$（其中a与b是任意实数，$i=\sqrt{-1}$），就形成了所谓的复数。一旦数学家承认在解某些多项式方程时有必要使用负数与复数，就自然有了这样一

个问题：在求解高次方程的根时，是否还需引入其他类型的数呢？欧拉与其他数学家（尤其是德国的卡尔·弗里德里希·高斯）设法解决这一问题，他们最终得出结论：任意一个多项式方程的根要么是实数，要么是复数。求解多项式方

虚数是神灵美好而奇妙的避难所。

——戈特弗里德·莱布尼茨

卡尔·弗里德里希·高斯

卡尔·弗里德里希·高斯于1777年生于德国不伦瑞克，他幼年时便展现出了数学天赋：3岁时，他就纠正了父亲在工资计算中的一个错误；5岁时，他已经开始掌管父亲的账目。1795年，他来到哥廷根大学；1798年，他仅用直尺和圆规便构造出了一个正17边形（有17条边的正多边形），这是自欧几里得几何建立到当时差不多2,000年来在多边形构造上取得的最大进步。高斯发表于1801年的《算术研究》是界定数论的关键。高斯还在天文学（如重新发现谷神星）、制图学、电磁学研究和光学仪器设计等方面取得了进展。然而，许多思想被他"保留"在手中。1855年他去世后，人们在他尚未发表的论文中发现了这些思想。

主要作品

1801年 《算术研究》

程时不需要引入其他类型的数。

早期研究

代数基本定理有多种表述方法。最常见的表述是，每个复系数多项式方程均至少有一个复数根。另一种表述方法为，所有复系数n次多项式方程都有n个复数根。

1746年，法国数学家让·勒朗·达朗贝尔对代数基本定理的证明进行了首次重要尝试。达朗贝尔在证明过程中论述：若一个实系数多项式方程$P(x) = 0$有复数根$x = a + ib$，则其一定还有一个复数根$x = a - ib$。为了证明此定理，他使用了一种如今被称为"达朗贝尔引理"（d'Alembert's lemma）的深刻思想。在数学中，引理是用于证明一个更大的定理的过渡命题。然而，达朗贝尔对这一引理的证明未能说服大家。虽然他的证明是正确的，但其中含有太多的漏洞，无法让其他数学家信服。此后，莱昂哈德·欧拉、约瑟夫-路易斯·拉格朗日等人都尝试证明代数基本定理。尽管这些证明让后来的数学

世界上只有两类准确的知识：一类是自我存在的意识，一类是数学的真理。

——让·勒朗·达朗贝尔

让·勒朗·达朗贝尔是首位尝试证明代数基本定理的人。在法国，为了展现出达朗贝尔对高斯的影响，这一定理被称为达朗贝尔-高斯定理。

家受益匪浅，但都有所欠缺。1795年，皮埃尔-西蒙·拉普拉斯尝试使用多项式的判别式（discriminant）来证明代数基本定理。这里的判别式是一种由多项式的系数决定的参数，我们可以借助它了解根的性质，例如判断根是实数还是虚数。然而，他的证明中含有一个未加证明的假设——多项式方程始终有根，而达朗贝尔则规避了这一问题。

高斯的证明

1799年，年仅21岁的卡尔·弗里德里希·高斯发表了他的博士学位论文。论文首先对达朗贝尔等人的证明进行了总结与批评。高斯指出，这些早期证明之中或多或少都对他们希望证明的内容进行了假设。其中一个假设是，奇数次多项式（例如最高次为3次、5次）一定

有实数根。虽然这是正确的，但高斯认为需要对这一点给出证明。他的首个证明用到了与代数曲线相关的假设。尽管这些假设看似合理，但在高斯的著作中，也未能得到严格的证明。直到1920年，乌克兰数学家亚历山大·奥斯特洛夫斯基在他发表的证明中才证实了高斯的假设。

阿尔冈的补充

高斯于1816年发表了对代数基本定理的一种改进证明，并于1849年在他的五十周年纪念讲座（庆祝他获得博士学位五十周年）中将其证明进一步完善。与第1种几何证明方法不同，他的第2种和第3种证明方法在本质上更具代数性与技巧性。高斯发表了代数基本定理的4种证明，但仍未将此问题彻底解决。他未能解决很明显的问题：尽管他证明了每个实系数方程都有一个复数根，但他没有考虑诸如$x^2=i$这种由复数构成的方程。

1806年，瑞士数学家让-罗贝尔·阿尔冈找到了一种十分优美的解决方案。任意一个复数z均可写为$a+bi$的形式，其中a是z的实数部分，而bi是虚数部分。阿尔冈的成果让复数有了几何表示。若将实数部分用x轴表示，将虚数部分用y轴表示，则由二者组成的整个平面即表示复数域。阿尔冈证明了，每个复系数方程的根均可从他的图象上的复数域中找到，因此，我们不需要再对数系进行扩充。阿尔冈给出了首个对代数基本定理真正意义上的严格证明。

定理的后续延伸

高斯与阿尔冈的证明过程保证了将复数作为多项式方程根的有效性。代数基本定理指出，任何一个人在求解由实数组成的方程时，一定能在复数域中找到根。这些开创性思想构成了复分析（complex analysis）的基础。

阿尔冈之后，数学家一直致力用新方法证明代数基本定理。例如，1891年，德国的卡尔·魏

> 我很久之前便得到了我的结论，但我还不知道该如何推导出它们。
>
> ——卡尔·弗里德里希·高斯

尔斯特拉斯（Karl Weierstrass）提出一种方法，可以同时找到多项式方程的所有根。这一方法后被称为"杜兰德-克纳方法"（Durand-Kerner method），因为其于20世纪60年代被这些数学家重新发现而得名。■

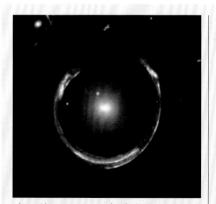

爱因斯坦环于1998年首次被发现，这是一种在引力透镜效应影响下，从光源发出的光变成环形的现象。

代数基本定理的应用

对代数基本定理的研究导致了其他领域的突破。20世纪90年代，英国数学家特伦斯·希尔-斯莫尔（Terence Sheil-Small）和艾伦·威尔姆舍斯特（Alan Wilmshurst）将代数基本定理拓展至调和多项式之上。这种多项式方程可能有无穷多个根，但在一些情形下只有有限个。2006年，美国数学家德米特里·卡文森（Dmitry Khavinson）与吉纳夫拉·诺伊曼（Genevra Neumann）证明，一

类调和多项式的根的个数存在上限。

在成果发表后，他们得知，他们的证明让韩国天体物理学家Sun Hong Rhie的猜想被证实。她的猜想与遥远的天文光源形成的图像有关。宇宙中的大质量天体会使来自远处的光线发生弯曲，这种现象被称为"引力透镜效应"，它会使望远镜中呈现出多个图像。Rhie认为，产生的图像个数将存在一个最大值，而这个最大值恰恰是卡文森与诺伊曼找到的上限。

THE 19TH CENTURY

1800–1899

19世纪
1800年—1899年

数学家让-罗贝尔·阿尔冈提出将复数绘制在坐标系中的想法。

查尔斯·巴贝奇（Charles Babbage）设计了差分机，为后来的计算器乃至计算机的发明奠定了基础。

已有2,000年历史的欧几里得平行公设问题由亚诺什·鲍耶与尼古拉斯·罗巴切夫斯基解决。他们证明了在平行公设不成立的前提下双曲几何的有效性。

泊松分布被提出。现在，人们仍用泊松分布对固定时间内事件发生次数进行建模。

1806年　　　　**1822年**　　　　**1829—1832年**　　　　**1837年**

1814年　　　　**1829年**　　　　**1832年**

皮埃尔-西蒙·拉普拉斯提出了一种设想：如果一个智者能知道某一刻所有自然运动的力和所有组成的物体的位置……对这个智者来说，一切都是可知的，未来只会像过去一样出现在他眼前。这个智者后来被人们称为"拉普拉斯妖"（Laplace's demon）。

卡尔·古斯塔夫·雅各布·雅可比（Carl Gustav Jacob Jacobi）对椭圆函数的研究让数学与物理学均取得了巨大进步。

20岁的埃瓦里斯特·伽罗瓦去世。为了研究多项式，他发展了群论。

数学发展的进程于19世纪加速，科学与数学此时成为备受推崇的学术研究方向。随着工业革命的展开，人们逐渐摒弃宗教与哲学视角，开始以科学为动力，用科学的方式理解宇宙的运转。例如，皮埃尔-西蒙·拉普拉斯将微积分理论应用于天体力学。他提出了一种设想，认为只要已知运动粒子的相关信息，我们便可预测宇宙中一切事物的行为。

19世纪数学的另一个特点是理论性增强。这一趋势源自卡尔·弗里德里希·高斯影响深远的著作。许多数学领域的人认为，高斯是当时所有数学家中最伟大的一个。19世纪前期的大多数时间里，他一直主导着数学的研究，为代数、几何和数论领域做出了巨大贡献。大量概念以他的名字命名，例如高斯分布、高斯函数、高斯曲线和高斯误差函数。

新领域

高斯还是非欧几里得几何的先驱之一，这一领域正是19世纪数学的革命精神的缩影。尼古拉斯·罗巴切夫斯基与亚诺什·鲍耶对非欧几里得几何进行了研究，他们各自独立提出了双曲几何与弯曲空间的理论，解决了欧几里得平行公设的问题。这套理论为几何学探索出一套全新的方法论，为拓扑学这一新兴领域铺平了道路。拓扑学的发展也受到威廉·哈密顿的影响，他发现的四元数可以超出三维空间。

拓扑学最广为人知的先驱者可能是莫比乌斯带的发明人奥古斯特·莫比乌斯。莫比乌斯带的独特之处在于，它是一个二维曲面，但只有一侧。波恩哈德·黎曼进一步发展了非欧几里得几何，他在多维空间中区分并定义了不同类型的几何学。

黎曼并未将他的研究局限于几何学。他在微积分方面取得了成果；又追随高斯的脚步，为数论做出了重要贡献。黎曼猜想是一个源于与复数相关的黎曼zeta函数的猜想，至今仍未被证明。数论领域在当时还有其他一些引人注目的发

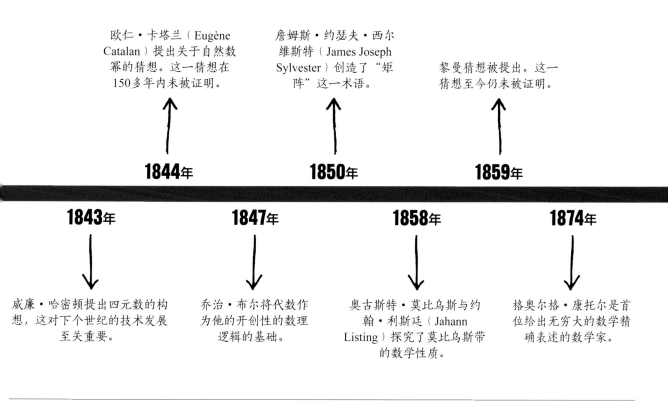

欧仁·卡塔兰（Eugène Catalan）提出关于自然数幂的猜想。这一猜想在150多年内未被证明。

詹姆斯·约瑟夫·西尔维斯特（James Joseph Sylvester）创造了"矩阵"这一术语。

黎曼猜想被提出。这一猜想至今仍未被证明。

1844年 **1850**年 **1859**年

1843年 **1847**年 **1858**年 **1874**年

威廉·哈密顿提出四元数的构想，这对下个世纪的技术发展至关重要。

乔治·布尔将代数作为他的开创性的数理逻辑的基础。

奥古斯特·莫比乌斯与约翰·利斯廷（Jahann Listing）探究了莫比乌斯带的数学性质。

格奥尔格·康托尔是首位给出无穷大的数学精确表述的数学家。

现。例如，格奥尔格·康托尔建立了集合论，并刻画了"无穷大的无穷大"；欧仁·卡塔兰提出了关于自然数幂的猜想；卡尔·古斯塔夫·雅各布·雅可比将椭圆函数应用于数论研究中。

同黎曼一样，雅可比也是一名"全能手"，他常将不同的数学领域用全新方法联系起来。他的主要兴趣方向是代数学。代数学是数学的另一个领域，在19世纪时变得愈发抽象。埃瓦里斯特·伽罗瓦为抽象代数的发展奠定了基础。他在寻找多项式方程的一般代数解法时发展了群论。

新技术

在此期间，并非所有的数学研究都是纯粹的理论研究，其中一些抽象的概念甚至很快有了更实际的应用。例如，西莫恩·泊松基于他纯数学的知识提出泊松分布等思想，而泊松分布成为概率论领域的重要概念。另一方面，查尔斯·巴贝奇设计出机械计算设备差分机，响应了人们对精确迅速计算的实际需求，为计算机的发明奠定了基础。反过来，巴贝奇的成果又激发阿达·洛芙莱斯（Ada Lovelace）设计出现代计算机算法的雏形。

与此同时，数学在其他方面的发展也对后来的技术进步产生了深远影响。乔治·布尔以代数为起点，设计了一套基于二进制系统的逻辑形式，包括与、或、非3种运算。这些逻辑形式成为此后的现代数理逻辑的基础；而与之同样重要的是，其为约一个世纪后计算机语言的发展铺平了道路。■

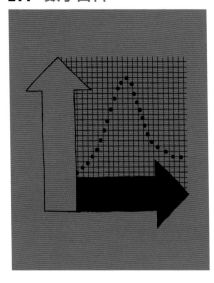

复数是平面上的坐标

复数平面

背景介绍

主要人物
让-罗贝尔·阿尔冈（1768—1822年）

领域
数论

此前

1545年 意大利学者吉罗拉莫在《大术》一书中使用负数的平方根来求解三次方程。

1637年 法国哲学家与数学家勒内·笛卡儿发明了一种将代数表达式绘制为网格坐标的方法。

此后

1843年 爱尔兰数学家威廉·哈密顿通过添加两个新虚数单位的方式创造了四元数，对复数平面进行了拓展。四元数是一种可以绘制在四维空间中的表达式。

1859年 波恩哈德·黎曼通过将两个复数平面结合到一起，发明了一种四维曲面，进而借助其分析复变函数。

若不使用**复数**，一些方程将**无法被求解**。

↓

复数由**两部分**组成：**实数**部分和**虚数**部分。

↓

按惯例，我们用一条水平**数轴**上的点表示**实数**部分（-1、0、1等）。 → 我们可以用一条与它垂直的**数轴**上的点表示**虚数**部分。这两条轴分别形成了*x*轴与*y*轴。

↓

利用这种方法，我们构造了一个由复数组成的平面，其中，实数部分被绘制在*x*轴上，而虚数部分被绘制在*y*轴上。

经过几个世纪的怀疑，数学家终于在18世纪初接受了负数的概念。他们开始在代数中使用虚数。1806年，生于瑞士的数学家让-罗贝尔·阿尔冈的主要贡献是，将复数（由实数部分和虚数部分组成）记为由两条数轴组成的平面上的坐标，其中*x*轴表示实数部分，*y*轴表示虚数部分。这种复数平面首次用几何方法解释了复数具

参见： 二次方程 28~31页，三次方程 102~105页，虚数与复数 128~131页，坐标 144~151页，代数基本定理 204~209页。

> 很少有……科学与技术不依赖于复数。
——基思·德夫林
英国数学家

有的独特性质。

代数方程的根

虚数在16世纪就已问世。当时，吉罗拉莫·卡尔达诺、尼科洛·塔尔塔利亚等意大利数学家发现，求解三次方程需要使用负数的平方根。然而，任意实数的平方都不能是负数（因为一个实数的平方一定是正数或零），所以他们决定将$\sqrt{-1}$视作一种新的单位，与实数分开进行运算。莱昂哈德·欧拉在尝试证明代数基本定理时，首次用i表示虚数单位（$\sqrt{-1}$）。该定理说明，所有n次多项式方程都有n个根。这意味着，若x^2是一个由单变量（例如x）和实系数（与变量相乘的数）组成的代数表达式的最高次幂，则这个多项式的次数为2，该多项式方程就有两个根。所谓的根，指的是能使多项式等于0的x取值。然而，许多看似简单的多项式在x为实数时无法取零，例如x^2+1。若在由x轴与y轴组成的平面上

绘制x^2+1的图象，我们将得到一条不过原点(0,0)的平滑曲线。为使代数基本定理对x^2+1同样有效，高斯等人将实数与虚数结合在一起，创造了复数。所有的数本质上都是复数，例如，实数1可被表示为复数$1+0\times i$，而i也可被表示为$0+i$。当x的取值为i或-i时，多项式x^2+1的取值即为0。

阿尔冈的发现

阿尔冈着手在平面上绘制复数。他发现，虚数i并不随着次数增加而变大，它反而会呈现出无穷尽的四步一循环：$i^1=i$；$i^2=-1$；$i^3=-i$；$i^4=1$；$i^5=i$；以此类推。这一过程可以在复数平面中直观地呈现出来。将一个实数与虚数单位相乘，会让这个数在复数平面上旋转90°。因此，$1\times i=i$，计算结果并不位于实轴x轴之上，而是位于虚轴y轴之上。将其继续与i相乘，将进一步旋转90°。因此，每进行4

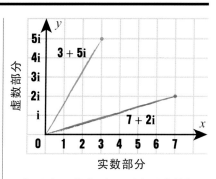

阿尔冈图用x轴与y轴分别表示实数部分与虚数部分，二者结合到一起便形成复数。该图中有两个复数：$3+5i$和$7+2i$。

次乘法运算，计算结果就会回到初始位置。

复数的图象又被称为"阿尔冈图"，它可以让复杂的多项式方程更易于求解。如今，复数平面已经成为一种强大的工具，其用途已远远超出数论的研究范围。■

让-罗贝尔·阿尔冈

让-罗贝尔·阿尔冈的早期生活鲜为人知。他于1768年出生于日内瓦，但似乎并未接受过正规的数学教育。1806年，他移居巴黎，着手经营一家书店，并自行出版了包括他对复数的几何解释在内的作品，他因复数的几何解释而为人所知。阿尔冈的论文于1813年在一本数学期刊上再版，而在一年后，他利用复数平面给出了代数基本定理的首个严格证明。在1822年于巴黎去世之前，阿尔冈还发表了8篇论文。

主要作品

1806年 《关于虚数量的一种几何表示法的文章》

自然界是数学发现最丰富的来源

傅里叶分析

背景介绍

主要人物
约瑟夫·傅里叶（1768—1830年）

领域
应用数学

此前
1701年 法国的约瑟夫·索沃尔（Joseph Sauveur）认为，振动的弦会同时按多种不同的波长振荡。

1753年 瑞士数学家丹尼尔·伯努利（Daniel Bernoulli）证明，一条振动的弦由无数个谐波振荡叠加而成。

此后
1965年 美国的詹姆斯·库利（James Cooley）与约翰·图基（John Tukey）发明了快速傅里叶变换（Fast Fourier Transform, FFT），这是一种可以加速傅里叶分析的算法。

21世纪初 人们用傅里叶分析来开发诸多应用于计算机和智能手机的语音识别程序。

振动的弦产生的声音"已经成为延续了2,500多年的研究课题。大约在公元前550年，毕达哥拉斯就发现，如果你找到相同材质、相同张力的两条拉紧的弦，而一条弦的长度是另一条的两倍，则短弦会按照长弦频率的两倍振动，二者的音调会相差一个八度。

两个世纪后，亚里士多德提出，声音以波的形式在空气中传播，尽管他错误地以为高音传播得比低音更快。17世纪时，伽利略认

识到，声音是由振动产生的：振动频率越高，我们听到的音调就越高。

热与谐波

17世纪末，约瑟夫·索沃尔等物理学家在研究"拉紧的弦在振动时的波"与"形成的声音的音调和频率"之间的关系方面已经取得了长足的进步。在他们的研究过程中，数学家证明，任意一条弦中都蕴含着无数个振动，其中包括最初

这是A调的波形，它的频率是220赫兹。

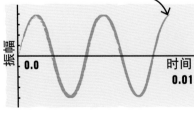

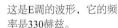

这是E调的波形，它的频率是330赫兹。

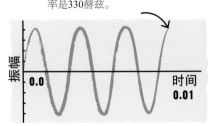

声音由一系列音复合而成。傅里叶分析可以将各个纯音从其他音中分离出来，这些纯音在图象中可由正弦波表示。各个音都有对应的频率，频率决定了音调；而振幅决定了声音的响度。

参见: 毕达哥拉斯 36~43页, 三角学 70~75页, 贝塞尔函数 221页, 椭圆函数 226~227页, 拓扑学 256~259页, 朗兰兹纲领 302~303页。

约瑟夫·傅里叶

约瑟夫·傅里叶于1768年出生于法国欧塞尔。他是一名裁缝的儿子, 在军校读书, 但他对数学的浓厚兴趣让他成了一名成功的数学教师。

傅里叶的职业生涯曾两次因被逮捕而中断, 一次是因为批判法国大革命, 而另一次是因为拥护法国大革命。到了1798年, 他担任外交官, 随同拿破仑的军队来到埃及。后来, 拿破仑封他为男爵, 再后来封他为伯爵。拿破仑失势后, 傅里叶移居巴黎, 担任塞纳统计局局长。他在那里继续从事数学物理学方面的研究, 其中就包括对傅里叶级数(一种可用于描述声音的正弦波级数)的研究。1822年, 傅里叶被任命为法国科学院秘书, 直到1830年去世, 他一直担任此职。傅里叶是名字被刻在埃菲尔铁塔上的72位科学家之一。

主要作品

1822年 《热的解析理论》

的基波(弦的最低固有频率)及其谐波(基波的整数倍)。单个音调的纯音由正弦波(sine wave)的平滑反复振荡产生(如第216页图)。乐器的音质主要取决于声音中含有的谐波数量与相对强度, 或者说取决于其"谐波成分"。这些波组合到一起, 将相互叠加、相互影响。

约瑟夫·傅里叶试图求解热是如何在固体中传导的。他提出一种方法, 这种方法让他可以计算将热源放在物体的边缘后, 物体内任意一处在任意时刻的温度。

傅里叶对热分布的研究表明, 无论波形多么复杂, 我们总能将其分解成正弦波。这一过程如今被称为"傅里叶分析"。由于热辐射是一种波, 因此傅里叶对热分布规律的研究方法也可应用于对声音的研究中。我们可以将声波视作不同振幅的正弦波的叠加, 这些不同振幅对应的一系列数字有时被称为"谐波频谱"(harmonic spectrum)。

如今, 傅里叶分析在许多方面起着关键作用, 例如数字文件压缩、磁共振成像(MRI)分析、语音识别软件和音高修正软件开发, 以及行星大气成分确定等。■

对建材振动的方式进行傅里叶分析, 可以让工程师建造出与典型的地震共振频率不相同的建筑物, 从而避免遭受2017年墨西哥城地震造成的这种破坏。

知晓宇宙中所有粒子所在之处的"智者"

拉普拉斯妖

背景介绍

主要人物
皮埃尔-西蒙·拉普拉斯
（1749—1827年）

领域
数学哲学

此前
1665年 艾萨克·牛顿发明了微积分，借助其分析并描述下落物体及其他复杂机械系统的运动。

此后
1872年 路德维希·玻尔兹曼（Ludwig Boltzmann）使用统计力学的方法，揭示了系统的热力学状态为何始终导致熵的增加。

1963年 爱德华·洛伦茨（Edward Lorenz）提出洛伦茨吸引子，这是一种一旦初始参数发生微小变化就会形成混沌结果的模型。

2008年 美国数学家戴维·沃尔珀特（David Wolpert）反对拉普拉斯妖，他将"智者"视作一台计算机。

1814年，法国数学家皮埃尔-西蒙·拉普拉斯将数学与科学同哲学与政治联系到一起，提出了一种设想，其中的"智者"现在被称为"拉普拉斯妖"。拉普拉斯本人并未使用"妖"这一词，这是后人在重述他的想法时引入的。这种说法使人将其联想为由数学神化而成的超自然生灵。

拉普拉斯设想，有一位"智者"可以分析宇宙中所有粒子的运动，从而精确地预测万物的未来。

他的这一设想是对决定论的探索。所谓决定论，是一种认为所有未来事件均由过去的原因决定的哲学观念。

力学分析

拉普拉斯的设想受到了经典力学的启发。经典力学是一种用艾萨克·牛顿的运动定律来描述运动物体行为的数学领域。在牛顿宇宙中，粒子均遵循牛顿运动定律，在杂乱的运动轨道中反复弹射。拉普拉斯脑海中的"智者"可以掌握并分析它们的全部运动状态，根据当前的运动情况，只用一个公式确定过去、预测未来。

拉普拉斯的设想在哲学层面上形成了惊人的推论。只有当宇宙遵循着一条可预测的机械路径运转时，拉普拉斯的设想才成立。进而，大到旋转的星系，小到神经细

太阳系仪是一种"机械宇宙"，它展现出太阳系中各个天体的运动情况。在牛顿的万有引力理论发表后，它成为一件流行的装置。

参见: 概率 162~165页, 微积分 168~175页, 牛顿运动定律 182~183页, 蝴蝶效应 294~299页。

用经典力学（物体在力的作用下运动）来描述**宇宙中所有粒子的运动行为**是否可行？

是，也就是说，宇宙是**决定性**的。

否，也就是说，宇宙是基于**概率**的：特定的原因会按照一定概率产生特定的结果。

未来**早已注定**，我们无法利用**行动**来控制未来。

未来**尚无定数**，我们有能力影响未来。

拉普拉斯妖**可以**精准地预测未来。

拉普拉斯妖**不可能**存在。

皮埃尔-西蒙·拉普拉斯

拉普拉斯于1749年出生于一个贵族家庭。他经历了法国大革命和恐怖统治时期，他的许多好友在此期间遭到迫害。1799年，他成为拿破仑的内政部长，但因过于注重分析且收效甚微，仅工作了6个星期便被解雇。在君主制恢复后，拉普拉斯重新获得了他原先的侯爵头衔。

拉普拉斯妖只是他职业生涯的一个"副产品"。他还涉猎物理学与天文学，黑洞的概念就由他首先提出。他对数学的诸多贡献集中在经典力学、概率论和代数变换等方面。拉普拉斯于1827年在巴黎去世。

主要作品

1798—1828年 《天体力学》

1812年 《概率的分析理论》

1814年 《关于概率的哲学随笔》

胞内控制思想的微小原子，均可投射出未来的模样。这意味着，人类由生到死的方方面面均已注定；人类无法拥有自由的意志，也无法控制自己的思想与行为。

概率与统计

尽管数学创造了现实如此残酷的一面，但它同时也让这一面烟消云散。到了19世纪50年代，热力学将全新的模型引入原子世界。为此，人们需要刻画物质内部原子与分子的运动。经典力学没能胜任这项工作。相反，物理学家使用了瑞士数学家丹尼尔·伯努利于1738年发明的一种技术，利用概率论对空间中各个独立单元进行建模。经奥地利物理学家路德维希·玻尔兹曼改进后，此方法被称为"统计力学"。这种方法用随机可能性的观点来刻画原子世界，而这正与拉普拉斯妖的机械决定论相矛盾。到了20世纪20年代，随着量子物理学的发展，概率宇宙观得到巩固，而量子物理学的核心正是不确定性。■

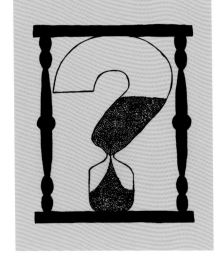

可能性有多大？

泊松分布

背景介绍

主要人物
西莫恩·泊松（1781–1840年）

领域
概率

此前
1662年 英国商人约翰·格朗特（John Graunt）发表了《关于死亡表的自然观察与政治观察》，标志着统计学的诞生。

1711年 亚伯拉罕·棣莫弗在《抽签的测量》一书中，描述了后来所谓的泊松分布。

此后
1898年 俄国统计学家拉迪斯劳斯·鲍特凯维兹（Ladislaus-Bortkiewicz）使用泊松分布对死于马蹄下的普鲁士士兵数进行了研究。

1946年 英国统计学家R. D. 克拉克（R. D. Clarke）发表了一份基于泊松分布的研究成果，他对V-1与V-2导弹袭击伦敦的特征进行了分析。

在统计学中，泊松分布被用于为给定时间或空间内随机事件发生的次数建模，其由法国数学家西莫恩·泊松于1837年提出。基于亚伯拉罕·棣莫弗的成果，人们可以借助泊松分布预测各种各样的可能性。

举个例子，假设有一位厨师，她希望预测顾客将在她的餐馆中预订的烤土豆的数量，并据此决定每天需要提前烤好多少个土豆。她知道每日的平均订餐量，并决定提前烤好n个土豆，来满足当日90%的需求。

要想用泊松分布来计算n，必须满足几个条件：顾客的订单必须是随机的、逐个的、一致的，从而平均下来，每天预订的烤土豆的数量都相等。若这些条件均成立，这位厨师便可计算出n，即计算出需要提前烤好多少个土豆。每单位时间或空间内事件发生的平均次数（记作λ）是此问题的关键。若$\lambda=4$（平均每天预订的土豆数），且某天预订的土豆数是B，则$B \leq 6$的概率是89%，而$B \leq 7$的概率为95%。这位厨师希望能保证满足当日至少90%的需求，因此这里的n应等于7。■

西莫恩·泊松被誉为泊松分布的缔造者，然而泊松分布可能是斯蒂格勒定律的一个实例——没有哪个科学发现是归功于它真正的发现者的。

参见: 概率 162~165页，欧拉数 186~191页，正态分布 192~193页，现代统计学的诞生 268~271页。

应用数学必不可少的一个工具

贝塞尔函数

背景介绍

主要人物
弗里德里希·威廉·贝塞尔
（1784—1846年）

领域
应用几何

此前

1609年 约翰尼斯·开普勒证明了行星的轨道是椭圆形的。

1732年 丹尼尔·伯努利使用后来所谓的贝塞尔函数对悬链线的振动情况进行了研究。

1764年 莱昂哈德·欧拉对振动薄膜进行了研究，他的方法后来被认为是贝塞尔函数。

此后

1922年 英国数学家乔治·沃森（Geroge Watson）写下了极具影响力的著作《贝塞尔函数论》（*A treatise on the theory of Bessel functions*）。

19世纪初，德国数学家与天文学家弗里德里希·威廉·贝塞尔（Friedrich Wilhelm Bessel）找到了一类特殊的微分方程的解，这类方程就是所谓的贝塞尔方程。他于1824年对这些函数（贝塞尔方程的解）进行了系统研究。这类函数对科学家与工程师都十分有用，现在被称作"贝塞尔函数"（Bessel function）。贝塞尔函数常用于波的分析，例如电磁波沿导线的传播。此外，其还被用于描述光的衍射、固体圆柱体内电流与热的流动，以及流体的运动。

行星的运动

贝塞尔函数源自17世纪初德国数学家与天文学家约翰尼斯·开普勒在行星运动方面的开创性工作。通过对观测结果的细致分析，他发现，行星绕太阳运转的轨道是椭圆形的，而不是圆形的。他还提出了行星运动三大定律。此后，

贝塞尔函数除具有实际应用价值外，其本身也是非常漂亮的函数。

——E. W. 霍布森
英国数学家

数学家借助贝塞尔函数，在诸多领域取得了突破。丹尼尔·伯努利发现了摆的摆动方程，莱昂哈德·欧拉提出了拉伸的薄膜对应的振动方程。欧拉等人还使用贝塞尔函数求解"三体问题"。"三体问题"指3个可被视为质点的天体在相互之间万有引力作用下的运动规律问题。■

参见： 极大值问题 142~143页，微积分 168~175页，大数定律 184~185页，欧拉数 186~191页，傅里叶分析 216~217页。

它将引领科学的未来发展方向

机械计算器

背景介绍

主要人物
查尔斯·巴贝奇（1791—1871年）
阿达·洛芙莱斯（1815—1852年）

领域
计算机科学

此前
1617年 苏格兰数学家约翰·纳皮尔发明了一种手动计算工具。

1642—1644年 法国的布莱士·帕斯卡发明了一台计算机器。

1801年 法国纺织工人约瑟夫-玛丽·雅卡尔设计出首台可编程机器——由穿孔卡片控制的提花织机。

此后
1944年 英国的译码员马克斯·纽曼（Max Newman）制造了首台可编程数字电子计算机——巨人计算机（Colossus）。

英国数学家与发明家查尔斯·巴贝奇提前一个多世纪就预料计算机时代的到来。他提出了两个想法，一个是机械计算器，一个是"思想"机器。他称前者为"差分机"（difference engine），这是一种由黄铜齿轮与连杆组合而成的、可以自动运转的计算机器。巴贝奇仅建造了这种机器的一部分，但即便如此，它也足以在瞬间精确地完成复杂运算。

后者则源于一个更雄心勃勃的想法，它就是所谓的"分析机"（analytical engine）。这是一种未被制造出来的机器，但他设想，这将是一种可以对新问题做出反应，

参见：二进制数 176～177页，矩阵 238～241页，无限猴子定理 278～279页，图灵机 284～289页，信息论 291页，四色定理 312～313页。

查尔斯·巴贝奇发现薪资水平低、工作不可靠的工人制成的天文表中存在错误，于是受到启发，着手从事与机械计算器相关的研发工作。

差分机设计的目标是，可以利用25,000多个活动部件来进行多达50位数字的计算。

为使其可用于计算，在差分机中，每个数字由一列齿轮表示，每个齿轮上均标有0到9这些数字。我们旋转某一列的各个齿轮来设置数字，以显示每个数字的正确值。随后，机器便可自动完成全部运算。

巴贝奇制造了一些只有7列数字的小演示模型，但这些小演示模型也已具备非常出色的计算能

随着知识的增长和新工具的诞生，人工劳力会越来越少。

——查尔斯·巴贝奇

力。1823年，他设法说服英国政府为该项目提供部分资金，并承诺该项目会使制造官方数据表的速度更快、价格更低、结果更准。然而，开发整台机器的成本非常高，且已

且无须人工干预就可求解问题的机器。

他的开发项目得到了杰出的年轻数学家阿达·洛芙莱斯的重要支持。洛芙莱斯预见了与计算机编程相关的诸多重要数学领域，并预测，机器可被用于对任何种类的符号加以分析。

自动计算

17—18世纪，戈特弗里德·莱布尼茨、布莱士·帕斯卡等数学家就已发明了机械计算辅助工具。但这些工具功能有限，且每步均需人工输入，容易出错。巴贝奇的想法是，制造一台可以自动运行的计算机器，便可规避人为错误。由于这种机器可以将复杂的乘除运算简化为可以借助许多相互啮合的齿轮来计算的加减（"差分"）运算，因此他称其为"差分机"。这种机器还可以将计算结果打印出来。

在此之前，计算器从未处理过4位数以上数字的计算。然而，

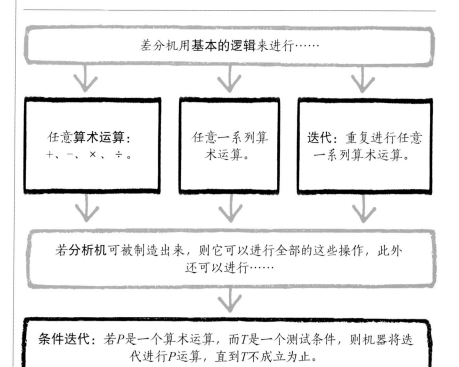

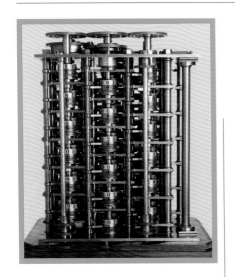

然挑战了当时技术能力的极限。在他20年的埋头苦干后，英国政府于1842年叫停了这一项目。

与此同时，巴贝奇还致力构思他的分析机，为此他绘制了许多图纸、进行了大量演算。他的论文表明，如果这台机器可以建成，它

这是巴贝奇于1832年制作的差分机1号模型的复制品。该模型有3列，每列都有刻着数字的齿轮，其中两列用于计算，另外一列用于输出结果。

可能将非常类似于我们现在所说的计算机。他的设计图纸预见了现代计算机的所有关键组件，其中包括中央处理器（CPU）、存储器以及集成程序。

巴贝奇面临的一个问题是，在进行数字列的加法时，如何将数字进位到下一列。起初，他对各个进位分别使用单独的装置，然而实践表明其过于复杂。后来，他将整个机器分为"作坊"（mill）与"仓库"（store）两部分，使加法与进位两个操作可以分开进行。"作坊"是进行算术运算的地方，而"仓库"是在运算前存储数字、运算后从"作坊"接收数字的地

方。"作坊"即是计算机中央处理器的巴贝奇版本，而"仓库"则类似于存储器。

所谓编程，就是告诉机器应当做什么事情。编程的思想来自法国纺织工约瑟夫-玛丽·雅卡尔。他发明了一种提花织机，这种织机在穿孔卡片的"指导"下在丝绸上编织复杂的图案。1836年，巴贝奇意识到，他也可以使用穿孔卡片。穿孔卡片既可以操控自己的机器，还可以记录运算结果与过程。

鼎力相助的天才

巴贝奇工作的最重要的支持者之一即是他的数学家同伴阿达·洛芙莱斯。她曾说，分析机将"像雅卡尔的提花织机编织花朵与树叶那样编织代数模型"。1832年，年少的洛芙莱斯看到一个差分机模型正在运转，她立刻被其深深

用于为分析机编程的不同类型的穿孔卡片

数字卡片（number cards）用于指定输入给"仓库"的数值，或是作为外部存储器，从"仓库"中接收数字。

变量卡片（variable cards）用于指定哪些数据（存储在"轴"中，即存储单元中的数据）需要被传送至"作坊"中，并指定返回的数据应当被存储至何处。

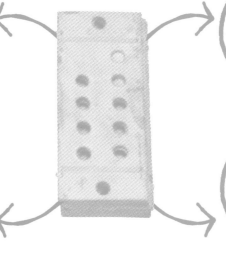

运算卡片（operational cards）用于确定由"作坊"进行的算术运算。

组合卡片（combinatorial cards）用于控制在特定运算操作完成后，变量卡片与运算卡片将如何向后或向前移动。

> 分析机的目标有二。其一是对数字的完全操控；其二是对代数符号的完全操控。
>
> ——查尔斯·巴贝奇

吸引。1843年，她出版了她对意大利工程师路易吉·梅纳布雷亚（Luigi Menabrea）撰写的有关分析机的小册子的译文，还在其中添加了大量注解。

这些注解涵盖了诸多现代计算的组成系统。在"注解G"中，洛芙莱斯对（可能是）首个计算机算法进行了表述，"给出无须动手的、可由机器自动完成的隐函数"。她还推理出，这种机器可以通过重复一系列指令来求解问题，也就是现在所谓的循环。洛芙莱斯设想，一个或一组程序卡片可以反复回到初始位置，以处理下一个或下一组数据卡片。洛芙莱斯认为，通过这种方式，该机器可以求解线性方程组，也可以生成一张大的素数表。在她的注解中，最大的洞见或许是，她将这种机器视作用途广泛的机械大脑。她写道："这种机器可以准确地将这些数字排列组合，就好像它们是字母或任何其他一般符号一样。"她意识到，除了数字，其他任何符号亦可

被这些机器操作和处理。这正是人工计算（calculation）与机器计算（computation）的区别，也正是现代计算机的基础。洛芙莱斯还预见了这种机器将如何受到输入数据质量的限制。可以说，第一台可编程计算机（而非计算器）是由康拉德·楚泽（Konrad Zuse）创造的。

迟到的遗赠

洛芙莱斯英年早逝，她对巴贝奇工作的推动计划也因此被搁置。在她去世时，巴贝奇本人也已疲惫不堪、病痛缠身，他的梦想也因缺少支持而化为泡影。建造差分机所需的高精度机械制造水平并非当时任何一个工程师所及。洛芙莱斯的注解也被众人遗忘，直到1953年才得以重新出版。从她的注解中我们可以看出，她与巴贝奇早已预见了如今出现在每个家庭与办公室中的计算机的诸多特性。■

> 我（关于分析机）学习得越多，我的才智就对其越贪婪。
>
> ——阿达·洛芙莱斯

阿达·洛芙莱斯

洛芙莱斯伯爵夫人阿达于1815年出生于伦敦，出生时她的名字是奥古斯塔·拜伦。她是诗人拜伦勋爵的唯一合法子女。在她出生后几个月，拜伦就离开了英国，此后她再未见过她的父亲。她的母亲拜伦夫人极具数学天赋，甚至被拜伦称为他的"平行四边形公主"（Princess of Parallelograms），她也坚持希望洛芙莱斯学习数学。

洛芙莱斯因其在数学和语言方面的天赋而闻名于世。17岁时，她与巴贝奇会面，并被他的工作深深吸引。两年后，她嫁给洛芙莱斯伯爵威廉·金（William King），并与他育有3个孩子。但她仍然坚持学习数学，并追随巴贝奇的脚步，被巴贝奇称为"数字女王"（The Enchantress of Number）。

洛芙莱斯写下大量关于巴贝奇分析机的注解。她建立了诸多与现代计算相关的概念，并因此被誉为首位计算机程序员。洛芙莱斯于1852年死于子宫癌。

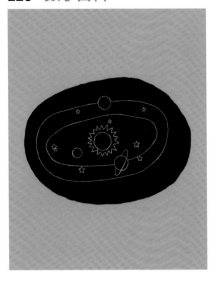

一类新的函数

椭圆函数

背景介绍

主要人物

卡尔·古斯塔夫·雅各布·雅可比
（1804—1851年）

领域
数论、几何

此前

1655年 约翰·沃利斯将微积分应用于求解椭圆曲线的长度上。他推导出的椭圆积分是一种由有无穷多项的级数定义的积分。

1799年 卡尔·弗里德里希·高斯找到了椭圆函数的关键特性，但他的成果直到1841年才发表。

1827—1828年 尼尔斯·亨利克·阿贝尔独立推导并发表了与高斯同样的发现。

此后

1862年 德国数学家卡尔·魏尔斯特拉斯发展了椭圆函数的一般理论，并表明可以将它们应用于代数与几何问题之中。

物理学——根据粒子穿过磁场时弯曲的路径计算粒子所带电荷。

天文学——行星运行轨道是椭圆形的。

力学——进行与摆的摆动相关的计算。

椭圆函数的一些用途包括……

三角学——在以圆为基础的球面三角学中，许多函数是椭圆函数的特例。

密码学——将与公开加密私人信息的过程相关的密钥掩盖起来。

椭圆是"被压扁的圆"，这种曲线是数学中最具辨识度的形状之一。椭圆在数学中有着悠久的历史。古希腊人将其作为一种圆锥曲线进行研究。沿水平方向切割圆锥，将得到一个圆；而以稍微倾斜的角度切割，将得到椭圆（再进一步，将得到开口的抛物线和双曲线）。椭圆是一种闭合曲线，它的定义是"平面上到两定点距离之和等于某一相同的数的所有点的集合"，这两个定点均被称作"焦点"。圆是一种特殊的椭圆，它只有一个焦点，而不是两

参见: 惠更斯等时曲线 167页, 微积分 168~175页, 牛顿运动定律 182~183页, 密码学 314~317页, 费马大定理的证明 320~323页。

> 我感到十分欣慰的同时又十分惊愕, 因为两位年轻的几何学者……通过独立研究, 成功地让椭圆函数理论取得了相当大的进步。
> ——阿德利昂-玛利·勒让德

个。1609年, 德国天文学家与数学家约翰尼斯·开普勒证明, 行星的运行轨道是椭圆形的, 太阳位于其中一个焦点之上。

新的工具

利用"与圆相关的数学", 我们可以对有节奏(或周期)地变化和重复的自然现象进行建模与预测, 例如声波的简单上下运动。与之类似, 我们也可以用相同的方式将"与椭圆相关的数学"应用于遵循更为复杂的周期性运动规律的现象之中, 例如对电磁场建模, 或对行星沿轨道的运动建模。

椭圆函数源于17世纪英国数学家约翰·沃利斯与艾萨克·牛顿的研究。他们分别独立提出了椭圆弧长与截面周长的计算方法。在后人的助力下, 他们的方法发展成了椭圆函数, 可用来分析除简单椭圆以外的多种复杂曲线和振动系统。

实际应用

1828年, 挪威的尼尔斯·亨利克·阿贝尔与德国的卡尔·古斯塔夫·雅各布·雅可比也独立进行了研究, 展现出了椭圆函数在数学与物理学中更为广泛的应用。例如, 1995年费马大定理的证明及最新的公钥密码体制中, 都出现了这种函数。阿贝尔在得到他的诸多重要发现后数月便去世了, 年仅26岁; 而与椭圆函数相关的诸多应用都由雅可比提出。雅可比的椭圆函数较为复杂。1862年, 德国数学家卡尔·魏尔斯特拉斯引入了一种更为简便的形式——p函数。p函数在经典力学与量子力学中都有所运用。■

椭圆函数被用于确定航天器的轨迹, 例如"黎明号"探测器。该探测器曾探测位于小行星带的矮行星谷神星, 以及小行星灶神星。

卡尔·古斯塔夫·雅各布·雅可比

卡尔·古斯塔夫·雅各布·雅可比于1804年出生于普鲁士的波茨坦, 他最初由叔叔辅导功课。到了12岁时, 他已学完学校可以教给他的全部知识, 但他直到16岁才被允许在柏林大学读书。他利用中间这几年自学了数学知识。当他发现大学课程过于基础后, 他便继续自学。他用了不到一年的时间便毕业, 并于1832年成为柯尼斯堡大学的教授。雅可比于1843年患病, 之后返回柏林, 并享受普鲁士国王的津贴。1848年, 他以自由派候选人的身份竞选议会失败, 而被冒犯的国王临时撤回了对他的补助。1851年, 年仅46岁的雅可比染上天花, 不久便去世了。

主要作品

1829年 《椭圆函数新理论基础》

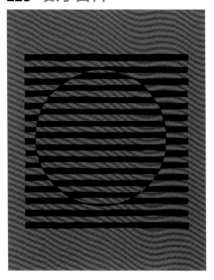

我从无到有地创造了一个新世界

非欧几里得几何

欧几里得在《几何原本》中推导几何定理时用了5条公设，平行公设便是其中的第5条。平行公设曾在古希腊引起争议，因为它并不像欧几里得的其他4条公设那样可以不证自明，也没有一种显而易见的检验它的方法。然而，若没有平行公设，几何学的诸多基本定理均无法得到证明。在接下来的2,000年中，数学家甚至将自己的声誉押在解决此问题的尝试之上。5世纪时，哲学家普罗克鲁斯

欧几里得几何与非欧几里得几何

在**欧几里得几何**（见右图）中，平面是平的。而在非欧几里得几何（见下图）中，则与之不同。在双曲几何中，平面将向内弯曲，凹成马鞍的形状；而在椭圆几何中，平面将向外弯曲，凸成球面的形状。

平行公设可被表述为苏格兰数学家约翰·普莱费尔提出的公理（John Playfair's Axiom）：给定一个平面，平面上有直线A和定点P，定点P不在直线A上，则有且仅有一条过P且不与A相交的直线B。直线A与B平行。

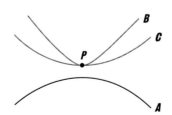

在双曲几何中，有无穷多条过P且不与A相交的直线（例如直线B与C）。双曲几何中的平面具有负曲率，像喇叭口一样。

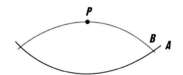

在椭圆几何中，比如在球面上，平行公设不成立，且每条过P的直线均与A相交。例如，地球的经线即为在极点处相交的平行线。

参见: 欧几里得的《几何原本》52~57页,射影几何 154~155页,拓扑学 256~259页, 20世纪的23个问题 266~267页,闵可夫斯基空间 274~275页。

> 别再研究平行的科学理论了。我本打算……抹去几何学的这一瑕疵,(但)当我发现这黑夜的深渊无人可及时,我便不再这么打算了。
> ——沃夫冈·鲍耶
> 亚诺什·鲍耶的父亲

认为,平行公设可以从其他公设中推导出来,因而应当被删去。

8—14世纪,数学家致力证明平行公设。波斯的博学家纳西尔丁·图西(Nasir al-Din al-Tusi)证明,平行公设等价于"任意三角形的内角和为180°",然而其仍处于争议之中。17世纪,《几何原本》的新译本传入欧洲,乔瓦尼·萨凯里证明,若平行公设不成立,则三角形的内角和将始终小于或大于180°。

到了19世纪初,匈牙利的亚诺什·鲍耶与俄国的尼古拉斯·罗巴切夫斯基分别独立证明了双曲几何(见第228页图)的有效性。在这种几何中,平行公设不再成立,但欧几里得的其余4条公设均成立。鲍耶声称自己"从无到有地创造了一个新世界",但这一想法在当时并未得到广泛认可。高斯认识到这一理论的合理性,但他声称其最先由自己发现。虽然高斯关于曲面或空间的内禀曲率的思想是构建这一"新世界"的重要工具,但几乎没有证据表明他本人曾开发非欧几里得几何这一领域。波恩哈德·黎曼、欧金尼奥·贝尔特拉米(Eugenio Beltrami)、菲利克斯·克莱因(Felix Klein)、戴维·希尔伯特等后人对这一领域的建树意味着,如今,非欧几里得几何已不再是一个古怪的概念,物理学家已对宇宙到底是平坦的还是弯曲的进行了深入思考。

艺术探索

双曲几何在艺术中也举足轻重。亨利·庞加莱建立的模型曾为M.C.埃舍尔(M. C. Escher)的诸多画作带来启发。而其他数学家,尤其是戴娜·泰米娜(Daina Taimi-na),就曾用艺术与手工艺技巧让这些"新世界"变得直观易懂。■

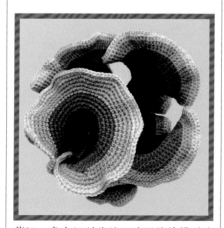

戴娜·泰米娜创作的双曲面钩编模型比纸模型更具触感。她认为,钩编工艺有助于发展几何直觉。

戴娜·泰米娜

戴娜·泰米娜于1954年出生于拉脱维亚,她的职业生涯始于计算机科学与数学史。在拉脱维亚大学执教20年后,她于1996年移居美国,加入康奈尔大学。在这里,她因一次偶然的机会开辟了一个全新的兴趣领域。泰米娜曾参加一场由大卫·亨德森(David Henderson)举办的几何研讨会,亨德森在研讨会中演示了如何制作双曲面纸模型。亨德森本人曾跟随美国的拓扑学先驱威廉·瑟斯顿(William Thurston)学习这项技艺。

随后,泰米娜继续使用钩针编织制作自创的双曲面钩编模型,用于辅助教学。她的模型取得了成功,打破了人们认为的"数学这一领域与艺术和手工艺无关"的刻板印象。从此以后,泰米娜开启了她的第二职业,成为一名数学家兼艺术家。

主要作品

2004年 《体验几何》(与大卫·亨德森合著)

代数结构具有对称性

群论

背景介绍

主要人物
埃瓦里斯特·伽罗瓦
（1811—1832年）

领域
代数、数论

此前
1799年 意大利数学家保罗·鲁菲尼将根的置换集视为一种抽象结构。

1815年 数学家奥古斯丁·路易斯·柯西发展了他的置换群理论。

此后
1846年 伽罗瓦去世后，他的作品由法国学者约瑟夫·刘维尔（Joseph Liouville）整理发表。

1854年 英国数学家阿瑟·凯莱（Arthur Cayley）将伽罗瓦的成果拓展为一套完整的抽象群理论。

1872年 德国数学家菲利克斯·克莱因用群论定义了几何。

群论是代数的一个分支，它的身影在现代数学中无处不在。这套理论很大程度上源于法国数学家埃瓦里斯特·伽罗瓦，他希望研究清楚为何只有一部分多项式方程可被求解，因而发展了这套理论。经过研究，他不但为从古巴比伦时期就已开始的历史探索给出了明确答案，还奠定了抽象代数的基础。

伽罗瓦解决这一问题的方法是，将其转换为另一个数学领域的问题。若这一另外的数学领域更为简单、更易理解，则这种转

参见: 方程的代数解法 200~201页，艾米·诺特与抽象代数 280~281页，
有限单群 318~319页。

群中含有一系列元素，例如，这些元素可以是数，也可以是图形……

↓

还要含有一种可以对元素进行的运算（例如加法或旋转）。

↓

若可被称作"群"，这个集合必须满足4条公理。

它必须有单位元：当该元素与其他元素进行运算时，不会改变其他元素。

它必须有逆元：每个元素都有与之对应的一个元素，二者结合运算后将得到单位元。

它必须满足结合律：对各个元素进行运算的顺序不影响结果。

它必须是封闭的：进行这种运算不会得到该集合以外的元素。

埃瓦里斯特·伽罗瓦

埃瓦里斯特·伽罗瓦生于1811年，他的生命短暂炽热，熠熠发光。年少时，他就已对拉格朗日、高斯和柯西的作品了如指掌，但他（两次）未能进入享有盛名的巴黎综合理工学院。这可能归咎于他在数学与政治上的浮躁鲁莽，但也无疑受到了父亲自杀的影响。

1829年，伽罗瓦入读巴黎高等师范学院，但因政治原因，在1830年即被开除。他是个坚定的共和党人，于1831年入狱，被监禁了8个月。1832年获释后不久，他卷入了一场决斗，目前尚不清楚这场决斗是出于爱恋还是政治。他身受重伤，第2天便去世，只留下几篇数学论文。这些论文中创立了群论、有限域理论及现在所谓的伽罗瓦理论。

主要作品

1830年《论数论》
1831年《首篇论文》

换的方法将是一种解决问题的强有力手段。然而，对这一问题来说，伽罗瓦必须先将此"更简单的"领域（群论）发展起来，才能解决更为困难的原问题（方程可解性）。如今，沟通这两个领域的桥梁被称为"伽罗瓦理论"（Galois Theory）。

对称的算术

群是一个抽象的概念。它由一系列元素及一个可将元素组合到一起的运算组成，且需满足几条公理。若这些元素中含有图形，那么我们可将群视作这些图形的对称变换的编码。像正多边形可以进行的这种简单对称变换就十分直

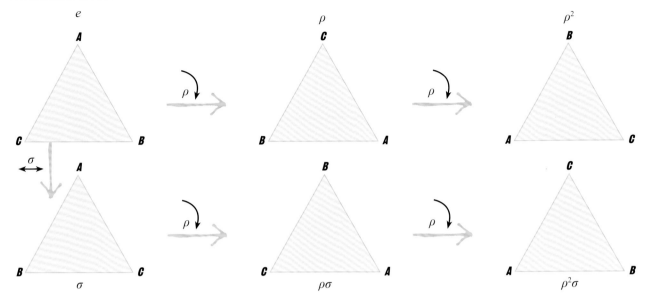

等边三角形具有6种对称变换，它们分别是120°、240°、360°旋转（ρ），以及分别沿过A、B与C的垂线翻转（σ）。上图展示了在单位元e（0°旋转）的基础之上依次进行对称变换的结果，还给出了它们的记法。例如，ρ²σ（图中最后一个等边三角形）即指"先进行一次翻转，再进行两次120°旋转"。

观易懂。例如，一个顶点分别为A、B与C的等边三角形（见上图）可绕中心以3种方式旋转（120°、240°或360°），也可沿3条不同的直线翻转。此三角形进行这6种变换中的任意一种，得到的结果均与原三角形完全重合。它们看起来完全相同，只是顶点发生了置换（重新排列）。顺时针旋转120°会使顶点A转至B，B转至C，C转至A；而若沿过A的垂线翻转，则使顶点B与C交换位置。

看待三角形对称变换的一种方式是，考虑其顶点的所有可行置换。通过旋转与翻转，顶点A可以变换至3个顶点之一（包括自身）的位置；而在每种情况下，顶点B都还有两个可以变换到的位置；由于三角形的刚性，第3个顶点的位置进而被完全确定。因此，共有3×2＝6种对称变换的可能。多边

形的对称群可被视作一系列元素的置换。等边三角形的对称群是一种叫作D_3的较小的群。

群论的公理

群论有4条最重要的公理。第1条是单位元公理：群中存在唯一的单位元，群的其他元素与之结合运算时，得到的结果仍是该元素本

身。在三角形ABC中，单位元即为0°旋转。

第2条公理是逆元公理。这是说，每个元素都有唯一的逆元，二者结合运算将得到单位元。

第3条公理与结合律有关。它是说，对元素进行运算的结果不依赖于运算的先后顺序。例如，如果你对任意3个元素进行乘法运算，那么运算顺序可以任选。因而，若1、2和3是群的3个元素，则$(1×2)×3=2×3=6$，且$1×(2×3)=1×6=6$，计算结果相同。

第4条公理是封闭性。这是说，对群中元素进行运算，结果不会是群以外的元素。举例来说，

魔方的全部可行旋转方式在数学上构成了一个有43,252,003,274,489,856,000个元素的群，但从任何初始位置开始解魔方，最多只需要26次90°旋转。

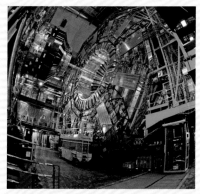

欧洲核子研究组织（CERN）的超环面仪器（ATLAS）是一种用于研究亚原子粒子的加速器，其研究对象包括那些由群论预测得到的粒子。

物理中的群论

正如我们从物理学中所了解的那样，宇宙充满了对称性，而群论已被证明是一种可用于理解和预测宇宙的有力工具。物理学家用李群（Lie group）进行研究，这种群以19世纪挪威数学家索菲斯·李（Sophus Lie）的名字命名。李群并不是离散的，而是连续的。例如，它可以对无穷数量的旋转对称变换（如圆的对称变换，而非多边形的有限数量的变换）进行建模。1915年，德国代数学家艾米·诺特（Emmy Noether）证明了李群与守恒律（如能量守恒定律）有关。到了20世纪60年代，物理学家开始使用群论对亚原子粒子进行分类。然而，在他们用数学手段研究的群中，有一种对称变换组合尚无对应的粒子。科学家在寻找具有这种对称变换组合的微粒的过程中，发现了Ω粒子。近期，希格斯玻色子的发现填补另一处空缺。

带有加法运算的整数集{…, -3, -2, -1, 0, 1, 2, 3, …}即为满足全部4条公理的一个群。这个群的单位元是0，且任意整数n的逆元是$-n$，因为$n+(-n)=0=(-n)+n$。整数加法具有结合律。此外，整数集是封闭的，因为两个整数相加得到的仍为整数。

群还可具有一种被称为"交换性"的特性，具有这种特性的群是所谓的"阿贝尔群"（Abelian group）。这种特性意味着，交换元素位置不会改变计算结果。由于用不同顺序进行整数加法运算，计算结果相同（6+7=13且7+6=13），因此带有加法运算的整数集是一个阿贝尔群。

伽罗瓦群与域

群只是众多抽象代数结构中的一个。与之密切相关的代数结构还有环（ring）和域（field），它们也被定义为带有运算和公理的集合。域含有两种运算，复数（带有加法和乘法运算）即为一个域。多项式方程的根可在复数域中找到。

伽罗瓦理论将多项式方程（它的根是域中元素）的可解性与一类群联系在了一起。具体来说，它将其与一种置换群联系了起来，这一置换群对根的可行置换进行了编码。伽罗瓦证明，若一个多项式方程是可解的，则其对应的群（现在被称为"伽罗瓦群"）一定具有某种特定结构；否则，它将具有另一种结构。四次及更简单的多项式方程对应的伽罗瓦群是可解的，而高次多项式方程则不可解。近世代数（modern algebra）是对群、环、域及其他代数结构的抽象理论研究。

群论自身仍在发展，且应用广泛。例如，群论可被用于研究化学与物理学中的对称性，还可被用于公钥密码学中，其保障了当今数字通信的安全。■

无论何处，只要可以引入群，原本相对混乱的情境中就会"凝结"出简洁之美。

——埃里克·坦普尔·贝尔
苏格兰数学家

我们需要一种"超数学"，其中的数学运算是未知的，参与运算的量也是未知的……这种"超数学"便是群论。

——亚瑟·爱丁顿
英国天体物理学家

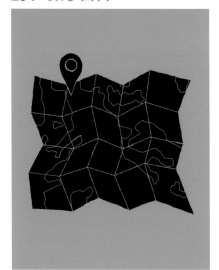

宛如一张袖珍地图

四元数

背景介绍

主要人物
威廉·哈密顿
（1805—1865年）

领域
数系

此前

1572年 意大利的拉斐尔·邦贝利利用将实数部分（以1为单位）与虚数部分（以i为单位）组合到一起的方式创造了复数。

1806年 让-罗贝尔·阿尔冈利用将复数绘制成坐标的方式创造了复数平面，给出了复数的几何解释。

此后

1888年 查理斯·辛顿（Charles Hinton）发明了超正方体（tesseract），它是正方体在四维空间的拓展。超正方体的每个顶点处均有4个正方体、6个面、4条边交汇。

四元数是对复数的扩展，其可被用于模拟、控制及描述三维空间内的运动。例如，在创建电子游戏中的图形、设计太空探测器的轨道、计算智能手机所指方向时，四元数都至关重要。四元数是爱尔兰数学家威廉·哈密顿的创意，他对如何用数学方法为三维空间中的运动建模非常感兴趣。1843年，他突然有了灵感，意识到这一"三维空间问题"无法用三维数字解决，而需使用一种四维数字

复数（实数部分与虚数部分之和）有两个维度，可以刻画二维运动。

要想刻画三维运动，我们需要找到复数的一种扩展方式。

用三维数字不足以刻画三维运动。

要完整刻画三维空间内的运动，需要一种四维数字，即四元数。

参见: 虚数与复数 128~131页, 坐标 144~151页, 牛顿运动定律 182~183页, 复数平面 214~215页。

由于四元数可对三维空间内物体的运动进行建模, 因此其在虚拟现实游戏中大有用处。

(四元数)。

运动与旋转

复数是二维的: 它由实数部分与虚数部分组成, 例如1+2i。因此, 复数的这两部分可被视作坐标, 我们可以将其绘制在平面上。复数平面是对一维数轴的扩展, 其将实数部分与虚数部分组合到一起。复数的图形表示法使得我们可以计算二维平面内的运动与旋转。从点A到点B的直线运动就可被表示为两个复数之和。若对更多的数求和, 便可产生平面内的一系列运动。复数的乘法可用于表示旋转。每将数字与虚数单位i相乘一次, 就意味着旋转90°; 而对i作倍数或分数等调整, 即可对应其他角度的旋转。

一旦理解了复数, 数学家的下一个挑战便是在三维空间内创造一种与之原理相同的数。按理说, 答案应当是添加第3条数轴, 使其与实轴和虚轴均成90°。然而, 没有人能弄清楚这种数该如何进行加法与乘法等运算。

4个维度

哈密顿给出的答案是, 添加第4个非实数单位k。这便创造了四元数。它的基本形式是$a + bi + cj + dk$, 其中a、b、c和d是实数。新引入的两个四元数单位j与k并非实数, 它们与i具有相似的性质。一个四元数可以定义一个向量, 或是空间中的一条直线, 还可以刻画围绕此向量进行旋转的角度与方向。与复数平面类似, 若将简单的四元数数学与基本的三角学相结合, 便可提供一种描述三维空间内各种运动的途径。■

我的脑海中逐渐暗流涌动, 最终得出了一个结论……仿佛盘旋的电流突然闭合; 仿佛来自未来的使者突然在我眼前迸出了火花。

——威廉·哈密顿

威廉·哈密顿

哈密顿于1805年出生于都柏林。在与前来旅游的美国数学神童齐拉·科尔伯恩 (Zerah Colburn) 会面后, 8岁的他对数学产生了兴趣。在都柏林圣三一大学读书时, 22岁的他就已同时被聘为这所学校的天文学教授以及爱尔兰皇家天文学家。

哈密顿精通牛顿力学, 可以借牛顿力学计算天体的运行轨道。后来, 他将牛顿力学更新为一套全新的体系, 让电磁学与量子力学有了进一步的发展。1856年, 他尝试借助自己的学识积累资本。他发明了一种环游世界游戏 (*icosian game*), 玩家需要找到一条能连接正十二面体全部顶点的路径, 且这条路径不能两次经过同一点。哈密顿以25个金币的价格出售了该游戏的版权。因严重的痛风发作, 他于1865年去世。

主要作品

1853年 《四元数讲义》
1866年 《四元数的原理》

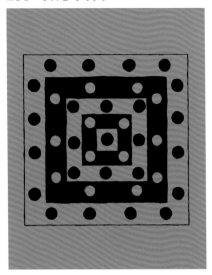

自然数之幂几乎从不连续

卡塔兰猜想

背景介绍

主要人物
欧仁·卡塔兰（1814–1894年）

领域
数论

此前

约1320年 法国哲学家与数学家列维·本·格尔绍姆（Levi ben Gershom）证明，2与3的各次幂中，相差为1的只有8（2^3）和9（3^2）。

1738年 莱昂哈德·欧拉证明，连续的平方数与立方数只有8和9。

此后

1976年 荷兰数论学家罗伯特·泰德曼（Robert Tijdeman）证明，倘若存在其他连续的幂，那么也只能有有限个。

2002年 普雷达·米海列斯库（Preda Mihǎilescu）证明了卡塔兰猜想，此时距离其于1844年被提出已过去了158年。

数论中有很多问题提出容易，证明起来难。例如，费马大定理在长达357年的时间内始终只是一个猜想。与费马的猜想类似，卡塔兰猜想也是对正整数之幂的一种看似简单的猜想，但这一猜想在其被提出后很久才得以证明。

1844年，欧仁·卡塔兰断言，方程$x^m - y^n = 1$只有一个解，其中x、y、m、n均为正整数，且m与n均大于1。其唯一解是$x = 3$，$m = 2$，$y = 2$，$n = 3$，因为$3^2 - 2^3 = 1$。

换句话说，自然数的平方、立方甚至更高次方几乎从不连续。500年前，格尔绍姆证明了此断言的一种特殊情形。他仅研究了2与3的幂，求解了方程$3^n - 2^m = 1$与$2^m - 3^n = 1$。1738年，莱昂哈德·欧拉也证明了一种情形，他只对二次幂与三次幂进行了研究，即求解了方程$x^2 - y^3 = 1$。他的结论离卡塔兰猜想又近了一步，但他未能排除更大的指数幂可能会取到连续数值的可能性。

若只考虑正整数，则两个幂之差的最小值为1。

卡塔兰将其表示为公式$x^m - y^n = 1$，其中m与n必须大于1。

若只使用正整数，则此方程只有一个解：$x = 3$，$m = 2$，$y = 2$，$n = 3$，即$3^2 - 2^3 = 1$。

参见: 毕达哥拉斯 36~43页,丢番图方程 80~81页,哥德巴赫猜想 196页,的士数 276~277页,费马大定理的证明 320~323页。

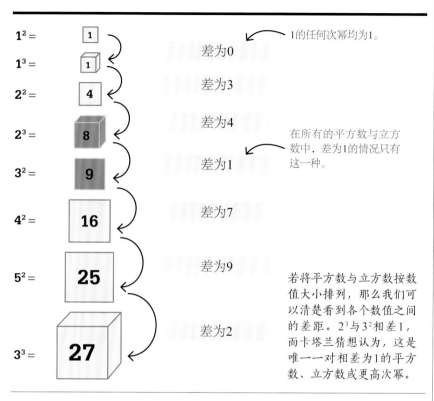

$1^2 = $ 1
差为0
$1^3 = $ 1

1的任何次幂均为1。

差为3
$2^2 = $ 4

差为4
$2^3 = $ 8

在所有的平方数与立方数中,差为1的情况只有这一种。

差为1
$3^2 = $ 9

差为7
$4^2 = $ 16

差为9
$5^2 = $ 25

若将平方数与立方数按数值大小排列,那么我们可以清楚看到各个数值之间的差距。2^3 与 3^2 相差1,而卡塔兰猜想认为,这是唯一一对相差为1的平方数、立方数或更高次幂。

差为2
$3^3 = $ 27

欧仁·卡塔兰

欧仁·卡塔兰于1814年出生于比利时布鲁日,他在巴黎综合理工学院跟随法国数学家约瑟夫·刘维尔学习。卡塔兰从小便是共和党派,也是1848年欧洲革命的参与者。他的政治信仰导致他的诸多学术职务被免。

卡塔兰对几何与组合数学十分感兴趣,卡塔兰数(Catalan number)就以他的名字命名。卡塔兰数(1, 2, 5, 14, 42, …)含义颇丰,"将多边形划分为若干个三角形的方法的个数"就是其中一种含义。

尽管卡塔兰自称是法国人,但他在比利时享有盛誉。从1865年被任命为列日大学分析学教授开始,到1894年去世,他一直生活在比利时。

主要作品

1860年 《级数浅论》
1890年 《欧拉积分与椭圆积分》

成为定理

卡塔兰本人说,他未能完整证明他的猜想。其他数学家也致力解决此问题,然而,直到2002年,罗马尼亚数学家普雷达·米海列斯库才攻克了这一极具挑战性的难题,使猜想蜕变为定理。

卡塔兰猜想看似是错的,因为我们通过简单计算便可迅速举出几乎连续的幂的例子,比如 $3^3 - 5^2 = 2$,$2^7 - 5^3 = 3$。然而,换一个角度来看,即便是这种比较接近的幂的例子也十分罕见。我们似乎可以通过大量计算来证明此猜想:1976年,罗伯特·泰德曼找到了 x、y、m、n 的上限(最大可能取值)。这说明,连续的幂只能有有限个,从而使我们可以通过验算

每个幂来证实卡塔兰猜想。但不幸的是,泰德曼给出的上限巨大无比,即使借助现代计算机,进行如此大规模的运算也是不可行的。

米海列斯库对卡塔兰猜想的证明则无须这种计算。20世纪时,柯召、J. W. S. 卡斯尔斯(J. W. S. Cassels)等人已经证明,对于 $x^m - y^n = 1$ 的任意其他解,m 与 n 必须是奇素数。米海列斯库的证明以他们的成果为基础。他的证明并不像安德鲁·怀尔斯对费马大定理的证明那样令人生畏,但技术性仍然很强。■

矩阵无处不在

矩阵

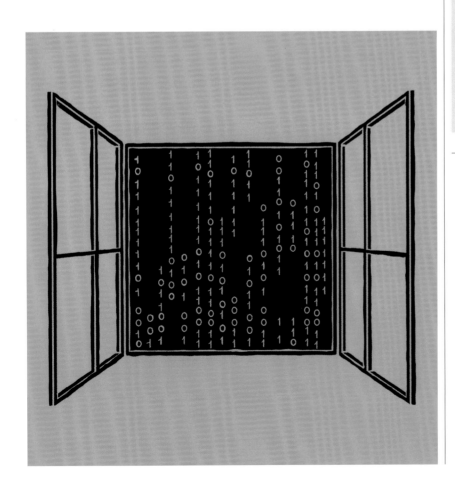

背景介绍

主要人物
詹姆斯·约瑟夫·西尔维斯特
（1814—1897年）

领域
代数、数论

此前
公元1世纪 中国古代的《九章算术》给出了一种用矩阵解方程的方法。

1545年 吉罗拉莫·卡尔达诺发表了行列式的相关技巧。

1801年 卡尔·弗里德里希·高斯用6个联立方程组成的矩阵计算了小行星智神星的轨道。

此后
1858年 阿瑟·凯莱正式定义了矩阵代数，并证明了2×2与3×3矩阵的相关结论。

矩阵（matrix）指的是元素（数或代数表达式）的矩形阵列（网格排布）。先将各个元素逐行、逐列排布，再用方括号括起来，便可得到一个矩阵。矩阵的行数与列数可以无限扩展，因此其能以一种优美且紧凑的方式存储海量数据。尽管一个矩阵可包含很多元素，但我们仅将其自身视作一个整体。矩阵在数学、物理学和计算机科学中都有应用。例如，在计算机图形学中，矩阵便可用于描述流体的流动。

已知最早的关于这种阵列的

参见: 代数 92~99页, 坐标 144~151页, 概率 162~165页, 图论 194~195页, 群论 230~233页, 密码学 314~317页。

矩阵的大小十分重要, 矩阵的加法与减法均要求参与运算的矩阵具有相同的大小。下图中的 2×2 矩阵是方阵, 即行数与列数相同的矩阵。下图展示了如何通过将各个对应位置元素相加来做矩阵加法运算。

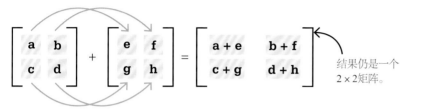

结果仍是一个 2×2 矩阵。

证据来自约公元前300年中美洲古老的玛雅文明。一些史学家认为, 玛雅人已经学会了采用将数字排成行列的方式来求解方程。他们给出的证据是, 玛雅人在纪念碑和祭祀长袍上刻制了网格状的装饰图案。然而, 其他史学家则对这些图案是否指代真正的矩阵表示怀疑。

已被证实的最早使用矩阵的实例来自中国。公元1世纪, 中国的《九章算术》讲述了如何设计一个计数板, 并用类似于矩阵的方法求解了含多个未知数的线性方程组。书中的方法与德国数学家卡尔·弗里德里希·高斯于19世纪引入的消元法类似, 如今我们仍会用消元法求解方程组。

矩阵算术

1850年, 英国数学家詹姆斯·约瑟夫·西尔维斯特首次使用"矩阵"一词表示数字阵列。在西尔维斯特引入该术语后不久, 他的朋友和同事阿瑟·凯莱正式确定了矩阵的运算法则。凯莱给出的矩阵运算规则与传统的运算规则并不相同。我们对两个大小相同的矩阵 (各行和各列的元素个数相同) 做加法时, 只需简单地将对应元素相加即可。不同大小的矩阵不能做加法。然而, 矩阵的乘法运算与一般的乘法运算却大相径庭。并非所有矩

一些史学家通过在玛雅文明中发现的一些阵列推测, 玛雅人已经开始用矩阵来求解线性方程了。然而, 其他史学家则认为, 这些阵列只是对大自然中的图案 (如龟背) 的复制而已。

詹姆斯·约瑟夫·西尔维斯特

詹姆斯·约瑟夫·西尔维斯特出生于1814年, 他最初在伦敦大学学院求学, 但因被另一位同学指控持刀而离开。随后他去了剑桥大学, 并在考试中名列第二, 但他却因种种原因而未予毕业。

西尔维斯特在美国进行过短暂的教学, 但在那里也面临了同样的困境。回到伦敦后, 他学习了法律, 并于1850年获得律师资格。他还开始与英国数学家阿瑟·凯莱一同从事矩阵的研究。1876年, 西尔维斯特回到美国, 在马里兰州约翰斯·霍普金斯大学担任数学教授, 并在此创办了《美国数学杂志》。西尔维斯特于1897年在伦敦去世。

主要作品

1850年 《关于一类新的定理》

1852年 《型的演算原理》

1876年 《椭圆函数专论》

通过将第1个矩阵的水平行与第2个矩阵的竖直列中的数字对应相乘（中心圆点表示乘法），再将结果相加，即可进行两个矩阵的乘法运算。将两个矩阵的顺序交换，乘法的计算结果不同。这里展示的是两个方阵（A 与 B）的乘法运算。

$$A = \begin{bmatrix} 4 & 8 \\ 1 & 3 \end{bmatrix} \times B = \begin{bmatrix} 2 & 9 \\ 7 & 0 \end{bmatrix} = \begin{bmatrix} 4\cdot2+8\cdot7 & 4\cdot9+8\cdot0 \\ 1\cdot2+3\cdot7 & 1\cdot9+3\cdot0 \end{bmatrix} = \begin{bmatrix} 64 & 36 \\ 23 & 9 \end{bmatrix}$$

$$B = \begin{bmatrix} 2 & 9 \\ 7 & 0 \end{bmatrix} \times A = \begin{bmatrix} 4 & 8 \\ 1 & 3 \end{bmatrix} = \begin{bmatrix} 2\cdot4+9\cdot1 & 2\cdot8+9\cdot3 \\ 7\cdot4+0\cdot1 & 7\cdot8+0\cdot3 \end{bmatrix} = \begin{bmatrix} 17 & 43 \\ 28 & 56 \end{bmatrix}$$

阵都可以做乘法；只有当矩阵 B 的行数与矩阵 A 的列数相同时，二者才能做乘法（见上图）。矩阵乘法没有交换律，也就是说，即使 A 与 B 都是方阵，矩阵 AB 也未必等于矩阵 BA。

方阵

方阵（square matrix）有对称性，因而其有一些特别的性质。例

如，方阵可以与自身反复做乘法。若一个方阵大小为 $n \times n$，且从左上角开始对角线元素均为1、其他位置元素均为0，则其被称为"单位矩阵"（identity matrix，I_n）。

每个方阵都对应一个被称为"行列式"（determinant）的数值。我们只需对方阵元素进行算术运算便可计算出行列式，方阵的诸多性质都蕴含在行列式中。元素为复数

且行列式非零的所有方阵构成了一种被称作"群"的代数结构。因此，群论中成立的定理对方阵也成立，群论的研究进展亦可被应用于方阵之中。反过来，群也可以用方阵表示，因此群论的难题也可被表示为方阵代数的形式，从而更易解决。这种方法对应于表示论（representation theory）这一领域，其在数论、分析学和物理学中均有应用。

行列式

方阵的行列式由高斯命名，因为它决定（determine）了该方阵表示的方程组是否有解。只要行列式非零，方程组就有唯一解；而若行列式等于零，则方程组要么无解，要么有多个解。

17世纪时，日本数学家关孝和给出了最大至5×5方阵的行列式计算方法。在接下来的一个世纪

二维线性变换将过原点的直线映射为过原点的其他线，将平行线映射为平行线。线性变换包括旋转、翻转、放大、伸缩和错切（将直线向一条固定直线平行倾斜，倾斜移动的程度与其到固定直线的距离成比例）。要想找到任意一点 (x, y) 的象，我们可以将矩阵与表示点 (x, y) 的列向量做乘法。在下面的例子中，以 $(0,0)$、$(2,0)$、$(2,2)$、$(0,2)$ 为顶点的粉色正方形是初始形状，绿色正方形是映射得到的象。

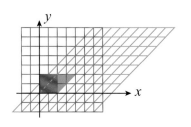

错切因子为1的水平错切
$$\begin{bmatrix} 1 & 1 \\ 0 & 1 \end{bmatrix} \times \begin{bmatrix} x \\ y \end{bmatrix}$$

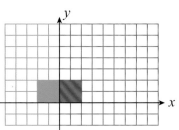

沿竖直轴翻转
$$\begin{bmatrix} -1 & 0 \\ 0 & 1 \end{bmatrix} \times \begin{bmatrix} x \\ y \end{bmatrix}$$

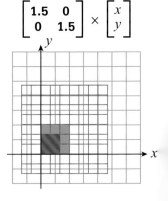

放大为1.5倍
$$\begin{bmatrix} 1.5 & 0 \\ 0 & 1.5 \end{bmatrix} \times \begin{bmatrix} x \\ y \end{bmatrix}$$

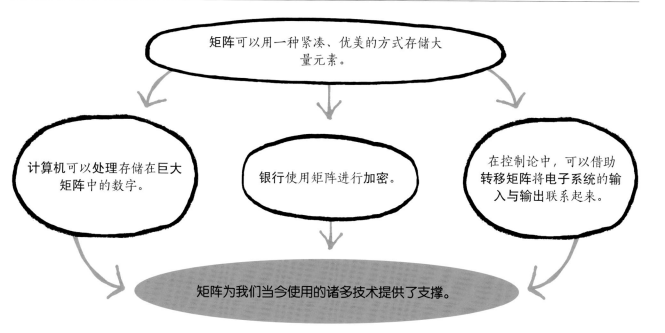

矩阵可以用一种紧凑、优美的方式存储大量元素。

计算机可以处理存储在巨大矩阵中的数字。

银行使用矩阵进行加密。

在控制论中，可以借助转移矩阵将电子系统的输入与输出联系起来。

矩阵为我们当今使用的诸多技术提供了支撑。

里，数学家找到了更大的方阵的行列式计算方法。1750年，瑞士数学家加百列·克莱姆（Gabriel Cramer）表述了与方阵行列式相关的一条通用法则（如今被称为"克莱姆法则"），但他没能给出此法则的证明。

1812年，法国数学家奥古斯丁·路易斯·柯西与雅克·比内（Jacques Binet）证明，当两个相同大小的方阵相乘时，乘积的行列式实际上就等于各自行列式之积：$\det AB = (\det A) \times (\det B)$。这一法则简化了超大方阵的行列式计算方法，我们可以将大方阵分解为两个小方阵，然后分别计算小方阵的行列式。

变换方阵

方阵可用于表示翻转、旋转、平移和缩放等线性几何变换（见第240页下方图）。二维变换由2×2方阵表示，而三维变换由3×3方阵表示。变换方阵的行列式蕴含了变换图形的面积或体积等相关信息。因此，如今的计算机辅助设计（CAD）软件中大量使用了方阵。

现代应用

矩阵可以紧凑地存储大量数据，因而其在数学、物理学中至关重要。在图论中，矩阵可以表示一组顶点（点）如何与边（线）相连。量子物理学的另一个名字叫"矩阵力学"，其广泛运用了矩阵代数。粒子物理学家和宇宙学家使用转移矩阵和群论来研究宇宙的对称性。

在求解与电压和电流相关的问题时，矩阵还可用于表示电路。

矩阵在计算机科学和密码学中也十分重要。搜索引擎算法使用随机矩阵对网页进行排序，这种矩阵的元素表示的是概率。程序员在加密消息时，会将矩阵作为密钥；各个字母被赋予不同的值，进而可与矩阵中的数字相乘。使用的矩阵越大，加密便越安全。■

我认为没有必要耗费精力给出在矩阵阶数任意时这一定理一般情形的严格证明。

——阿瑟·凯莱

思维规律的研究

布尔代数

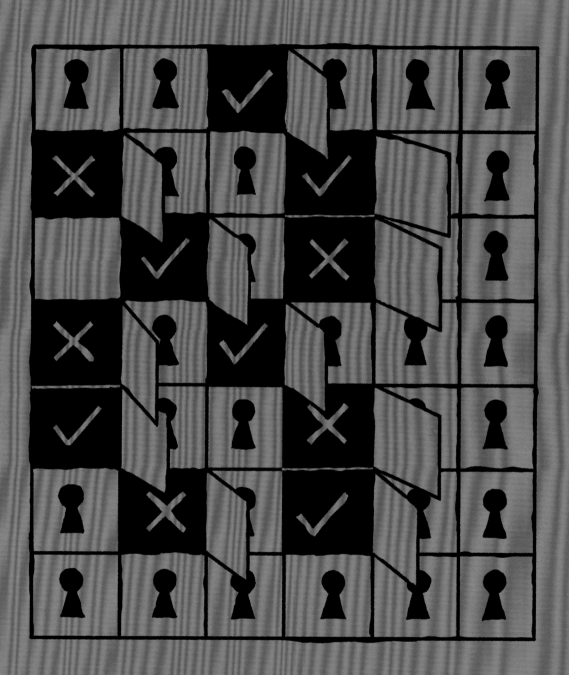

背景介绍

主要人物
乔治·布尔（1815—1864年）

领域
逻辑

此前
公元前350年 亚里士多德的哲学探讨了三段论。

1697年 戈特弗里德·莱布尼茨尝试用代数手段将逻辑形式化，但未获成功。

此后
1881年 约翰·维恩（John Venn）引入维恩图，用以解释布尔逻辑。

1893年 查尔斯·桑德斯·皮尔士（Charles Saunders Peirce）用真值表来展示布尔代数的运算结果。

1937年 克劳德·香农在《继电器与开关电路的符号分析》中，将布尔逻辑作为计算机设计的基础。

> 于他而言，数学只是次要的兴趣，他关心的逻辑学主要是用来开辟道路的。
>
> ——玛丽·埃弗里斯特·布尔
> 英国数学家，乔治·布尔之妻

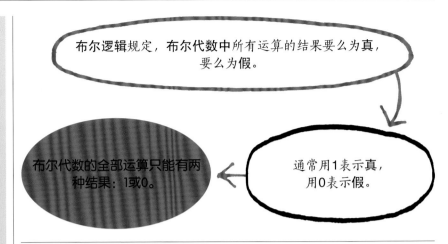

布尔逻辑规定，布尔代数中所有运算的结果要么为真，要么为假。

布尔代数的全部运算只能有两种结果：1或0。

通常用1表示真，用0表示假。

逻辑乃数学之基。逻辑为我们确立了推理的规则，并为我们判断论证及命题的有效性提供了基础。根据逻辑推理的规则，如果一段数学论证使用的基本命题是正确的，那么由该命题衍生的任何陈述都将是正确的。

古希腊哲学家亚里士多德于公元前350年左右最早尝试提出逻辑原理。他对各种形式的论证加以分析，标志着逻辑学本身开始成为一门学科，逻辑变成了其研究对象。亚里士多德特别研究了一种被称作"三段论"的论证类型。它由3个命题组成，前两个命题被称为"前提"，它们可以从逻辑上推导出第3个命题，即"结论"。亚里士多德关于逻辑的思想在西方文明中延绵了两千多年，未被挑战过。

亚里士多德将逻辑学视作哲学的一个分支，但到了19世纪初，学者们开始将逻辑学作为一门数学学科进行研究。这就需要学者将原本用文字表达论证过程的方法转变为一种符号逻辑，并用抽象符号表示论证过程。英国数学家乔治·布尔是向数学逻辑转变的先驱之一，他试图将符号代数这一新兴领域的方法应用至逻辑学中。

代数逻辑

布尔对逻辑学的研究以一种不寻常的方式开始。1847年，他的一位朋友，英国逻辑学家奥古斯塔斯·德·摩根（Augustus De Morgan）陷入与哲学家的争执之中，他们在争辩谁应当因提出某一想法而获得荣誉。布尔并未直接参与其中，但这次事件促使他在1847年的《逻辑的数学分析》一书中提出了关于如何用数学方法将逻辑形式化的想法。

布尔希望找到一套逻辑论证的框架，从而使他可以使用数学手段对其进行处理与求解。为此，他发明了一种语言代数。在这种代数中，加法与乘法等传统代数运算被替换为逻辑学里的联结词。与代数一样，布尔使用的符号与联结词可

参见: 三段论逻辑 50~51页, 二进制数 176~177页, 方程的代数解法 200~201页, 维恩图 254页, 图灵机 284~289页, 信息论 291页, 模糊逻辑 300~301页。

以简化逻辑表达式。

布尔代数的3个关键运算是且(与)、或、非。例如, 我们可将两个陈述用且连接, 比如"该动物浑身长满毛发"且"该动物用乳汁哺育幼崽"; 还可以用或连接, 比如"该动物可以游泳"或"该动物有羽毛"。若A与B都为真, 则"A且B"为真; 而若A与B中有一个或两个为真, 则"A或B"为真。用布尔的语言, 我们还可以给出这样的表示: (A或B) = (B或A); 非(非A) = A; 以及非(A或B) = (非A)且(非B)。

布尔代数的二值性

1854年, 布尔发表了他最重要的著作《思维规律的研究》。布尔对数字的代数性质进行探究, 并发现, 集合{0,1}及加法与乘法等运算可组成一套自洽的代数语言。布尔指出, 逻辑命题只能有两个取值: 真或假, 不能有其他任何值。

在布尔代数中, 真与假被简化为两个数字: 1代表真, 0代表假。布尔可以从一个要么为真、要么为假的陈述出发, 再用且、或、非运算构造出更多的陈述, 进而可以判断这些陈述是否为真。

一加一等于一

虽然布尔将真与假用1和0表示, 与二进制数很相似, 但二者并不相同。布尔数与实数的数学概念完全不同。布尔代数的"法则"允许出现其他代数形式所不具有的陈述。在布尔代数中, 任何量只有两个可能的取值: 非1即0。布尔代数中没有减法的概念。例如, 若陈述A"我的狗有很多毛"为真, 则其取值为1; 若陈述B"我的狗是棕

> 布尔代数使得通过代数计算证明逻辑命题成为可能。
>
> ——伊恩·斯图尔特
> 英国数学家

色的"亦为真, 则其取值也为1。将A与B用或组合, 得到的陈述"我的狗有很多毛或我的狗是棕色的"仍为真, 其取值仍是1。在布尔代数中, 或运算与加法类似(除了$1 + 1 = 1$); 且运算与乘法类似。

乔治·布尔

乔治·布尔于1815年出生于林肯, 是一名制鞋匠的儿子, 他继承了他的父亲对科学与数学的热爱。在他父亲做生意失败后, 年仅16岁的乔治开始担任助理校长一职, 以维系家庭的日常开支。他开始认真学习数学。他首先读了一本关于微积分的书, 后来又在《剑桥数学杂志》上发表论文, 但这些都提供不了他攻读学位的费用。

1849年, 由于与奥古斯塔斯·德· 摩根保持往来, 布尔被任命为爱尔兰科克皇后学院(今科克大学)的数学教授, 直到他49岁时去世。

主要作品

1847年《逻辑的数学分析》
1854年《思维规律的研究》
1859年《论微分方程》
1860年《论有限差分法》

> 在我看来，离我最遥远的事情就是试图耗费精力去人为建立（逻辑与代数之间的）相似性。
>
> ——戈特洛布·弗雷格

将结果可视化

英国逻辑学家约翰·维恩发明了一种图，我们可借助这种图将布尔代数可视化。维恩在他的著作《符号逻辑》中，用如今所谓的维恩图将布尔的理论进一步发展。这种图描绘了集合之间的包含关系（且）和互补关系（非）。维恩图由一系列相交的圆组成，各个圆表示不同的集合。含有两个圆的维恩图可表示"所有 A 都是 B"这种命题，而3个圆的图可以表示涉及3个集合（例如下面的 X、Y、Z）的命题。

我们还可用真值表（见下页）判断布尔代数中陈述的结果。在真值表中，所有可行的输入组合均得到尝试，被列在表中。美国逻辑学家查尔斯·桑德斯·皮尔士于1893年首次使用这种真值表，此时距布尔去世已有差不多30年。例如，只有 A 与 B 均为真时，A 且 B 才为真；而若 A 与 B 中有一个或两个为假，则 A 且 B 为假。因此，在 A 且 B 的4种可能组合中，只有一种结果为真。另一方面，对于 A 或 B，有3种组合可能为真；而只有当 A 与 B 均为假时，A 或 B 才为假。通过画真值表，我们还可以研究更为复杂的陈述。例如，对于 A 且 $[B$ 或（非 C）]，若 A 与 B 均为真、C 为假，则结果为真；而若 A 为假、B 与 C 均为真，则结果为假。在8种全部可行组合中，有3种组合使其为真，5种组合使其为假。

局限

布尔代数体系的缺陷之一是，其无法描述量词。例如，布尔代数无法用简单的方式表达"对于所有的 X"这种陈述。1879年，德国逻辑学家戈特洛布·弗雷格首次引入带有量词的符号逻辑。他反对布尔将逻辑转化为代数的尝试。在弗雷格之后，查尔斯·桑德斯·皮尔士与另一位德国逻辑学家恩斯特·施罗德（Ernst Schröder）将量

这些维恩图表示了布尔代数中3个最基本的函数：且、或、非。有3个圆的图表示两个函数的组合：（X 且 Y）或 Z。

■ 函数运算结果对应的区域

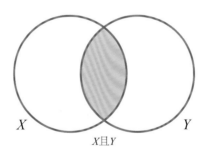

X 且 Y

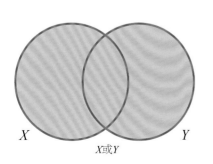

X 或 Y

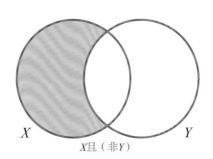

X 且（非 Y）

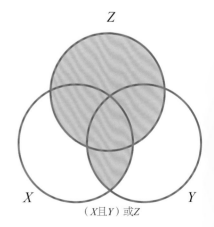

（X 且 Y）或 Z

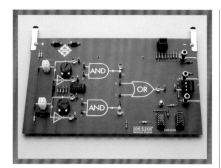

图中的逻辑模块被用于讲授逻辑门在电子电路中的功能。这些逻辑门可以与灯泡或蜂鸣器相连，并根据运算结果决定其处于打开还是关闭状态。

词引入布尔代数，并用布尔代数推导出大量成果。

布尔的遗赠

　　直到布尔死后70多年，人们才充分掌握他的思想中蕴含的潜力。美国工程师克劳德·香农根据布尔的《逻辑的数学分析》奠定了现代数字计算机电路的基础。在研究世界上首批计算机中的一台的电路时，香农意识到，布尔的二值系统可以成为逻辑门（一种根据布尔函数来移动的物理设备）的理论基础。1937年，年仅21岁的香农便在《继电器与开关电路的符号分析》中发表了大量新思想，这些新思想成为未来计算机设计的基础。

　　如今，在对计算机软件编程时，人们使用的构造代码块就以布尔制定的逻辑为基础。布尔逻辑也是互联网搜索引擎工作的核心。在互联网的早期发展中，人们常用且、或、非等命令来过滤结果，以获取他们希望搜索到的特定内容，

逻辑门	符号	真值表
非 非门的输出结果与输入相反。	A —▷o— X	输入　　输出 1　　　0 0　　　1
与 只有当两个输入均为1时，与门的输出结果才为1。	A B — X	输入　　　　输出 A　B　A且B 0　0　　0 0　1　　0 1　0　　0 1　1　　1
或 只有当两个输入均为0时，或门的输出结果才为0。	A B — X	输入　　　　输出 A　B　A或B 0　0　　0 0　1　　1 1　0　　1 1　1　　1
与非 与非门即在与门后面接一个非门。	A B — X	输入　　　　　　输出 A　B　非（A且B） 0　0　　1 0　1　　1 1　0　　1 1　1　　0
或非 或非门即在或门后面接一个非门。	A B — X	输入　　　　　　输出 A　B　非（A或B） 0　0　　1 0　1　　0 1　0　　0 1　1　　0

逻辑门是一种根据布尔函数来移动的物理设备，它是计算机电路的重要组成部分。该表展示了每种逻辑门对应的符号。真值表展示了给逻辑门不同的输入值可能得到的不同结果。

但技术的进步使当今的人们可以使用更自然的语言进行搜索。布尔命令已被隐含在语句之中。例如，若搜索"George Boole"，则这两个单词之间会有一个隐含的"且"，只有同时包含这两个单词的网页才会显示在搜索结果之中。■

只有一面的形状

莫比乌斯带

背景介绍

主要人物
奥古斯特·莫比乌斯
（1790—1868年）

领域
应用几何

此前

公元3世纪 古罗马马赛克镶嵌画中，有一个像莫比乌斯带一样的黄道带。

1847年 约翰·利斯廷发表了《拓扑学初步》（*Introductory Studies in Topology*）。

此后

1882年 菲利克斯·克莱因描绘了克莱因瓶，这是一种由两条莫比乌斯带组成的图形。

1957年 美国的B. F. 古德里奇公司发明了一种基于莫比乌斯带的传送带。

2015年 莫比乌斯带被用于激光束研究中，其在纳米技术中也有潜在应用价值。

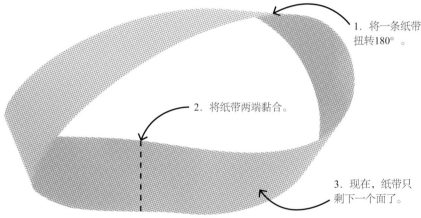

1. 将一条纸带扭转180°。

2. 将纸带两端黏合。

3. 现在，纸带只剩下一个面了。

莫比乌斯带可由一条简单的纸带制成。我们将蜡笔在纸带上连续划动，便可为整个纸带着色，而无须把蜡笔从纸上拿开。莫比乌斯带只有一个面。我们可以通过将视线沿表面移动来检验这一点。

莫比乌斯带因19世纪德国数学家奥古斯特·莫比乌斯而得名。我们将一条纸带扭转180°，再将两端黏合在一起，便制成了一条莫比乌斯带。我们得到的这种形状具有一些出乎意料的性质，这些性质让我们对复杂的几何图形有了更为深入的了解。这种研究复杂几何图形的学科被称为"拓扑学"。

19世纪是数学灵感迸发的时期，拓扑学这一震撼人心的新领域催生了许多全新的几何图形。这种创新的动力很大程度上源于莫比乌斯和约翰·利斯廷等德国数学家。1858年，二人独立对这种扭转的纸带形状进行了研究，据说利斯廷最先发现了这种形状。

我们制成一条莫比乌斯带后，这条带就会只剩下一个面——沿其表面爬行的蚂蚁可以通过连续运动走完纸带的两面，而无须翻过纸带边缘。在几何学中，这是"不

参见：图论 194~195页，拓扑学 256~259页，闵可夫斯基空间 274~275页，分形 306~311页。

可定向曲面"的一个经典实例。也就是说，当你用手指沿整条纸带划动时，纸带的左侧与右侧会发生反转。

如果拿莫比乌斯带做实验，我们会得到其他意想不到的结果。例如，如果你沿纸带中线画线，再沿这条线剪开纸带，它并不会被剪成两半，而会变成一个更长的、连续的扭曲环带。又或者，如果你在纸带宽三分之一处沿长边方向画线，并用剪刀沿这条线剪开纸带，你就会得到两条相互套连的、更细的扭曲环带，其中一条环带的长度是另一条的两倍。

太空、产业与艺术

莫比乌斯带这一形状在自然界中经常可见，例如，带电粒子在地球周围的范艾伦辐射带的运动中，以及一些蛋白质的分子结构中，都有莫比乌斯带形状。它的特性也在日常生活中得到了应用。20世纪初期，人们在连续播放的录音

公元200年左右的这幅古罗马马赛克镶嵌画中，或许有莫比乌斯带的最早样例。人们认为它象征着时间的永恒本质。

带中使用莫比乌斯带的形状，进而可以达成双倍的播放时间。人们还创造了莫比乌斯带形状的过山车。例如，位于英格兰北部的黑潭快乐海滩游乐园中的过山车即为这种形状。

莫比乌斯带形状也启发了艺术家与建筑师。荷兰艺术家莫里茨·埃舍尔（Maurits Escher）就创作过一幅著名的木刻画，画中蚂蚁绕着莫比乌斯带不断巡逻。人们还常常建造形如莫比乌斯带的惹人注目的建筑，以最大限度地减少太阳光线的影响。该形状在通用符号中代表回收利用；在数学符号中表示无穷（∞），与古罗马马赛克镶嵌画（上图）中的永恒形象相呼应。■

我们的生活就像莫比乌斯带，痛苦与奇迹并存。我们的宿命无穷无尽、反复上演。

——乔伊斯·卡罗尔·欧茨
美国小说家

奥古斯特·莫比乌斯

奥古斯特·莫比乌斯于1790年出生于德国萨克森-安哈尔特的瑙姆堡附近，是一位舞蹈老师的孩子。18岁那年，他进入莱比锡大学学习数学、物理和天文学，后来在哥廷根大学跟随伟大的数学家卡尔·弗里德里希·高斯学习。1816年，莫比乌斯被任命为莱比锡大学的天文学教授，他余生都留在那里撰写有关哈雷彗星和其他天文学方面的论文。

许多数学概念与莫比乌斯有关，例如莫比乌斯变换、莫比乌斯函数、莫比乌斯平面，以及莫比乌斯反演公式。他还推算出了一种被称为"莫比乌斯网"的几何投影。莫比乌斯于1868年在莱比锡去世。

主要作品

1827年 《重心的计算》

1837年 《静力学教材》

1843年 《天体力学基础》

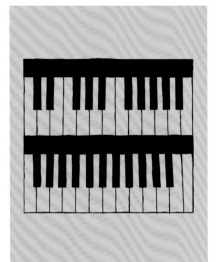

素数的乐章

黎曼猜想

背景介绍

主要人物
波恩哈德·黎曼（1826—1866年）

领域
数论

此前

1748年 莱昂哈德·欧拉定义了欧拉乘积，它将zeta函数的一个变化形式与素数序列联系到了一起。

1848年 俄国数学家巴夫尼提·切比雪夫（Pafnuty Chebyshev）给出了首个关于素数计数函数$\pi(n)$的重要研究。

此后

1901年 瑞典数学家海里格·冯·科赫（Helge von Koch）证明，素数计数函数可能具有的最佳形式与黎曼猜想有关。

2004年 人们用分布式计算证明，前10万亿个"非平凡零点"均位于临界线上。

我们很难估计两个数之间有多少个素数。

黎曼猜想认为，zeta函数（数论中的一个函数）对两个数之间素数的个数给出了最精确的估计。

这一猜想尚未被证明。

1900年，戴维·希尔伯特列出了23个最具代表性的数学问题。黎曼猜想就位列其中，其至今仍被视为数学中最重要的未解难题之一。黎曼猜想与素数有关，素数是只可被自身和1整除的数。若黎曼猜想得以证明，则许多其他定理也将得到证明。

素数最引人注目的地方在于，素数越大，分布得就越分散。在1到100之间，共有25个素数（占四分之一）；而在1到100,000之间，只有9,592个素数（约十分之一）。这些值可通过素数计数函数$\pi(n)$表示，但这里的π与圆周率这一数学常数毫无关系。将n输入到函数$\pi(n)$中，便可得出1到n之间素数的个数。例如，100以内素数的个数为$\pi(100)=25$。

寻找特征

几个世纪以来，数学家对素数的迷恋促使他们努力寻找一种可以预测该函数值的公式。卡尔·弗

参见: 梅森素数 124页, 虚数与复数 128~131页, 复数平面 214~215页, 素数定理 260~261页。

> 黎曼猜想的失败将对素数的分布造成严重破坏。
>
> ——恩里科·邦别里
> 意大利数学家

里德里希·高斯在14岁时就找到了一个粗略的公式。很快, 他又提出了素数计数函数的改良版本, 这一版本预测1至1,000,000之间的素数有78,628个。该结果十分精确, 误差只有0.2%。

一个新公式

1859年, 波恩哈德·黎曼提出了关于$\pi(n)$的新公式, 这一公式可给出对素数个数最精确的估计。使用这一公式时, 需要输入一个复数级数, 其由现在所谓的黎曼zeta函数$\zeta(s)$来定义。

要想证实黎曼提出的$\pi(n)$的新公式, 需要找到满足$\zeta(s)=0$的复数s。其中, 有一些可被轻而易举地找到, 因为所有的负偶数(−2、−4、−6等)都满足此条件, 它们被称为"平凡零点"。而寻找其他满足条件的数("非平凡零点", 其他使得$\zeta(s)=0$成立的值)则较为困难。黎曼只算出了其中3个。他相信, "非平凡零点"有一个共性:

当把它们画在复数平面上时, 它们将全部位于临界线之上, 这条临界线上所有数的实数部分均为0.5。他的这一想法就是黎曼猜想。

一种解答

2018年, 已经89岁的英国数学家迈克尔·阿蒂亚(Michael Atiyah)声称, 他找到了黎曼猜想的一种简单证明方法。但几个月后他便去世了, 他的证明方法尚未得到验证。

若黎曼猜想得以证明, 虽然可以证实zeta函数是对素数分布的最佳估计, 但其仍无法将素数完全预测出来。素数的分布较无章法。然而, 这一猜想确实说明, 素数将可预测性与随机性融合到了一起。根据量子理论, 这种融合恰好是重原子核能级所呈现的特点。这种意义深远的联系意味着, 未来某一天, 这一猜想或许并非由数学家证明, 而将由物理学家证明。■

铀原子是一种重原子, 其原子核满足与素数相同的统计特征, 因而我们很难对其进行预测。

波恩哈德·黎曼

波恩哈德·黎曼于1826年出生于德国, 是一名牧师的儿子。他最初对神学着迷, 但后来在卡尔·弗里德里希·高斯的劝说下, 他开始在哥廷根大学跟随高斯学习。结果, 黎曼取得了一系列突破, 影响至今。

除了关于素数的成果, 黎曼还帮助制定了复函数(使用复数的函数)的微积分法则。他对空间有着颠覆性的理解, 爱因斯坦用他的观点发展了相对论。尽管他取得了成功, 但他在经济上仍十分困难。1862年被哥廷根大学授予正教授职位后, 他才有钱结婚。仅仅一个月后, 他便卧病在床, 健康状况持续恶化, 直到1866年因肺结核去世。

主要作品

1868年 《关于几何基础中的假设》

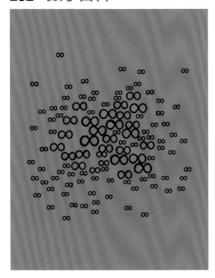

一些无穷大要比其他无穷大更大

超限数

背景介绍

主要人物
格奥尔格·康托尔（1845—1918年）

领域
数论

此前
公元前450年 埃利亚的芝诺用一系列悖论来探索无穷大的本质。

1844年 法国数学家约瑟夫·刘维尔证明，数可以是超越的——这种数可以有无穷多位，没有循环节，且不能作为代数根。

此后
1901年 伯特兰·罗素提出的理发师悖论揭露了用集合论定义数字的缺陷。

1913年 无限猴子定理说明，给定无限的时间，随机输入最终会产生所有可能的结果。

长期以来，数学家始终出于本能地怀疑"无穷大"这一概念。直到19世纪末，格奥尔格·康托尔才得以用严谨的数学方法来解释它。他发现，无穷大并非只有一种，而是有很多种，其中有一些要比另外一些更大。为了刻画这些不尽相同的无穷大，他引入了"超限数"（transfinite number）这一概念。

康托尔在研究集合论时，致力为各个数下定义，这些数一直延伸至无穷大。

 自然数（或正整数）组成的是无穷集，它已被排好序，理论上它的全部元素可被一一列出。

 超限数（如π）组成的也是无穷集，但按任何顺序都无法将其一一列出。

↓

 它是可数无穷大。

↓

它是不可数无穷大。

↓

不可数无穷大比可数无穷大更大。

↓

 一些无穷大要比其他无穷大更大。

参见: 无理数 44~45页, 芝诺运动悖论 46~47页, 负数 76~79页, 虚数与复数 128~131页, 微积分 168~175页, 数学的逻辑 272~273页, 无限猴子定理 278~279页。

为无穷大计数

为了帮助确定数字的位置, 康托尔对两类数进行了区分: 一类是基数 (cardinal), 即计数数字 1, 2, 3, …, 它们被用于表示集合的大小; 另一类是序数 (ordinal), 例如第1、第2、第3, 等等, 它们被用于表示次序。

康托尔发明了一种新的超限基数——阿列夫 (aleph, $\aleph$), 这是希伯来语字母表的首字母。阿列夫被用于表示有无穷多个元素的集合。由正整数、负整数和零组成的整数集的基数被定义为 $\aleph_0$, 这是最小的基数。理论上, 这种集合是可数的, 但实际上我们不可能将它数完。在一个基数为 $\aleph_0$ 的集合中, 所有元素始于第一项, 止于第 ω (omega) 项。其中, ω 是一个超限序数。一个基数为 $\aleph_0$ 的集合共有 ω 项。

将 ω 加入该集合之中, 便可形成一个具有 $\omega+1$ 项的集合。由诸

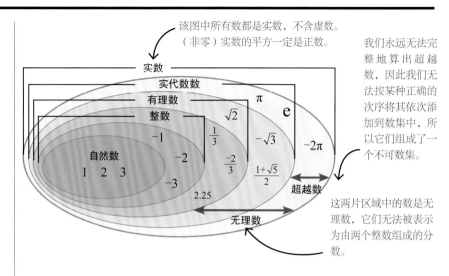

该图中所有数都是实数, 不含虚数。(非零) 实数的平方一定是正数。

我们永远无法完整地算出超越数, 因此我们无法按某种正确的次序将其依次添加到数集中, 所以它们组成了一个不可数集。

这两片区域中的数是无理数, 它们无法被表示为由两个整数组成的分数。

图中这些圈展示了不同类型的数, 它们对应于不同类型的无穷大。每个圈都表示一个集合。例如, 自然数集是有理数集的一个小子集, 而有理数集又与无理数集共同组成整个实数集。

如 $\omega+1$、$\omega+1+2$、$\omega+1+2+3$ 等所有可数序数组成的集合含有 ω_1 项。这个集合不可数, 因而这种无穷大要比可数的无穷大更大, 它的基数被定义为 $\aleph_1$。

全体 $\aleph_1$ 的集合组成的集合具有 ω_2 项, 它的基数为 $\aleph_2$。以此类推, 康托尔的集合论便发明了一串相互嵌套的无穷大, 并将永无止境地扩张下去。■

格奥尔格·康托尔

奥尔格·康托尔于1845年出生于俄国的圣彼得堡, 并于1856年随家人移居德国。他是一名杰出的学者 (兼小提琴家), 曾在柏林和哥廷根求学。后来, 他被任命为哈雷大学的数学教授。

尽管康托尔受到了当今数学家的钦佩, 但在同时代的人中, 他却被众人孤立。他的超限数理论与传统数学信仰相抵触, 主流数学家的批判断送了他的职业生涯。他的研究成果还遭到了神职人员的批评, 但是虔诚的康托

尔将他的研究视作对神的赞颂。

康托尔不堪重负, 晚年大部分时间变得循规蹈矩。他于20世纪初开始受到称赞, 但却在贫困中度过了晚年。1918年他死于心脏病。

主要作品

1915年 《关于超限数的理论基础》

推理的图表化表示

维恩图

背景介绍

主要人物
约翰·维恩（1834—1923年）

领域
统计

此前
约1290年 加泰罗尼亚神秘主义者拉曼·鲁尔（Ramon Llull）发明了一种利用树木、梯子、轮子等工具进行分类的分类系统。

约1690年 戈特弗里德·莱布尼茨发明了分类圈。

1762年 莱昂哈德·欧拉描述了逻辑圈的用法，其被称作"欧拉圈"。

此后
1963年 美国数学家大卫·亨德森描述了对称维恩图与素数的关系。

2003年 美国的杰罗尔德·格里格斯、查尔斯·基利安与卡拉·萨维奇证明，所有素数都存在相应的对称维恩图。

1880年，英国数学家约翰·维恩在他的论文《论命题和推理的图表化和机械化表现》中引入了维恩图这一概念。维恩图是一种利用交叠的圈（或其他曲线形状）来对事物分类，进而展示它们之间关系的图表。

交叠的圈

维恩图通常用于刻画两个或3个不同的事物集合或群体的关系。它们之间常存在一些共性，例如，它们可以是所有的生物，也可以是太阳系中所有行星。每个集合对应一个圈，各个圈之间可以交叠。一个集合的所有对象均在圈内，进而，同时属于多个集合的对象被置于这些圈的重叠之处。

有两个圈的维恩图可以表示直言命题（categorical propositions），例如"所有A都是B""没有A是B""一些A是B"及"一些A不是B"。有3个圈的维恩图还可以表示三段论，其中有两个是前提，另外一个是结论。例如："所有法国人都是欧洲人。一些法国人吃奶酪。因此，一些欧洲人吃奶酪。"

维恩图是一种在各个地方均能大显身手的数据分类工具。同时，由于它具有独一无二的表示关系的能力，因此它也是集合论不可或缺的一部分。■

在维恩图中，"伟大的思想"就是那些位于"是好想法"与"看起来是坏想法"二者交集之处的部分。

——山姆·阿尔特曼
美国企业家

参见：三段论逻辑 50~51页，概率 162~165页，微积分 168~175页，欧拉数 186~191页，数学的逻辑 272~273页。

这座塔会倒塌，世界将会终结

汉诺塔

背景介绍

主要人物
爱德华·卢卡斯（1842－1891年）

领域
数论

此前
1876年 爱德华·卢卡斯证明，梅森数$2^{127}-1$是素数。这仍是有史以来没有借助计算机就找到的最大的梅森素数。

此后
1894年 卢卡斯撰写的关于趣味数学的作品在他去世后才出版，共4卷。

1959年 美国作家埃里克·弗兰克·拉塞尔（Erik Frank Russell）出版了短篇小说《现在吸气》（Now Inhale），讲述了一个外星人在被处决前被允许玩一种汉诺塔游戏的故事。

1966年 在英国广播公司（BBC）《神秘博士》（Doctor Who）的某一集里，反派"天体玩具制造商"强迫博士玩一种共有十个圆盘的汉诺塔游戏。

一般认为，汉诺塔（*Tower of Hanoi*）游戏由法国数学家爱德华·卢卡斯于1883年发明。游戏任务很简单。挑战者面前有3根柱子，其中一根柱子上有3个圆盘，圆盘按大小顺序依次叠放，最大的圆盘在最底端。挑战者需要将3个圆盘全部移至另一根柱子上，每次只能移动一个圆盘，且每次移动时，玩家只能将圆盘叠放在更大的圆盘上方，或是放在空柱子上。玩家需要用尽可能少的步数完成任务，且移动完后，圆盘的叠放顺序要与原先相同。

解决这一难题

对于只有3个圆盘的汉诺塔，只需7步便可完成。而对于圆盘个数任意的情形，最少移动步数可用公式2^n-1求得，其中n是圆盘个数。利用二进制数（0与1）可以解决该难题，每个圆盘由一个二进制数表示。数值为0，意味着该圆盘

这种汉诺塔是一种流行的儿童玩具。8个圆盘的汉诺塔常被用于测试大龄儿童的发展能力。

位于初始柱上；数值为1，表示该圆盘位于终止柱上。每次移动都将改变二进制数的序列。

传说，如果印度或越南（不同传说版本）的某个寺庙的僧侣成功地将64个圆盘从一根柱子上移动到另一根上，那么世界便会终结。然而，即使使用最佳移动策略，且移动单个圆盘只需1秒，他们也需要花5,850亿年才能完成。■

参见： 棋盘上的麦粒 112~113页，梅森素数 124页，二进制数 176~177页。

大小与形状无关紧要，我们只关注连通性

拓扑学

背景介绍

主要人物
亨利·庞加莱（1854—1912年）

领域
几何

此前
1736年 莱昂哈德·欧拉解决了历史上的拓扑学问题——哥尼斯堡七桥问题。

1847年 约翰·利斯廷将术语"拓扑学"作为一门数学学科。

此后
1925年 苏联数学家帕维尔·亚历山德罗夫（Pavel Aleksandrov）为研究拓扑空间基本性质奠定了基础。

2006年 格里戈里·佩雷尔曼（Grigori Perelman）对庞加莱猜想的证明得以证实。

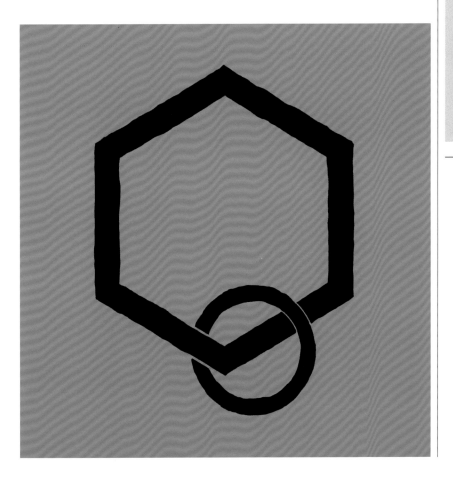

简单来讲，拓扑学就是在没有度量的情况下对抽象形状的研究。在经典几何学中，若一对图形对应长度与角度都相等，且可以通过平移、翻转或旋转使得一个图形与另一个重合，则二者全等（congruent）。全等是两个图形完全相同的数学说法。然而，对于拓扑学家来说，如果可以通过连续拉伸、扭转或弯曲，而无须借助切割、刺穿或粘贴等方式将一个图形重塑为另一个，则两个图形就是相同的。用拓扑学术语来说，这是拓扑不变的（invariant）。因此，

参见: 欧几里得的《几何原本》52~57页,坐标 144~151页,莫比乌斯带 248~249页,闵可夫斯基空间 274~275页,庞加莱猜想的证明 324~325页。

拓扑学是在没有度量的情况下对抽象形状的研究。

↓

通过拉伸、扭转或弯曲,可以将拓扑结构相同的两个图形互相重塑。

↓

大小与形状无关紧要,我们只关注连通性(洞的个数)。

亨利·庞加莱

亨利·庞加莱于1854年出生于法国南锡,他被一位老师称为"数学怪兽"(monster of mathematics)。他毕业于巴黎综合理工学院数学专业,并在巴黎大学取得博士学位。1886年,他被任命为巴黎索邦大学数学物理与概率论主席,并在那里度过了他之后全部的职业生涯。

1887年,庞加莱因部分求解出了与确定3个行星相互绕转的稳定轨道相关的许多变量,而获得了瑞典国王奥斯卡二世的奖励。后来,他承认了自己计算过程中的一个错误,而这一错误使人们对他关于稳定轨道的计算心生疑虑,但反过来,这些疑虑又为"混沌理论"的研究铺平了道路。他于1912年去世。

主要作品

1892—1899年 《天体力学新方法》
1895年 《位置分析》
1903年 《科学与假设》

拓扑学又被称为"橡皮膜上的几何学"。

自公元前300年左右欧几里得的时代开始,2,000多年来,几何学关心的是如何利用长度与角度对图形分类。然而,到了18世纪和19世纪初,一些数学家开始从不同的角度审视几何体。他们挣脱了线与角的约束,着手研究图形的全局性质。拓扑学应运而生。到了20世纪初,拓扑学已经不再关心"图形"的概念,而只关注抽象的代数结构。在这方面,最具雄心、影响最大的人是法国数学家亨利·庞加莱,他用复杂的拓扑学方法让人们对宇宙本身的形状有了崭新的认识。

新几何学的诞生

1750年,莱昂哈德·欧拉告

诉大家,他一直在研究一个关于多面体的公式,式中含有多面体的顶点数、边数及面数,而不涉及其长度和角度。多面体是具有4个或更多个面的三维图形,例如长方体和

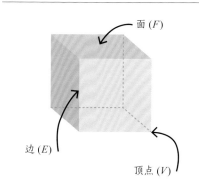
面 (F)
边 (E)
顶点 (V)

欧拉多面体公式 $V + F - E = 2$ 对长方体等大多数多面体都成立。长方体的各个值为 $V = 8$、$F = 6$、$E = 12$。把它们代入公式中,将得到计算式 $8 + 6 - 12$,结果为2。

> 代数拓扑让我们知晓物体的基本形状以及它们的形变。

——斯蒂芬妮·斯特里克兰
(Stephanie Strickland)
美国诗人

棱锥。他的猜测成为后来的欧拉多面体公式：$V + F - E = 2$，其中V是顶点数，F是面数，E是边数。这一公式表明，所有多面体都具有相同的基本特征。

然而，1813年，另一名瑞士数学家西蒙·赫利耶（Simone L'Huilier）指出，欧拉公式并非对所有多面体都成立。有洞的多面体及非凸多面体（一类特殊的多面体，即连接该图形顶点的某些对角线既不在图形内部，也不在图形表面上的多面体）就不满足此公式。赫利耶发明了一套体系，使得每个图形都有自己的欧拉示性数（Euler characteristic），即$V - E + F$。不论形状如何改变，具有相同欧拉示性数的图形都被划分到一起。

"拓扑学"（topology）一词源自希腊语topos，意为"一个位置"。其由德国数学家约翰·利斯廷于1847年在他的著作《拓扑学初步》（*Vorstudienzur Topologie*）中引入数学领域，但其实他在至少十年前就已使用过这一词。利斯廷对那些不满足欧拉公式，或是不像通常那样具有"内部""外部"表面的图形尤其感兴趣。他甚至比奥古斯特·莫比乌斯早几个月提出了莫比乌斯带，这是一种仅有一个面的图形。

大约在同一时期，另一位德国数学家波恩哈德·黎曼发明了新的几何坐标系，突破了勒内·笛卡儿发明的二维与三维坐标系的局限。黎曼的新框架让数学家可在四维或更高维空间中探索图形性质，甚至是那些看似"不可能"的图形的性质。

克莱因瓶便是这样的一种图形，它由德国数学家菲利克斯·克莱因于1882年提出。他设想将两个莫比乌斯带拼合到一起，进而创造出一种只有一个面的图形。该图形表面是不可定向的（没有"左""右"之分），但与莫比乌斯带不同的是，它没有边或边界线。由于该图形没有交叉点，所以其只能真实存在于四维空间中。要想在三维空间中呈现该图形，它就必须与自己相交，因而其看起来像是一个瓶子。拓扑学家将莫比乌斯带、克莱因瓶等图形的表面称为"二维流形"，用以指代那些嵌于更高维空间中的二维曲面（莫比乌斯带可在三维空间内呈现，但克莱因瓶只能在四维空间中真正表现出来）。

关于宇宙的猜想

长期以来，人们一直在猜测宇宙的形状。我们看似生活在三维空间中，但要想弄清楚其真实形状，我们需要置身其外，在四维空间中看待宇宙。正如，要想弄清楚二维曲面的形状，我们应在三维空间中查看它。我们可以先幻想自己居住在一个三维宇宙之中，这个三维宇宙嵌在四维空间内。更进一步，我们可以想象这个三维宇宙的表面其实是嵌在四维空间中的一个球面，即三维球面。一个二维球面

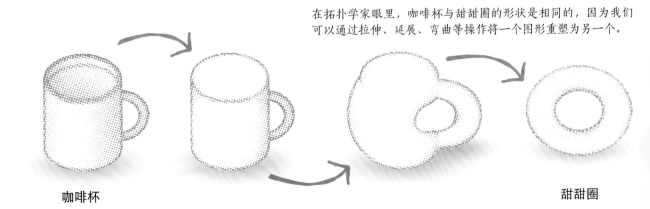

在拓扑学家眼里，咖啡杯与甜甜圈的形状是相同的，因为我们可以通过拉伸、延展、弯曲等操作将一个图形重塑为另一个。

咖啡杯　　　　　　　　　　　　　　　　　　　　甜甜圈

黑狗机器人（BlackDog™）的设计目标是，可以在崎岖不平的地形中运载货物。人们用代数拓扑的方法计算机器人的移动，并对机器人周围的“空间”进行预测和建模。

等同于三维空间中的普通球面（例如一个皮球）。

1904年，亨利·庞加莱在此基础上又前进了一步。他提出了一套理论，这套理论有助于我们从拓扑的角度理解宇宙的形状。他提出所谓的庞加莱猜想：“任意一个单连通的、闭的三维流形一定同胚于一个三维球面。”三维流形是一种表面放大后呈现为三维的图形，但其只能在更高维空间中存在。单连通指它没有洞，要像橘子那样，而不能像甜甜圈那样。闭图形指有限的、没有边界的图形，例如球面。最后，同胚指可将一个图形重塑为另一个图形，正如马克杯与甜甜圈（见上页）。但甜甜圈与橘子不是同胚的，因为甜甜圈中间有个洞。

根据庞加莱猜想，如果可以证明宇宙没有洞，那么我们就可以用三维球面对其建模，而要想检验其有没有洞，从理论上讲，我们可以用一根绳进行实验。设想你是一名环游宇宙的探险家，你从起点出发，边旅行边解开一卷绳子。当你回到原点后，你会重新看到出发时解开的绳子那一端。你握住绳子两端，开始拉紧绳子向内收回。如果宇宙是单连通的，你就可以收回整条绳子（正如绳环可以在球的光滑表面上移动一样）；而如果你在旅途中曾穿过一个洞或空隙，那么绳子就会被“卡住”。例如，如果宇宙是甜甜圈形状的，而你拉着绳子绕其边缘环行一圈，绳子就会被卡住。倘若不将绳子拉出宇宙之外，你将无法收回这条绳子。

引领未来

20世纪时，拓扑学的发展仍未止步。1905年，法国数学家莫里斯·弗雷歇（Maurice Fréchet）提出了“度量空间”（metric space）的概念。度量空间在数学中指的是一个集合，该集合中任意元素之间的距离是可定义的。

同样，在20世纪初，德国数学家戴维·希尔伯特提出了一种空间的概念，这种空间将二维与三维欧几里得空间推广至无限维。于是，我们可以在任意维度中使用与三维坐标系中几乎相同的数学方法。这一拓扑学数学领域现被称为“无限维拓扑学”。

如今，拓扑学领域包罗万象，囊括了许多抽象代数结构，与“图形”这一简单概念相去甚远。拓扑学在遗传学、分子生物学等领域中有广泛应用。例如，我们可以借助拓扑学来解开某些酶在DNA周围形成的“结”。■

> 或许没有哪个数学分支经历过比这还要更令人称奇的成长。
>
> ——雷蒙德·路易斯·怀尔德
> 美国数学家

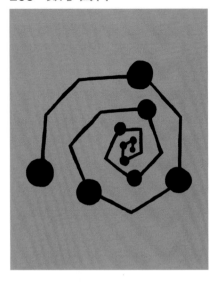

迷失在那寂静而又富有节奏的空间中

素数定理

背景介绍

主要人物
雅克·阿达马（1865—1963年）

领域
数论

此前

1798年 法国数学家阿德利昂-玛利·勒让德提出了一个近似公式，用来确定小于等于某给定值的素数有多少个。

1859年 波恩哈德·黎曼概述了素数定理的一种可行的证明方法，但完成该证明所需的数学工具当时尚未问世。

此后

1903年 德国数学家爱德蒙·兰道（Edmund Landau）简化了阿达马对素数定理的证明。

1949年 匈牙利的保罗·埃尔德什（Paul Erdős）与挪威的阿特勒·塞尔伯格（Atle Selberg）都仅用数论证明了该定理。

素数是只有其本身与1这两个因数的正整数。长期以来，素数始终吸引着数学家。如果说，数学家所做的第一步是找到它们，并发现它们在较小的数中很常见，那么下一步便是找到一种描述素数分布的方法。2,000多年前，欧几里得就已证明素数有无穷多个，但直到18世纪末，勒让德才提出他的猜想，给出了描述素数分布的一个公式。这就是所谓的素数定理（prime number theorem）。1896年，法国的雅克·阿达马与比利时的查尔斯-贞·德·拉·瓦莱·普森（Charles-Jean de la Vallée Poussin）二人分别完全独立地证明了该定理。

随着数字的增大，素数出现的频率显然会降低。在前20个正整数中，有8个是素数：2、3、5、7、11、13、17和19；而在1,000到1,020之间，只有3个素数（1,009、

1到100之间，共有25个素数。

101到200之间，共有21个素数。

201到300之间，共有16个素数。

⬇ ⬇ ⬇

随着数字的增大，素数越来越罕见。

⬇

我们找到了素数的一种特征。

参见: 欧几里得的《几何原本》52~57页，梅森素数 124页，虚数与复数 128~131页，黎曼猜想 250~251页。

1	2	3	4	5	6	7	8	9	10
11	12	13	14	15	16	17	18	19	20
21	22	23	24	25	26	27	28	29	30
31	32	33	34	35	36	37	38	39	40
41	42	43	44	45	46	47	48	49	50

随着数字的增大，素数出现的频率往往会降低。虽然30至40之间有两个素数，40至50之间有3个素数，但素数定理会随数字的增大而愈发精确。

素数

雅克·阿达马

1,013、1,019）；再看1,000,000至1,000,020之间，就只有1,000,003这一个素数。这似乎合乎常理，因为数字越大，就越有可能被比它小的数整除。

许多著名数学家曾困惑于素数的分布。1859年，德国数学家波恩哈德·黎曼在其论文《论小于某给定值的素数的个数》中试图证明素数分布的规律。复分析是一门将函数的思想应用于复数（由像1这种实数与$\sqrt{-1}$这种虚数组合而成的数）的数学分支，而黎曼认为，复分析可以给出关于素数分布规律的答案。他的说法乃真知灼见。复分析的研究得以发展，催生了阿达马与普森的证明。

定理的内容

素数定理可用于计算在小于等于实数x的数中有多少素数。该定理指出，随着x逐渐增大至无穷，$\pi(x)$将近似等于$x \div \ln(x)$。这里的$\pi(x)$表示素数计数函数（有多少个素数），π与圆周率毫无关联；$\ln(x)$是x的自然对数。我们可以用稍微不同的视角来阐释这一定理。对于一个大数x，素数在1到x之间分布的平均距离大约是$\ln(x)$。换句话说，对于1到x之间的任意一个数，它是素数的概率近似为$1 \div \ln(x)$。

在数学中，素数是数的"积木块"，如同在化学里，元素是化合物的"积木块"一般。黎曼猜想是理解素数的基础，而这是一个尚未被证明的猜想。如果黎曼猜想为真，我们便可揭示出关于素数的更多信息。■

素数……像自然数中的杂草一样生长，除了偶然性，它们似乎不遵从什么其他规律。

——唐·扎吉尔
美国数学家

雅克·阿达马于1865年出生于法国凡尔赛。他在一位老师的启发下对数学产生了兴趣。他于1892年在巴黎获得博士学位，并因在素数方面的成果获得数学科学大奖。他移居波尔多，在波尔多大学授课，并在此证明了素数定理。

1894年，阿达马妻子的一位亲戚阿尔弗雷德·德莱弗斯（Alfred Dreyfus）被错误指控出卖国家机密，并被判处无期徒刑。阿达马本人也是犹太人，他为了德莱弗斯不知疲倦地开展了大量工作，使德莱弗斯最终获释。阿达马的辉煌事业因个人损失而崩塌。他的两个儿子死于第一次世界大战，而另一个死于第二次世界大战。他的孙子艾蒂安（Étienne）于1962年去世，这成为压垮他的最后一根稻草。一年后，阿达马便去世了。

主要作品

1892年 《小于某给定值的素数个数的确定》

1910年 《变分学讲义》

MODERN MATHEMATICS

1900–PRESENT

近现代数学
1900年至今

戴维·希尔伯特给出了数学研究中23个最重要的未解决问题，为下个世纪数学的发展奠定了基础。

伯特兰·罗素用理发师悖论来阐释集合论中的矛盾之处。

受爱因斯坦狭义相对论的启发，赫尔曼·闵可夫斯基提出了将时空作为无形的四维空间的想法。

一群法国数学家开始用笔名尼古拉·布尔巴基（Nicolas Bourbaki）写作。他们的成果为最终证明费马大定理铺平了道路。

1900年　　**1903**年　　　　**1907**年　　　　　**1934**年

1900年　　　　**1904**年　　　　**1921**年　　　　**1937**年

卡尔·皮尔逊提出了卡方检验，彻底改变了统计学领域。

庞加莱猜想被提出，在之后近一个世纪里未被证明。

艾米·诺特发表了《环的理想理论》，这是抽象代数发展历程中的一篇关键文章。

艾伦·图灵（Alan Turing）提出了他对一种数学机器的构想，促进了计算机的兴起。

1900年，德国数学家戴维·希尔伯特试图预测20世纪数学的发展方向。他列出了23个他认为至关重要的未解决问题，指明了数学家可以探索的数学领域，对后来数学的发展影响深远。

新世纪，新领域

数学基础是亟待探索的领域之一。为了构建数学的逻辑基础，伯特兰·罗素提出了一个悖论，突出了格奥尔格·康托尔的朴素集合论中的矛盾之处，让人们开始重新审视数学基础这一话题。安德烈·韦伊（André Weil）等人于20世纪三四十年代聚集到一起，着手研究这一问题。他们共用一个笔名：尼

古拉·布尔巴基。他们从数学基础出发，用集合论的语言严格地形式化表述了数学的所有分支。

以亨利·庞加莱为代表的其他数学家探索了新兴的拓扑学领域。拓扑学是研究曲面和空间性质的几何学分支。与20世纪许多同龄人不同，庞加莱并未将自己局限于任何一个数学领域。除了纯数学，他还曾在理论物理学领域取得重大发现，其中就包括他提出的相对论原理。同样，赫尔曼·闵可夫斯基（其主要对几何学及将几何方法应用于数论问题中感兴趣）对多维空间的概念进行了探索，并建议将时空看作四维空间。艾米·诺特是近代最早获得认可的女数学家之一，

她从抽象代数的角度进入了理论物理学领域。

计算机时代

20世纪上半叶，应用数学与理论物理学高度相关，常被用于探索爱因斯坦相对论的内涵。然而到了20世纪下半叶，应用数学更多由蒸蒸日上的计算机科学主导。人们对计算的兴趣始于20世纪30年代，人们希望求解希尔伯特的判定问题，并希望知道"能确定陈述真伪的算法"是否存在。艾伦·图灵是最先解决该问题的人之一。第二次世界大战期间，他继续开发代码破译机，这便是现代计算机的雏形。后来他又提出了一种对人工智能的

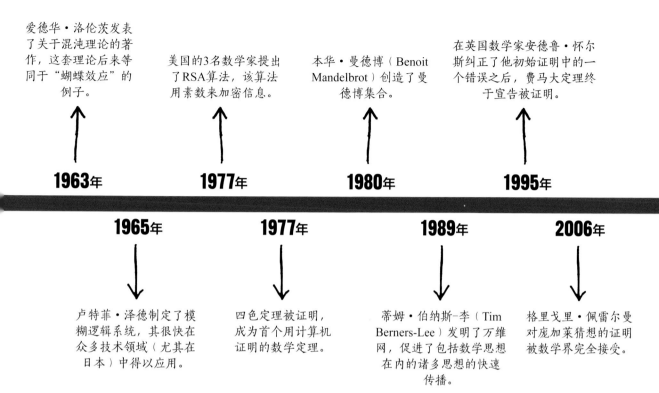

爱德华·洛伦茨发表了关于混沌理论的著作，这套理论后来等同于"蝴蝶效应"的例子。

美国的3名数学家提出了RSA算法，该算法用素数来加密信息。

本华·曼德博（Benoit Mandelbrot）创造了曼德博集合。

在英国数学家安德鲁·怀尔斯纠正了他初始证明中的一个错误之后，费马大定理终于宣告被证明。

1963年　**1977**年　**1980**年　**1995**年

1965年　**1977**年　**1989**年　**2006**年

卢特菲·泽德制定了模糊逻辑系统，其很快在众多技术领域（尤其在日本）中得以应用。

四色定理被证明，成为首个用计算机证明的数学定理。

蒂姆·伯纳斯-李（Tim Berners-Lee）发明了万维网，促进了包括数学思想在内的诸多思想的快速传播。

格里戈里·佩雷尔曼对庞加莱猜想的证明被数学界完全接受。

测试。

随着电子计算机的问世，人们需要用数学手段给出设计计算机系统并为计算机系统编程的方法。而与此同时，计算机也成为数学家的一个强大工具。诸如四色定理之类的悬而未决的数学问题往往需要冗长的计算，而如今，我们可用计算机快速、准确地完成计算。尽管庞加莱早已建立了混沌理论的基础，但在计算机模型的帮助下，爱德华·洛伦茨才更加可靠地建立了混沌理论。他的吸引子与振子的直观图象以及本华·曼德博的分形成为这些新研究领域的代表。

随着计算机的出现，"数据如何安全传输"这一问题引人思考。数学家用分解大素数的方法设计了复杂的密码系统。1989年万维网问世，促进了思想的快速传播。计算机已成为人们日常生活的一部分，它在信息技术领域尤为重要。

新逻辑，新千年

一段时间以来，电子计算似乎可为几乎所有问题提供答案。然而，计算科学以乔治·布尔于19世纪首次提出的二进制逻辑系统为基础，但"开与关""真与假""0与1"等极端相反的说法并不足以描述真实世界的万物运转。为解决这一问题，卢特菲·泽德提出模糊逻辑系统。在这套系统中，一个陈述可能部分为真、部分为假，取值为0（绝对假）和1（绝对真）之间。

与20世纪相同，21世纪数学的发展方向也已被人们指明。克雷数学研究所宣布了世界七大数学难题，并为其中任何一个难题的解提供100万美元的奖金（只要难题的解被发表在数学期刊上，并经过两年的验证期，其提出者便可获得该奖金）。到目前为止，只有庞加莱猜想得以解决——格里戈里·佩雷尔曼给出的证明于2006年被数学界完全接受。■

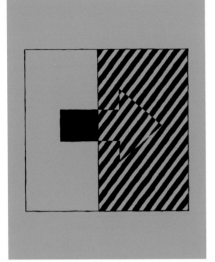

掩盖着未来的面纱

20世纪的23个问题

背景介绍

主要人物
戴维·希尔伯特（1862—1943年）

领域
逻辑、几何

此前
1859年 波恩哈德·黎曼提出了黎曼猜想，它后来成为希尔伯特列表中的第8个问题，至今仍未被解决。

1878年 格奥尔格·康托尔发展了连续统假设，其后来成为希尔伯特列表中的第1个问题。

此后
2000年 克雷研究所列出了世界七大数学难题，解决其中任意一个难题的人将获得100万美元奖励。

2008年 为了促进新的重大数学突破出现，美国国防部高级研究计划局（DARPA）公布了他们提出的23个未解决问题的列表。

1900年，戴维·希尔伯特提出23个问题，他认为数学家将在下一个世纪致力解决这些问题。

他认为，解决这些问题会使我们对诸多数学领域有更深的理解，其中包括数论、代数、几何和微积分。

有10个问题已被解决。

有7个问题已有答案，但尚未被广泛接受。

有4个问题尚未被解决。

有2个问题太过模糊，无法被彻底解决。

要想预测出与接下来100年数学发展相关的问题，既需聪颖的才智，又要有强大的自信。1900年，德国数学家戴维·希尔伯特实现了这一创举。希尔伯特对大多数数学领域都有深入理解。在1900年的巴黎国际数学家大会上，他满怀信心地提出了自己选择的23个问题，并认为这些将成为未来几十年数学家致力攻克的难题。事实证明，他具有先见之明，数学的世界迎来了挑战。

问题的范围

希尔伯特的许多问题有很强的技术性，但有一些较容易解决。例如，第3个问题是说，对于相同体积的两个多面体，是否总能将其中一个切割成有限块，再重新组合到一起，得到另一个多面

参见: 丢番图方程 80~81页, 欧拉数 186~191页, 哥德巴赫猜想 196页, 黎曼猜想 250~251页, 超限数 252~253页。

> 无穷大! 任何一个其他问题都不曾如此深刻地影响人类的精神。
> ——戴维·希尔伯特

体。很快,1900年,该问题由出生于德国的美国数学家马克思·德恩(Max Dehn)解决,他得出结论,答案是不能。

希尔伯特提出的第1个问题是连续统假设。该假设指出,自然数集(或正整数集)有无穷多个元素,而0到1之间的实数也有无穷多个。根据德国数学家格奥尔格·康托尔的成果,人们达成共识,认为前者的无穷大比后者的无穷大更"小"。

连续统假设还认为,这两种无穷大之间没有其他类型的无穷大。康托尔本人确信这是正确的,但他无法给出证明。1940年,美籍奥地利逻辑学家库尔特·哥德尔(Kurt Gödel)得出结论:我们无法证明这种无穷大存在。而1963年,美国数学家保罗·寇恩(Paul Cohen)又得出结论:我们也无法证明这种无穷大不存在。虽然集合论(对集合性质的研究)是一门复杂的学科,还有很多工作亟待完成,但希尔伯特的第1个问题已经

被基本解决了。

在希尔伯特列出的23个问题中,有10个已被解决,7个被部分解决,2个被认为太过模棱两可,无法被彻底解决,3个未被解决,还有1个(亦未被解决)本质上是一个物理问题。黎曼猜想是尚未被解决的问题之一,而一些评论者认为,该问题在短期内仍无法得解。

未来的挑战

希尔伯特的伟大之处在于,他精准预判了20世纪及此后数学家所关注的领域。美国数学家、菲尔兹奖获得者斯蒂芬·斯梅尔(Stephen Smale)于1998年列出了他自己的18个问题,而希尔伯特的第8个和第16个问题就在其中。两年后,黎曼猜想还成为克雷研究所提出的世界七大数学难题之一。如今,数学家面临着进一步的挑战,但希尔伯特问题的各个方面(尤其是尚未被解决的问题)仍影响深远。■

> 解决问题与建立理论要齐头并进。因此,希尔伯特冒着风险给出了未解决问题的列表,而不是提出新的方法或结果。
> ——吕迪格·蒂勒
> 德国数学家

戴维·希尔伯特

戴维·希尔伯特于1862年出生于普鲁士,父母是德国人。他于1880年来到柯尼斯堡大学,后来在此教书。随后,他于1895年成为哥廷根大学教授。任职期间,他将哥廷根变成全球的数学中心之一,并培养了许多年轻的数学家,他们后来都达成了许多成就。

希尔伯特以对数学的诸多领域有广博的了解而闻名,此外,他对数学物理学也有浓厚的兴趣。他饱受贫血的折磨,于1930年退休。尽管希尔伯特对数学做出了巨大贡献,但他在1943年去世时却鲜有人注意。

主要作品

1897年 《数论报告》

1900年 "数学问题"
(在巴黎时的演讲)

1932—1935年 《全集》

1934—1939年 《数学基础》
(与保罗·伯奈斯合著)

统计是科学的规范

现代统计学的诞生

背景介绍

主要人物
弗朗西斯·高尔顿（1822－1911年）

领域
数论

此前

1774年 皮埃尔-西蒙·拉普拉斯给出了数据在均值附近的预期分布形式。

1809年 卡尔·弗里德里希·高斯提出了用于寻找散点数据最佳拟合直线的最小二乘法。

1835年 阿道夫·凯特勒支持使用钟形曲线对社会科学数据建模。

此后

1900年 卡尔·皮尔逊提出了卡方检验，用以检验预期频率与观测频率之间差异的显著性。

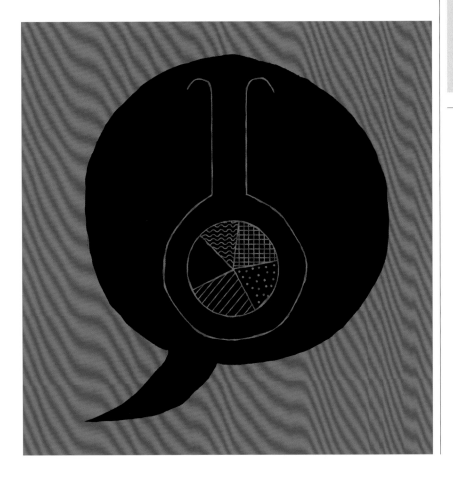

统计学是数学的分支，是一门关于分析、解释大量数据的学科。统计学的基础主要由英国博学家弗朗西斯·高尔顿与卡尔·皮尔逊于19世纪末建立。

统计学需要研究的问题是，记录的数据是具有显著特征的还是纯粹随机的。皮埃尔-西蒙·拉普拉斯等18世纪的数学家曾努力识别天文学中的观测误差，促进了统计学的生根发芽。一般来说，任何一组科学数据的误差都非常小，只有一小部分具有较大误差。因此，观测值被绘制成图象，形成一条钟形曲线，曲线正中间的峰值对应最可能发生的结果，也对应着均值。1835年，比利时数学家阿

参见: 负数 76~79页, 概率 162~165页, 正态分布 192~193页, 代数基本定理 204~209页, 拉普拉斯妖 218~219页, 泊松分布 220页。

道夫·凯特勒提出, 人口特征 (如体重) 满足钟形曲线的特点, 均值附近出现频率最高, 而较大或较小的值出现频率较低。他提出了凯特勒指数 (Quetelet Index, 现被称为BMI), 用来衡量人体胖瘦程度。

　　一般情况下, 如果绘制两个变量 (如身高与年龄) 的图象, 将得到杂乱无章的数据散点图, 我们无法用一条光滑的线将这些点连接起来。然而, 1809年, 德国数学家卡尔·弗里德里希·高斯提出了一个可用于找到最佳拟合直线的方程, 这条直线可用于揭示变量之间的关系。高斯使用了所谓的最小二乘法, 该方法需要将数据的平方加和。如今, 该方法仍被统计学家使用。到了19世纪40年代, 奥古斯特·布拉菲 (Auguste Bravais) 等数学家致力研究该直线可容许的误差水平, 并试图确定一组数据的中间值或中位数的显著性。

相关性与回归

　　先人一步的高尔顿与紧随其后的皮尔逊都开始将这些想法整理到一起。高尔顿受到表兄查尔斯·达尔文 (Charles Darwin) 进化论观点的启发, 致力研究身高、相貌甚至智力与犯罪倾向等因素有多大可能会一代代遗传下去。虽然高尔顿与皮尔逊的思想受到优生学与人种改良思想的影响, 但他们提出的方法在其他各个领域中已得到应用。

　　高尔顿是一名严谨的科学家。在分析数据时, 他决心从数学的角

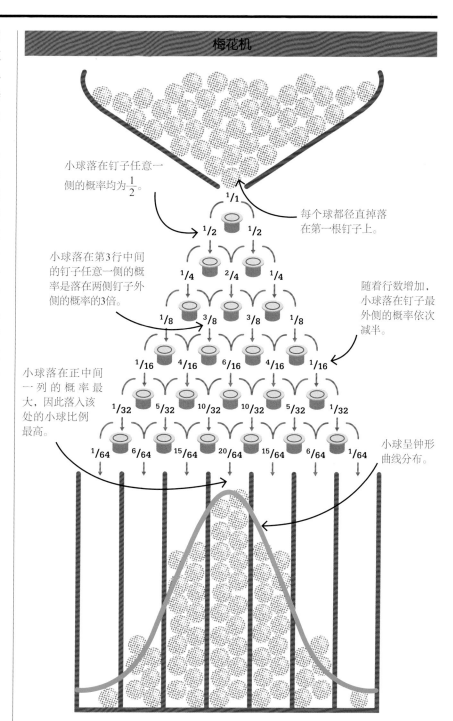

弗朗西斯·高尔顿发明了梅花机 (有时也被称为 "高尔顿板"), 用以对钟形曲线进行建模。他的最初构思是, 让一系列珠子掉落在钉子上。

度给出结果出现的可能性。在他1889年的创新性著作《自然遗传》（*Natural Inheritance*）中，高尔顿展示了如何对两组数据加以比较，进而论证二者之间是否存在显

高尔顿创立了一个"人类测量实验室"，用以收集有关人类特征的信息，例如头部大小、视觉质量等。该实验室收集到了海量的数据，而他需要对这些数据加以统计分析。

著关系。他在建立方法论的过程中提出了两个新概念：相关性（correlation）与回归（regression）。这两个概念相互关联，如今已成为统计分析的核心。

相关性度量的是两个随机变量（如身高与体重）的相互对应程度。通常，相关性只关注线性关系，即二者的关系在图象上呈现为一条简单的直线，其中一个变量随另一个变量的变化而变化。两个变量的相关关系并不意味着因果关

系，它只意味着二者会同时变化。回归则会寻找两个变量的最佳拟合直线，进而使我们可以用一个变量的变化预测另一个变量的变化。

标准差

虽然高尔顿的主要兴趣在于人类遗传学，但他创建了大量的数据集。他进行过一个著名的实验，测量了7组豌豆种子长出的豌豆分别孕育的新种子的大小。高尔顿发现，最小的豌豆种子产生的后代最大，而最大的豌豆种子产生的后代较小。他发现了这种被称为"趋均数回归"（regression to the mean）的现象，即测量结果将趋于平均。也就是说，随着时间推移，结果总会向均值方向移动。

皮尔逊受到高尔顿的成果的启发，着手建立相关性与回归的数学框架。经过抛硬币、抽彩票等一系列详尽周密的测试，皮尔逊提出了"标准差"（standard deviation）这一关键概念，表示观测值与期望值的平均差距。为了得出该值，他首先用所有数值的总和除以数值个数，得到的即为"均值"。

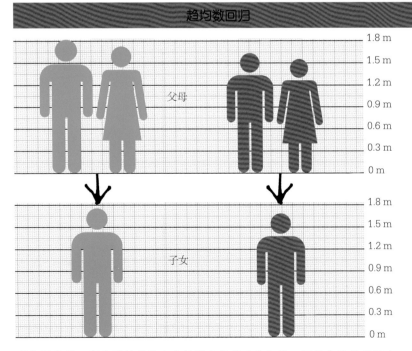

趋均数回归

高尔顿发现，高个子的父母生出的子女往往比他们矮，而矮个子的父母生的子女常常比他们略高一些。第2代人的身高差要比第1代人的更小。这是趋均数回归的一个实例。

没有什么观测性问题是收集更多数据也无法解决的。

——薇拉·鲁宾
美国天文学家

接下来，皮尔逊计算各个值与均值之差的平方的平均值，即"方差"。用差值的平方，是为了规避与负数相关的问题。标准差即为方差的平方根。皮尔逊意识到，同时运用均值与标准差，就可精确计算出高尔顿的回归方程。

卡方检验

1900年，皮尔逊对蒙特卡罗游戏桌的赌博数据进行了深入研究，随后提出了卡方检验（chi-squared test）。如今，这种检验方法已成为统计学的奠基石之一。皮尔逊希望能研究清楚，观测值与期望值之间的差距究竟是显著的，还是仅仅为偶然的结果。

皮尔逊利用赌博数据计算出一个概率值表，计算得到的值叫作卡方（χ^2）统计量。若该值为0，说明结果与预期（所谓的"零假设"）没有显著差距；而若该值较大，则意味着存在显著差距。皮尔逊当年煞费苦心地手算出了这一表格，但如今，用计算机软件便可制

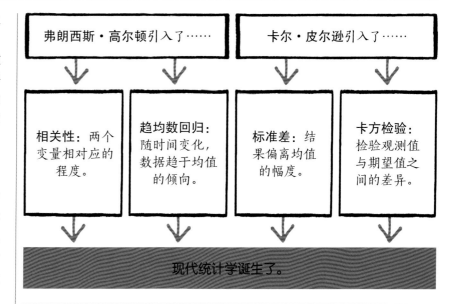

弗朗西斯·高尔顿引入了……

卡尔·皮尔逊引入了……

相关性：两个变量相对应的程度。

趋均数回归：随时间变化，数据趋于均值的倾向。

标准差：结果偏离均值的幅度。

卡方检验：检验观测值与期望值之间的差异。

现代统计学诞生了。

作出卡方表。对于各组数据，我们只需计算所有观测值与期望值的差值的平方和，便可计算出卡方值。得到卡方值后，我们可以依据研究者设立的约束限制（被称为"自由度"），通过查表的方式得出数据变化的显著性。

高尔顿的相关性与回归，以及皮尔逊的标准差和卡方检验，共同构成了现代统计学的基础。此后，虽然这些概念又得到了进一步完善与发展，但它们仍是数据分析的核心。从理解经济行为，到设计新的交通运输路线，再到提升公共卫生服务水平，这些概念在现代生活的诸多方面都至关重要。■

卡尔·皮尔逊

卡尔·皮尔逊于1857年出生于伦敦。他是一位无神论者、自由思想者及社会主义者，是20世纪最伟大的统计学家之一。此外，他还是备受质疑的优生学的拥护者。

皮尔逊毕业于剑桥大学。之后，他成为一名老师，为统计学做出了重大贡献。1901年，他与弗朗西斯·高尔顿、进化生物学家沃尔特·F. R. 韦尔登（Walter F. R. Weldon）共同创立《生物统计》（*Biometrika*）杂志，随后于1911年在伦敦大学学院建立世界上首个大学统计系。他的观点常常使他陷入争议。他于1936年去世。

主要作品

1892年 《科学的规范》

1896年 《对进化论的数学贡献》

1900年 《在变量相关的体系之下，对于可以合理地认为"给定体系与预想情况出现的偏离是随机抽样造成的"的判断准则》

一套更自由的逻辑解放了我们

数学的逻辑

背景介绍

主要人物
伯特兰·罗素（1872—1970年）

领域
逻辑

此前
约公元前300年 欧几里得在《几何原本》中用公理化方法研究几何。

19世纪20年代 法国数学家奥古斯丁·路易斯·柯西阐明了微积分的法则，让数学具有了全新的严谨性。

此后
1936年 艾伦·图灵研究了数学函数的可计算性。他希望分析哪些数学问题我们可给出答案，而哪些我们无法给出答案。

1975年 美国逻辑学家哈维·弗里德曼（Harvey Friedman）提出了"逆数学"计划，它从定理出发，反向推导出所需的公理。

理发师悖论假设，有一个小镇，镇上所有的男士都必须将脸刮干净。

小镇的理发师为且只为所有不给自己刮脸的人刮脸。

那么，谁来为理发师刮脸？

如果他给自己刮脸，他就不属于要由理发师刮脸的那类人——产生矛盾。

如果他不给自己刮脸，他就属于要由理发师刮脸的那类人——产生另一个矛盾。

自古希腊时期柏拉图、亚里士多德和欧几里得取得累累硕果开始，经过几千年的发展，人们普遍认为数学是有逻辑的、有确定规则的。到了19世纪，乔治·布尔、戈特洛布·弗雷格、格奥尔格·康托尔和朱塞佩·皮亚诺（Giuseppe Peano）发表了他们的成果，1899年戴维·希尔伯特又

发表了《几何基础》，至此，算术与几何的法则才有了严格定义。然而，1903年，伯特兰·罗素发表了《数学原理》（*The Principles of Mathematics*），并在书中揭示了一个数学领域的逻辑缺陷。他在书中探讨了所谓的罗素悖论（又名"罗素–策梅洛悖论"，因德国数学家恩斯特·策梅洛而得名，他于

参见: 柏拉图立体 48~49页, 三段论逻辑 50~51页, 欧几里得的《几何原本》52~57页, 哥德巴赫猜想 196页, 图灵机 284~289页。

伯特兰·罗素

伯特兰·罗素于1872年出生于威尔士的蒙茅斯郡, 是一名贵族之子。他曾于剑桥大学学习数学与哲学, 但因于1916年参加反战活动而被开除。他是一名著名的和平主义者和社会评论家, 于1918年被判入狱6个月。在此期间, 他撰写了《数理哲学导论》。

20世纪30年代, 罗素在美国教书。然而, 由于一项司法声明称他的观念不符合道义, 因此他在纽约一所大学的职务被撤销。1950年, 他被授予诺贝尔文学奖。1955年, 他与阿尔伯特·

爱因斯坦发表联合宣言, 呼吁禁止核武器。后来, 他反对越南战争。罗素于1970年去世。

主要作品

1903年 《数学原理》

1908年 《以类型论为基础的数理逻辑》

1910—1913年 《数学原理》(与艾尔弗雷德·诺思·怀特海合著)

1899年得到类似的发现)。

集合论是研究数集或函数集性质的学科, 并迅速发展成数学的基石。然而, 罗素悖论表明, 集合论存在一个自相矛盾之处。罗素将其比喻为"理发师悖论"。假设有一个理发师, 他为且只为小镇中所有不给自己刮脸的人刮脸。于是, 小镇中的人被划分为两类: 给自己刮脸的和不给自己刮脸的。然而, 这引出了一个问题: 如果理发师给自己刮脸, 那么他将属于哪一类人?

罗素的理发师悖论与弗雷格在《算术的基本规律》中提出的数学逻辑相矛盾, 他曾在1902年给弗雷格的一封信中指出该问题。弗雷格说自己"如遭雷击", 他无法为这一悖论找出适当的解答。

类型论

随后, 罗素对他的悖论给出了自己的解决方案。他建立了"类

型论", 为集合论模型添加了一些约束条件("朴素集合论")。他的方法是, 构建一个层次体系, 将"由所有集合组成的集合"与组成它的小集合分别处理。进而, 罗素成功地规避了这一悖论。在他与艾尔弗雷德·诺思·怀特海共同撰写的著名的《数学原理》(*Principia Mathematica*)中, 他就利用了这套崭新的逻辑原理。这部著作从1910年至1913年共发表了3卷。

逻辑缺陷

1931年, 奥地利数学家、哲学家库尔特·哥德尔发表了他的不完全性定理(几年前, 他曾发表完全性定理)。这一定理得出的结论是, 一定存在某些关于数的命题, 这些命题或许是正确的, 但永远无法被证明。此外, 只是通过添加更多的公理来扩展数学体系, 会导致进一步的"不完全性"。这意味着, 对于罗素、希尔伯特、弗雷格

与皮亚诺来说, 虽然他们试图构建完整的逻辑框架, 但不论他们怎样保证其框架滴水不漏, 都注定无法弥补某些逻辑缺陷。

哥德尔的不完全性定理还表明, 诸如哥德巴赫猜想这些尚未被证明的数学定理, 可能注定无法被证明。然而, 这并未阻止数学家的脚步, 他们矢志不渝, 希望证明哥德尔是错误的。■

一个好的数学家, 至少是半个哲学家; 一个好的哲学家, 至少是半个数学家。

——戈特洛布·弗雷格

宇宙是四维的

闵可夫斯基空间

我们常用由长度、宽度、高度组成的三维空间视角来看待世界，欧几里得几何足以帮助我们领略这一视角。1907年，德国数学家赫尔曼·闵可夫斯基发表了一次演讲，他在演讲中添加了"时间"这一无形的第四维度，进而创造出了"时空"（spacetime）的概念。这一概念对我们理解宇宙的本质起到了关键作用。它为爱因斯坦的相对论提供了数学框架，科学家也可以借其发展并延伸这套理论。

直到18世纪，科学家才开始质疑，用欧几里得的三维几何学是否足以刻画整个宇宙。一些人开始发展非欧几里得几何的框架；还有一些人认为，时间或许也是一个维度。人们对光的研究促进了数学的发展。19世纪60年代，苏格兰科学家詹姆斯·克拉克·麦克斯韦（James Clerk Maxwell）发现，无论光源的速度如何，光速都保持

当时空极度扭曲，以至于中心的曲率变得无穷大时，黑洞就会形成。即使是光，其速度也不足以逃离黑洞的巨大引力。

参见：欧几里得的《几何原本》52~57页，牛顿运动定律 182~183页，拉普拉斯妖 218~219页，拓扑学 256~259页，庞加莱猜想的证明 324~325页。

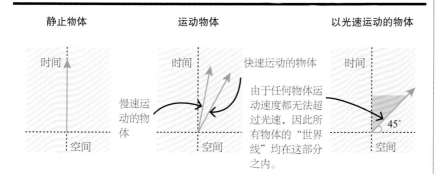

| 静止物体 | 运动物体 | 以光速运动的物体 |

由于静止物体在空间中不发生运动，因此其"世界线"是竖直的。

慢速运动的物体沿空间轴运动得更慢，因此其"世界线"更为陡峭。

这条"世界线"的角度为45°，其时间轴与空间轴的比例为1:1。

赫尔曼·闵可夫斯基

赫尔曼·闵可夫斯基于1864年出生于阿列克索塔斯（Aleksotas，现立陶宛境内）。1872年，他随家人移居至普鲁士的柯尼斯堡。闵可夫斯基在年少时就展现出了数学才能，并于15岁开始在柯尼斯堡大学学习。19岁时，他便赢得了巴黎数学大奖赛，并于23岁时成为波恩大学教授。1897年，他在苏黎世为年少的爱因斯坦讲学。

在1902年移居哥廷根后，闵可夫斯基开始沉迷物理中的数学，尤其沉迷光与物质的相互作用。1905年，爱因斯坦提出了狭义相对论，这促使闵可夫斯基提出了自己的理论。在他的理论中，空间与时间共同形成了四维现实。他的概念启发了爱因斯坦，使其于1915年提出广义相对论，但那时闵可夫斯基已经因急性阑尾炎去世了。

主要作品

1907年《空间和时间》

不变。后来，数学家提出了一些方程，试图用来解释如何使有限的光速与时空坐标系相契合。

相对论中的数学

1904年，荷兰数学家亨德里克·洛伦兹（Henrik Lorentz）提出了一套叫作"变换"的方程。这套方程用来表示随着空间中物体速度接近光速，质量、长度和时间将如何变化。一年后，阿尔伯特·爱因斯坦提出了狭义相对论，证明了光在宇宙中前进的速度永远不变。时间是相对的，而不是绝对的；在不同的地方，时间会按不同的速度运转，并与空间交织在一起。

闵可夫斯基将爱因斯坦的理论转变为数学。他为大家呈现了空间与时间将如何共同组成四维时空，时空中的每个点都有其对应的位置。他用一条理论的"世界线"（worldline）来表示位置的移动。我们可以以时间和空间为轴，将这条线绘制成图象。静态的物体对应一条竖直的"世界线"，而运动

物体的"世界线"将成一定角度（见上图）。按光速移动的物体对应的"世界线"的角度为45°。按照闵可夫斯基的理论，没有哪条"世界线"的角度能超过该角度。但实际上，空间有3条轴，因而这条45°的"世界线"其实是一个"超锥"，是一个四维图形。由于任何物体的移动速度都不能超过光速，因此所有的物体均处于这个"超锥"之中。■

今后，空间本身和时间本身将消失在完全的阴影中，只有它们之间的某种结合才能独立地存在于世间。
——赫尔曼·闵可夫斯基

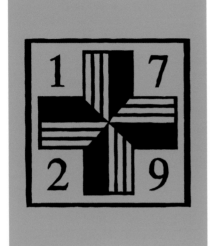

这数真没趣
的士数

背景介绍

主要人物
斯里尼瓦瑟·拉马努金
（1887—1920年）

领域
数论

此前
1657年 法国数学家伯纳德·弗莱尼科·德·贝西（Bernard Frénicle de Bessy）列举了首个的士数1,729的性质。

18世纪初 瑞士数学家莱昂哈德·欧拉计算得到，635,318,657是最小的可用两种形式表示为两个四次幂（两个数的四次方）之和的数。

此后
1978年 比利时数学家皮埃尔·德利涅（Pierre Deligne）因在数论方面的工作而获得菲尔兹奖。他的其中一项工作是证明由拉马努金最先提出的模形式理论中的一个猜想。

的士数（taxicab number）Ta(n)，指可用n种不同方式表示为两个正整数立方之和的最小数。它的名字源于1919年的一件轶事。当时英国数学家G. H. 哈代前往伦敦的帕特尼探望他生病的学生斯里尼瓦瑟·拉马努金（Srinivasa Ramanujan）。哈代说，他乘坐一辆的士前来，编号为1,729，"这数真没趣，是不是？"拉马努金不这样认为。他解释说，1,729是可用两种方式写为两个正整数立方之和的最小数。哈代经常重述这个故事，因此1,729成为数学中最广

为人知的数字之一。拉马努金并非首个注意到这一数字的独特性质的人，法国数学家伯纳德·弗莱尼科·德·贝西在17世纪时也撰写了关于这类数的文章。

概念的拓展

的士数的故事启发后来的数学家研究拉马努金注意到的这种性质，并拓展其应用范围。他们开始寻找可用3种、4种甚至更多种方式表示为两个正整数立方之和的最小数。进一步的问题是，对于所有的n，数字Ta(n)是否一定存在。1938

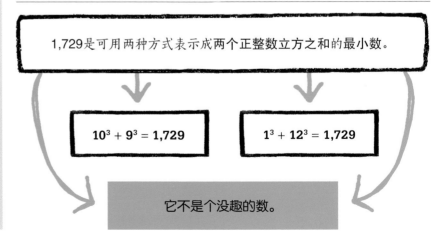

1,729是可用两种方式表示成**两个正整数立方之和**的最小数。

$10^3 + 9^3 = 1,729$

$1^3 + 12^3 = 1,729$

它不是个没趣的数。

参见：三次方程 102~105页，椭圆函数 226~227页，卡塔兰猜想 236~237页，素数定理 260~261页。

Ta(n)是否一定存在?

对于任意n，Ta(n)的存在性已于1938年从理论上得到证明，但人们仍在寻找更大的的士数。即使有计算机的助力，数学家目前也尚未找到比乌韦·霍勒巴赫发现的Ta(6)更大的的士数。

年份	数字	取值	发现者
无	Ta(1)	2	无
1657年	Ta(2)	1,729	德·贝西
1957年	Ta(3)	87,539,319	利奇
1989年	Ta(4)	6,963,472,309,248	达迪斯、罗森斯蒂尔
1994年	Ta(5)	48,988,659,276,962,496	达迪斯
2008年	Ta(6)	24,153,319,581,254,312,065,344	霍勒巴赫

年，哈代与英国数学家爱德华·赖特（Edward Wright）一同证明，这种数字一定存在（一个存在性证明）。但是，要找到一种可以找出各种情形下的Ta(n)的方法则非常困难。

我们可以进一步拓展这一概念，让符号Ta(k,j,n)代表可以用n种不同方法表示为j个正整数的k次幂之和的最小数。例如，Ta(4,2,2)表示的是可用2种方式表示为2个正整数的4次方之和的最小数，这个数是635,318,657。

持久的关联

的士数只是哈代与拉马努金的成果之一。他们的研究主要聚焦在素数上。拉马努金声称自己找到了一个关于x的函数，其可以精确地表示小于x的素数的个数。哈代

对此激动不已，但拉马努金无法给出严格的证明。

的士数并没有什么实际用途，但仍然激发了数学家的好奇心。时至今日，数学家还在寻找所谓的"士的数"（cabtaxi number），这种数建立在的士数的基础上，只不过正数和负数的立方都被允许使用。■

"
一个方程如果不能表达神的旨意，对我而言就毫无意义。
——斯里尼瓦瑟·拉马努金

斯里尼瓦瑟·拉马努金

斯里尼瓦瑟·拉马努金于1887年出生于印度的马德拉斯。他从小就展现出了非凡的数学才能。他发现自己在当地得不到足够的认可，因而大胆地将一些研究成果寄给了当时剑桥大学三一学院的教授G. H. 哈代。哈代说，这些成果一定是"最高级别"的数学家研究得到的，并且一定是货真价实的，因为没有人可以创造出这些成果。1913年，哈代邀请拉马努金来剑桥大学与他一同工作。二人的合作硕果累累。除了的士数，拉马努金还提出了一个可以计算出圆周率的高精度值的公式。

然而，拉马努金的健康每况愈下。1919年他回到印度，并于一年后去世，可能是因为他几年前患上了阿米巴肠病。他为后人留下一些笔记，如今数学家仍在研究这些成果。

主要作品

1927年 《斯里尼瓦瑟·拉马努金论文集》

一百万只猴子敲一百万台打字机

无限猴子定理

20世纪初，法国数学家埃米尔·博雷尔（Émile Borel）对不太可能事件进行了研究。这种事件发生的概率极小。博雷尔的结论是，概率充分小的事件永远不会发生。他并非首个对不太可能事件进行研究的人。公元前4世纪，古希腊哲学家亚里士多德指出，地球纯粹是由原子随机结合形成的。3个世纪后，古罗马哲学家西塞罗认为这不太可能，因为这种事情根本不可能发生。

为"不可能"下定义

过去2,000年来，许多思想家对"不太可能"（improbable）与"不可能"（impossible）之间的平衡进行了探索。18世纪60年

在无限长的时间内，将会有无穷多个事件发生。

一只**始终**在打字的猴子会无穷多次打出所有英文字母的所有**可能**组合。

因此，这只猴子会把每个有限长度的文本打出无数次。

根据概率理论，一只始终在打字的猴子最终会敲出莎士比亚全集。

参见: 概率 162~165页, 大数定律 184~185页, 正态分布 192~193页, 拉普拉斯妖 218~219页, 超限数 252~253页。

> 因此,物理不可能事件指那些发生概率无穷小的事件,而正是这一点揭示了现代数学概率理论的……实质。
> ——安东尼·奥古斯丁·库尔诺

代,法国数学家让·勒朗·达朗贝尔提出质疑:对于某个发生与不发生的可能性相同的事件,是否会出现一长串连续发生的情形?例如,一个人连续抛200万次硬币,抛掷的结果是否可能都是正面朝上?1843年,法国数学家安东尼·奥古斯丁·库尔诺思考了"将一个圆锥锥尖朝下,并使其保持平衡"

这种事件。他认为,这种事件是可能发生的,但可能性极小。他对物理确定性(physical certainty,在物理上可能发生的事件)与实际确定性(practical certainty)进行了区分,而从实际来看,这种事件不太可能发生,以至于我们一般认为其不可能发生。按照所谓的"库尔诺原理",发生概率极小的事件不会发生。

无限只猴子

博雷尔定律给出了实际确定性的范围,他称之为"概率的唯一定律"。博雷尔认为,在人类活动范围内,概率小于10^{-6}的事件不可能发生。为了论证这种不可能性,他还举了一个著名的例子:如果让猴子随机敲击打字机的键盘,它最终会敲出莎士比亚全集。这种结果极不可能发生,但从数学上看,如果时间无限长(或者猴子数量无穷多),这件事必然会发生。博

人们通常将博雷尔的理论应用于股票市场。股票市场的混乱程度意味着,在某些情况下,随机挑选股票要比基于传统经济理论做出的选择表现得更好。

雷尔指出,虽然我们无法从数学上证明猴子敲出莎士比亚全集是不可能的,但数学家也不太可能认为这件事可能发生。这一"让猴子敲出莎士比亚全集"的想法引发了众人的想象,因此博雷尔定律又被称为"无限猴子定理"。■

埃米尔·博雷尔

埃米尔·博雷尔于1871年生于法国圣阿夫里克。他是一名数学神童,于1893年以班级第一名的成绩从巴黎高等师范学院毕业。他在里尔授课4年,随后回到巴黎高等师范学院,并发表了一系列精彩的论文,让其他数学家十分艳羡。

博雷尔因他的无限猴子定理而闻名,但他影响最为深远的成就,是为复变函数的现代理解奠定了基础。所谓复变函数,指的是变量为复数的函数。通过将变量改为复数,可以得到一些特定的结果。在第二次世界大战德国人入侵法国时,他被判入狱。被释放后,他为法国抵抗运动而战,获得了英勇十字勋章。他于1956年在巴黎去世。

主要作品

1913年《机遇》
1914年《概率原理与古典公式》

她改变了代数的容貌

艾米·诺特与抽象代数

背景介绍

主要人物
艾米·诺特（1882—1935年）

领域
代数

此前

1843年 德国数学家恩斯特·库默尔（Ernst Kummer）提出了理想数的概念，即整数环的理想。

1871年 理查德·戴德金（Richard Dedekind）在库默尔的想法之上，给出了环与理想的更一般的定义。

1890年 戴维·希尔伯特改进了环的概念。

此后

1930年 荷兰数学家巴特尔·莱恩特·范德瓦尔登撰写了首部关于抽象代数的综合性著作。

1958年 英国数学家艾尔弗雷德·戈尔迪证明，我们可以借助一些更简单的环来理解并分析诺特环。

19世纪时，分析学与几何学是数学的主场，代数学则不那么受欢迎。工业革命期间，应用数学要比那些理论性更强的研究领域更受青睐。然而到了20世纪初，随着抽象代数的兴起，形势发生了翻天覆地的变化。在德国数学家艾米·诺特的创新研究之下，抽象代数成了数学的重要领域之一。

诺特并非专攻抽象代数的第一人。约瑟夫-路易斯·拉格朗日、卡尔·弗里德里希·高斯与英国的阿瑟·凯莱等数学家，都已对

> 我的方法是研究与思考时真正使用的方法；这就是为什么它们可以不带名头地渗透至各个地方。
> ——艾米·诺特

代数理论进行了研究；但直到德国数学家理查德·戴德金开始研究代数结构时，代数才受到大家的追捧。戴德金提出了"环"的概念。环是一种元素集合，它具有加法与乘法两种运算。环可被拆分成一些理想，理想是环的一些元素组成的子集。例如，偶数集就是整数环的一个理想。

重要成果

第一次世界大战开始前不久，诺特开始了她对抽象代数的研究。她的研究从不变量理论开始。这种理论研究的是，在其他量发生改变时，某些代数表达式将如何保持不变。1915年，她通过这项研究对物理学做出了重大贡献，证明了能量守恒定律与质量守恒定律分别对应不同类型的对称性。例如，电荷守恒就与旋转对称性相关。如今，这一理论被称为"诺特定理"。爱因斯坦赞赏她的定理，并借助其来研究广义相对论。

20世纪20年代初，诺特的研究以环和理想为主。她在1921年发

参见: 代数 92~99页, 二项式定理 100~101页, 方程的代数解法 200~201页, 代数基本定理 204~209页, 群论 230~233页, 矩阵 238~241页, 拓扑学 256~259页。

数学家发明了一套所谓的**抽象代数体系**, 将"数学对象"和"作用于对象的运算"一般化。

集合由一系列**对象**或**元素**组成, 例如整数集。

群是一种带有一个运算(例如加法)的集合, 且要满足某些公理。

环是一种带有**两种运算**(通常是加法和乘法)的**群**。环还满足**结合律**, 即按任何顺序进行每种运算都不改变计算结果。

诺特对环论的贡献加深了我们对代数结构的理解。

艾米·诺特

艾米·诺特于1882年出生。作为一名德国的犹太女性, 20世纪初, 她努力寻找接受教育的机会, 寻求众人认可, 甚至还曾苦苦寻找基本的就业机会。尽管她的数学水平让她获得了埃尔朗根大学的职位(她父亲也在那里讲授数学), 但从1908年到1923年, 她分文未得。后来在哥廷根大学, 她遭受着同样的歧视, 她的同事不得不全力以赴, 帮助她正式获得教师职位。1933年, 她被解雇。后来, 她移居美国, 在布林莫尔学院和高等研究院工作, 直到1935年去世。

主要作品

1921年 《环的理想理论》
1924年 《代数数域理想理论的抽象结构》

表的重要论文《环的理想理论》中, 对一类特殊的集合——交换环的理想进行了研究。对这种环中的元素进行乘法运算时, 交换元素顺序不会改变计算结果。她在1924年的论文中证明, 在一定条件下, 这些交换环的理想均可被唯一表示成素理想之积。诺特是当时最杰出的数学家之一, 她对环论做出了巨大贡献, 奠定了整个抽象代数领域发展的基础。■

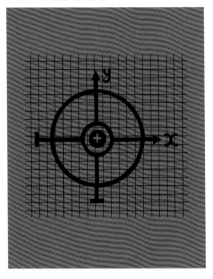

结构是数学家的武器

布尔巴基学派

背景介绍

主要人物
安德烈·韦伊（1906－1998年）
昂利·嘉当（1904－2008年）

领域
数论、代数

此前
1637年 勒内·笛卡儿发明了坐标几何，其可用于描述平面上的点。

1874年 格奥尔格·康托尔发明了集合论，刻画了集合与其子集之间的关系。

1895年 亨利·庞加莱的《位置分析》奠定了代数拓扑的基础。

此后
20世纪60年代 以集合论为重点的新数学运动流行于美国与欧洲的各个学校。

1995年 安德鲁·怀尔斯发表了费马大定理的最终证明。

数学天才尼古拉·布尔巴基是20世纪最具影响力的数学家之一。他的经典著作《数学原本》（*Éléments de Mathématique*）在大学图书馆中享有重要地位，无数学生从他的著作中学到了各自领域中所需的工具。

然而，世上根本没有布尔巴基这个人。他是20世纪30年代由一群年轻的法国数学家"杜撰"的一个人物，这些数学家试图填补第一次世界大战给法国数学留下

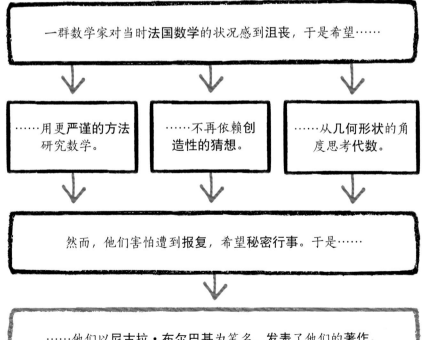

一群数学家对当时**法国数学**的状况感到**沮丧**，于是希望……

……用更严谨的方法研究数学。

……不再依赖创造性的猜想。

……从几何形状的角度思考代数。

然而，他们害怕遭到**报复**，希望秘密行事。于是……

……他们以尼古拉·**布尔巴基**为笔名，发表了他们的著作。

参见: 坐标 144~151页, 拓扑学 256~259页, 蝴蝶效应 294~299页, 费马大定理的证明 320~323页, 庞加莱猜想的证明 324~325页。

布尔巴基学派在1935年7月的首届布尔巴基会议上合影留念。其中有昂利·嘉当(站立者中左数第1位)和安德烈·韦伊(站立者中左数第4位)。

数学的外套,使数学回归本真,建立能让数学继续长远发展的基础。尽管他们的著作在20世纪60年代曾盛行一时,但对当时的教师和学生来说,这些作品仍过于激进。这一学派常与数学与物理的前沿研究作对,他们十分注重纯数学,对应用数学不感兴趣。对不确定性的研究(例如概率)在布尔巴基的作品中毫无容身之地。

即便如此,这一学派仍对诸多数学领域做出了重大贡献,特别是集合论、代数几何等方面。尽管布尔巴基学派现在很少发表成果,但他们至今仍存在。他们秘密行事,且年满50岁的成员必须退休。他们最新的两部作品分别于1998年和2012年发表。■

的空白。

让数学重获新生

一些年轻教师认为,法国数学陷入了缺乏严谨性与准确性的困境之中。在他们眼里,亨利·庞加莱等老一辈数学家在研究混沌理论及物理学中的数学时提出的创造性猜想是不足为训的。

1934年,斯特拉斯堡大学的两位年轻讲师安德烈·韦伊与昂利·嘉当(Henri Cartan)接手了相关工作。他们邀请曾就读于巴黎高等师范学院的6名同学在巴黎共进午餐,说服他们参与一项宏伟的计划——撰写一部能彻底改变数学的革命性著作。

这一计划的参与者还有克劳德·谢瓦莱(Claude Chevalley)、让·德尔萨特(Jean Delsarte)、让·迪厄多内(Jean Dieudonné)和瑞内·德·波塞尔(René de Possel)。他们达成共识,要完成一部涵盖数学所有领域的作品。他们在迪厄多内的组织下定期聚在一起讨论,完成了一部又一部著作。这些著作均被冠以《数学原本》之名。由于他们的作品可能会引起争议,因此他们使用了尼古拉·布尔巴基这一笔名。

布尔巴基学派的目标是剥离

布尔巴基的遗赠

对于布尔巴基来说,拓扑学与集合论(数与形交汇之学科)是数学的根基,是布尔巴基学派著作的核心。17世纪时,勒内·笛卡儿首次使用坐标几何学将数和形联系了起来,将几何转换成了代数。布尔巴基则从另一个方向将二者联系起来,将代数转变成几何,创造了代数几何(algebraic geometry)。这可能也是这一学派对后来者最为深远的遗赠。

英国数学家安德鲁·怀尔斯在最终证明费马大定理时,至少援引了布尔巴基有关代数几何的一部分成果;他于1995年才发表最终的证明。

一些数学家认为,代数几何蕴含着尚未被开拓的巨大潜力。如今,代数几何已在现实生活中得以应用,手机和智能卡片中的编程代码都要用到代数几何。

一台可用于 计算任意可计算 序列的机器

图灵机

背景介绍

主要人物
艾伦·图灵(1912—1954年)

领域
计算机科学

此前
1837年 英国的查尔斯·巴贝奇设计了分析机，这是一种使用十进制系统的机械计算器。当年，若其被成功制成，它将成为首台"图灵完备"(Turing complete)的设备。

此后
1937年 克劳德·香农借助布尔代数设计了电子开关电路，其中的数字电路遵循逻辑运算规则。

1971年 美国数学家斯蒂芬·库克(Stephen Cook)提出了"P对NP问题"。他试图通过这一问题来理解，为何即使计算机具有强大的计算能力，仍有一些数学问题的解法需耗费数十亿年才能被证明，尽管其证明过程可以很快得到验证。

如果我们期望一台机器永不犯错，那么它就不可能是智能的。

——艾伦·图灵

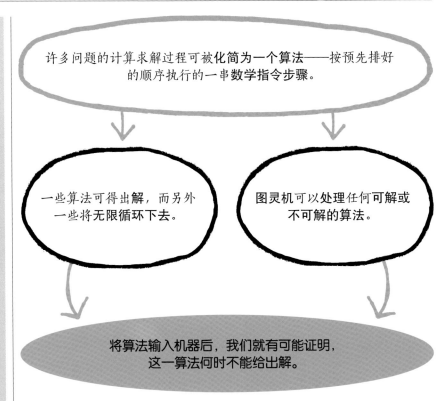

许多问题的计算求解过程可被化简为一个算法——按预先排好的顺序执行的一串数学指令步骤。

一些算法可得出解，而另外一些将无限循环下去。

图灵机可以处理任何可解或不可解的算法。

将算法输入机器后，我们就有可能证明，这一算法何时不能给出解。

艾伦·图灵常被称为"计算机科学之父"，但使他饱受赞誉的图灵机并非真实的物理设备，而是一台假想的机器。在试图解决1928年德国数学家戴维·希尔伯特提出的"判定问题"(*Entscheidungsproblem*)时，图灵只是进行了思想实验，并未创造出一台真正的计算机原型。希尔伯特好奇的是，逻辑学能否像算术、几何及其他数学领域那样，通过化简为一系列法则或公理而变得更为严谨。当时的数学家认为，算术、几何及其他那些数学领域均可化简。希尔伯特想知道，能否找到一种方法来预判一个算法(利用按顺序给定的特定指令集来求解特定数学问题的方法)是否能最终得出问题的解。

1931年，奥地利数学家库尔特·哥德尔证明，基于形式化公理系统的数学，将无法根据这些公理来证明所有的真命题。哥德尔称之为"不完全性定理"。这一定理表明，数学真理与数学证明之间存在某种不适配。

远古的根源

算法有悠久的历史。古希腊几何学家欧几里得在计算两个数的最大公因数(可以同时整除这两个数的最大整数)时使用的方法便是一个最早的算法实例。另一个早期的实例是埃拉托斯特尼筛法，这一算法由公元前3世纪的古希腊数学家提出，是一种可将素数与合数(非素数)分离的方法。埃拉托

参见：欧几里得的《几何原本》52~57页，埃拉托斯特尼筛法 66~67页，20世纪的23个问题 266~267页，信息论 291页，密码学 314~317页。

> 一个手握白纸、铅笔和橡皮的，受到严格纪律约束的人，实际上就是一台通用机器。
>
> ——艾伦·图灵

斯特尼与欧几里得的算法均可完美地运转，且人们可以证明二者始终都能给出正确的答案。然而，它们尚未有一个统一的规范定义。正因如此，图灵才发明了他的"虚拟机"。

1937年，图灵发表了首篇论文《论可计算数及其在"判定问题"上的应用》。论文中证明，希尔伯特的"判定问题"是无解的：有些算法是不可计算的，但在尝试运行该算法之前就能够识别其是否可计算的通用方法并不存在。

图灵借助他假想的机器得出了这一结论。该机器分为两部分。其中一部分为一条足够长的纸带，纸带被划分为各个小块，每个小块上都有一个编码字符。这些字符可以是任意字符，但最简单的就是1和0。另一部分是机器本身，机器将根据纸带的各个小块来读取数据（通过移动读写头或移动纸带）。机器配有一系列指令（算法），这些指令控制着机器的操作。机器（或纸带）可以左右移动或停在原处，还可以对纸带上的字符进行重写——将0改成1，或将1改成0。我们能想到的所有算法均可在这台机

图中是第二次世界大战期间，英国布莱切利园小屋8号中的工作人员。图灵曾一度领导小屋8号的工作，该小屋曾破译阿道夫·希特勒（Adolf Hitler）与他的军队之间的公报。

艾伦·图灵

艾伦·图灵于1912年出生于伦敦，他的老师们称他为天才。1934年，他从剑桥大学获得数学一等学位后，继续前往美国普林斯顿大学深造。

1938年，图灵返回英国，加入了布莱切利园的政府密码学校。1939年第二次世界大战爆发后，他和其他人发明了"甜点"（Bombe）机，这是一种可以破译敌人消息的机电设备。战争结束后，图灵在曼彻斯特大学工作，并在此设计出了"自动计算机"（Automatic Computing Engine, ACE），还发明了更多数字设备。

1952年，图灵被指控为同性恋，随后在英国被定罪。他还被禁止从事政府的密码破译工作。为免去牢狱之苦，图灵同意接受激素疗法。1954年，他自杀而亡。

主要作品

1939年 《概率在密码学中的应用报告》

图灵机有一个读写头，它可以从无限长的纸带中读取数据。机器的算法将指示读写头或纸带需要左右移动还是保持静止。存储器将追踪记录变化情况，并将变化结果反馈给算法。

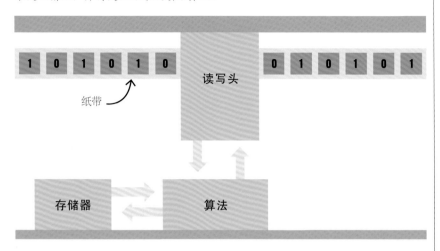

图灵机有一个读写头，它可以从无限长的纸带中读取数据。

器上执行。

图灵感兴趣的是，将任意算法输入机器中，最终是否都能停机（halt）。停机意味着算法已经得出了问题的解。他的疑惑是，能否找到一种方法，可以知道哪些算法会停机、哪些不会停机。如果图灵能找到这一问题的答案，他便可回答"判定问题"。

停机问题

图灵通过一个思想实验解决了这一问题。他首先想象，存在这样一个机器，在给定输入后，该机器可以判定任意一个算法（*A*）是否会停机（给出答案并停止运行），并给出"是"或"否"的答案。图灵并不关心这种机器的物理实现。而一旦他在脑海中构建了这样一种机器，理论上，他就可以拿任意一个算法进行测试，判断该算法是否会停机。

从本质上看，图灵机（*M*）也

是一个算法，它可用于判断另一个算法（*A*）是否可解。图灵机的工作原理是，我们先向它提问："*A* 会停机（给出解）吗？"随后 *M* 将给出"是"或"否"的回答。接下来，图灵设想对这台机器加以改造（*M**）。他把这台机器设置为，如果答案是"是"（*A* 会停机），那么 *M** 就执行相反的操作——让其永远循环下去，不再停机。而如果答案是"否"（*A* 不会停机），那么 *M** 就停机。

紧接着，图灵进一步进行思想实验。他设想用机器 *M** 来测试它本身的算法 *M** 是否会停机。若答案为"是"，也就是算法 *M** 停机，那么机器 *M** 就不会停机。而如果答案为"否"，也就是算法 *M** 不会停机，那么机器 *M** 就会停机。因此，图灵的思想实验造就了一个悖论，这一过程可被视作一种数学证明。证明的结论是，由于我们无法判定该机器是否会停机，因

而"判定问题"的答案为"否"：检验算法有效性的通用测试方法并不存在。

计算机体系结构

图灵机尚未完成使命。图灵等人意识到，这一简单的概念可被视作一台"计算机"。当时，"计算机"（computer）一词被用于指代那些进行复杂数学计算的人。图灵机可通过使用某种算法将输入（纸带上的字符）改写为输出，进而实现计算。从计算能力的角度来看，能在图灵机上执行的算法是目前已知的最强类型的算法。现代计算机及其上运行的程序均可在图灵机上有效运转，因此它们被称为是"图灵完备"的。

作为数学与逻辑学的领军人物，图灵不仅研究了虚拟计算机，还为真实计算机的发展做出了重要贡献。然而，将图灵的虚拟计算机引入现实生活中的是匈牙利数学家约翰·冯·诺依曼（John von Neumann），他发明了真实的计

我们需要用一台处理器输入（信息）。人类总是会将信息转变为智慧或知识。我们时常忘记，根本没有哪台计算机能提出一个新问题。

——格蕾丝·赫柏
美国计算机科学家

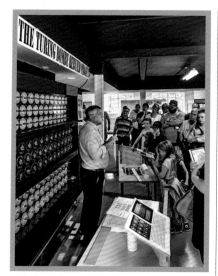

布莱切利园是第二次世界大战期间的英国密码破译中心。布莱切利园的博物馆重建了用于破译加密消息的图灵"甜点"机。

算机。他使用了一个中央处理器（CPU），该中央处理器能通过调用内部存储器中的信息，再将新信息发送回存储器保存的方式，将输入转换为输出。他于1945年将这套配置公布，其被称作"冯·诺依曼体系结构"。如今，几乎所有的计算设备都使用与之类似的体系结构。

二进制编码

图灵最初设想的机器并非只使用二进制语言，他仅仅设想其能够利用有限字符集来编码。然而，人们发明的首台"图灵完备"的机器Z3使用的正是二进制语言。Z3由德国工程师康拉德·楚泽于1941年制造，它使用机电式继电器或开关来表示二进制数中的1和0。计算机代码中的1与0最初被称为"离散变量"，而到了1948年，它们被

重新命名为"位"（bit），是二进制数位（binary digit）的缩写。这一术语由信息论的领军人物克劳德·香农创立。所谓的信息论，是一个研究信息如何以数字编码的形式存储并传输的数学领域。

早期计算机系统用多个位来表示内存中各部分的"地址"，这些地址用于表示中央处理器将在哪里寻找数据。这些一块块的位被称为"字节"（byte），之所以这样拼写，是为了避免与"位"混淆。在计算机发展的最初几十年中，字节通常含有4或6位。而20世纪70年代，英特尔的8位微处理器问世，于是字节以8位为一单位。由于8位共有2^8种排列方式，可编码0至255中的全部数字，因此，用一个字节表示8位十分便利。

我们可以利用8位一组（甚至此后更多位一组）的二进制编码方式，来为能想象到的各种应用场景编写软件。所谓的计算机程序，其实就是一些算法。我们总是通过键盘、麦克风或触摸屏输入数据，再

> 人们普遍以为，科学家总会从一个既定事实推导出另一个既定事实，而不受任何未经证实的猜想的影响。这种想法是大错特错的。
>
> ——艾伦·图灵

经由这些算法将输入转换为输出，使之呈现在设备显示屏或其他地方上。

图灵机的工作原理在现代计算机中仍被使用，且仍将被使用。未来，量子计算将改变信息的处理方式。经典的计算机位非1即0，不可能取值于二者之间。而一个量子位（qubit）则会在同一时刻处于1与0的叠加态，这会极大地提升计算能力。■

图灵测试

1950年，图灵提出了一种方法，用以测试机器是否具有与人类同等或无法区分的可彰显智能行为的能力。在他看来，如果一台机器看起来像是在自己思考，那么它就是智能机器。

人工智能（Artificial Intelligence，A I）领域一年一度的勒布纳奖（Loebner Prize）于1990年由美国发明家休·勒布纳（Hugh Loebner）设立。每年，使用人工智能的计算机都

来"争取"这一奖项。进入决赛的人工智能计算机要依次与4位评委交流。每位评委也会与一个真实的人进行交流。评委需要判定，到底是这些人工智能更像人，还是人更像人。

多年来，这一测试受到了许多批评家的质疑。他们怀疑这种比赛能否真正有效地判断出人工智能的智能之处。还有人认为，这种比赛纯粹是噱头，无法让人工智能领域取得一丁点进步。

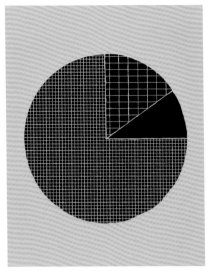

小事物比大事物更繁多

本福特定律

背景介绍

主要人物
富兰克·本福特（1883—1948年）

领域
数论

此前
1881年 加拿大天文学家西蒙·纽康（Simon Newcomb）注意到，对数表中最常用的是以1开头的那些数。

此后
1972年 美国经济学家哈尔·范里安（Hal Varian）建议用本福特定律来识别欺诈行为。

1995年 美国数学家特德·希尔（Ted Hill）证明，本福特定律可应用于统计分布。

2009年 伊朗总统选举结果的统计分析表明，这些结果不符合本福特定律，因此选举可能遭到了人为操纵。

我们通常以为，在任意一个较大的数集里，以3开头的数的频率应当与以其他任意一个数字开头的数出现的频率大致相同。然而，像英国的村庄人口、小镇人口和城市人口等，许多数集呈现出一种截然不同的特征。通常，在一组自然产生的数中，以1开头的数大致占30%，以2开头的大约占17%，以9开头的占比则少于5%。1938年，美国物理学家富兰克·本福特（Frank Benford）撰写了一篇有关这种现象的论文。后来，数学家将他的观点称为"本福特定律"（Benford's law）。

随处可见的特征

本福特定律在很多情形下显而易见。例如，河流的长度、股票的价格和死亡率等，都符合本福特定律。某些类型的数据要比其他类型的更符合这一定律。例如，数量级很大（上百到上百万）的自然形成的数据要比更为紧密聚集的那些数据更符合该定律。斐波那契数列中的数，以及许多整数的幂，都符合本福特定律。然而，公交车号、电话号码等用作名称或标签的数则不符合此定律。

与本福特定律相比，编造出来的数的开头数往往分布得更为均匀。因此，调查人员常使用这一定律来识别财务造假行为。■

有趣的是，在本福特收集的20个数据集里，有6个数据集的样本数以1开头。注意到哪里奇怪了吗？
——雷切尔·富斯特
新西兰统计生态学家

参见： 斐波那契数列 106~111页，对数 138~141页，概率 162~165页，正态分布 192~193页。

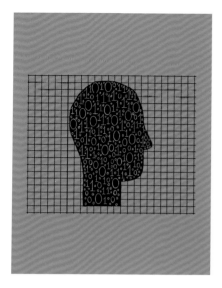

数字时代的蓝图
信息论

背景介绍

主要人物
克劳德·香农（1916—2001年）

领域
计算机科学

此前
1679年 戈特弗里德·莱布尼茨提出了二进制编码的早期想法。

1854年 乔治·布尔引入了一种代数结构，其构成了计算的基础。

1877年 奥地利物理学家路德维希·玻尔兹曼建立了熵（对随机性的度量）与概率之间的联系。

1928年 美国电子工程师拉尔夫·哈特利（Ralph Hartley）将信息视作一种可度量的量。

此后
1961年 德国物理学家罗尔夫·兰道尔（Rolf Landauer）指出，操纵信息会增加熵。

1948年，美国数学家、电子工程师克劳德·香农发表了一篇题为《通信的数学理论》的论文。这篇论文打开了信息数学之门，阐释了如何以数字方式传输信息，从而开启了信息时代。

当时，人们只能用连续的模拟信号传输信息。这种方式的主要弊端是，波传播得越远，强度就会越弱，并且会有越来越多的背景干扰"乘虚而入"。最终，这些"白噪声"甚至可能会盖过原始的信息。

香农的解决方案为，将信息划分为尽可能小的块，即"位"（二进制数位）。于是，信息被转换为由0和1组成的编码，0对应低电平，1对应高电平。香农在发明这种编码方式时，借鉴了由戈特弗里德·莱布尼茨发扬光大的二进制数学的思想，即每个数都只需用0和1来表示。

尽管香农并非提出用数字方

香农展示了他的机电"老鼠"忒修斯（Theseus）。这个"老鼠"利用由电磁继电器制成的"大脑"寻找走出迷宫的道路。

式传递信息的第一人，但他对这一技术进行了精细的调整。对他来说，这不只是在解决如何高效传输信息的技术问题。香农证明了信息可以用二进制数位表示，进而建立了信息论。信息论遍布科学的各个领域，延伸至了每个配有计算机的家庭或办公室之中。■

参见：微积分 168~175页，二进制数 176~177页，布尔代数 242~247页。

我们所有人，彼此只隔6步

六度分隔

背景介绍

主要人物
迈克尔·古雷维奇
（1930—2008年）

领域
数论

此前

1929年 匈牙利作家弗里杰什·卡林西（Frigyes Karinthy）创造了"六度分隔"一词。

此后

1967年 美国社会学家斯坦利·米尔格拉姆（Stanley Milgram）设计了一个"小世界实验"，用以研究人们之间的分隔度与连通度。

1979年 IBM公司的曼弗雷德·科兴与麻省理工学院的伊契尔·索勒·普尔发表了对社交网络的数学分析。

1998年 美国社会学家邓肯·瓦茨与数学家斯蒂芬·斯托加茨提出了瓦茨-斯托加茨随机图模型，用以度量连通度。

大多数人在一生中都与来自不同地方的人有一些联系。

这些连接关系转而又与其他群体或人群网络相连接。

进一步，人们又与3步之外的人（例如一位朋友的朋友的朋友）相连接。于是，大范围的人彼此联系在了一起。

研究表明，我们所有人通过社交网络相连接后，与其他人平均只有6步之隔。

人们用网络来为各个对象或人进行建模。许多学科要用到网络，例如计算机科学、粒子物理学、经济学、密码学、生物学、社会学和气候学等。"六度分隔"社交网络图就是一种网络，它度量了人与人相互联系的程度。

1961年，美国的一名研究生迈克尔·古雷维奇（Michael Gurevitch）发表了对社交网络本质的里程碑式的研究成果。1967年，斯坦利·米尔格拉姆进行了一项研究：

参见：对数 138~141页，图论 194~195页，拓扑学 256~259页，现代统计学的诞生 268~271页，图灵机 284~289页，社会数学 304页，密码学 314~317页。

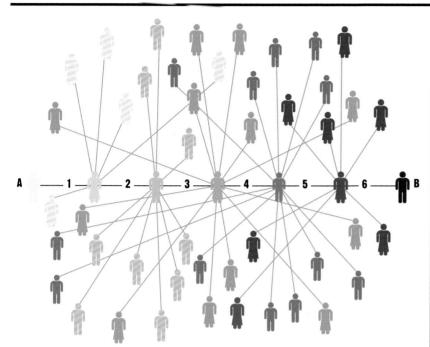

六度分隔理论说明，两个看似没有关联的人，通过他们的朋友和熟人，无须超过6步即可相连。随着社交媒体的发展，这一数字可能会减小。

在美国，要想将两个陌生人联系起来，中间需要经过多少个熟人？他让内布拉斯加州的人寄一封信给马萨诸塞州的一名特定的（随机的）人。每个收到信的人把信寄给他们认识的人，以使信离目标收件人更接近。米尔格拉姆研究了信需要经过多少人才能到达目标收件人手中。平均而言，要把信送到目标收件人手中，需要6个中间人。

所谓的"小世界理论"要早于米尔格拉姆的研究。弗里杰什·卡林西在1929年创作的短篇小说《链》（Chains）中提出，当人们通过友情相联系时，世界上所有人的平均连接数可能是6。卡林西不是数学家，而是一名作家，他创造了"六度分隔"一词。此后，数学家开始尝试对平均分隔度建模。邓肯·瓦茨与斯蒂芬·斯托加茨证明，对于一个有 N 个结点的随机网络而言，每个结点与其他 K 个结点相连，则两个结点之间的平均路径长度等于 $\ln N$ 除以 $\ln K$（ln表示自然对数）。若共有10个结点，每个结点与其他4个结点相连，则随机抽取的两个结点之间的平均距离为

$$\frac{\ln 10}{\ln 4} \approx 1.66。$$

其他社交网络

20世纪80年代，匈牙利数学家保罗·埃尔德什因常与他人合作而闻名。他的朋友们创造了"埃尔德什数"一词，用以表示他与其他

发表成果的数学家之间的分隔度。埃尔德什的合作者们的埃尔德什数为1；而与他的合作者合作过的人的埃尔德什数为2，以此类推。美国演员凯文·贝肯的一次采访让这一概念又浮现在了公众的脑海中。他在采访中说，好莱坞的每位演员，或与他们合作过的演员，都曾与他合作。于是，"贝肯数"一词被用来表示一名演员与贝肯的分隔度。在摇滚乐中，"安息日数"被用来表示与重金属乐队黑色安息日（Black Sabbath）成员的分隔度。为了表示一个人真正的人脉情况，人们又提出了"埃尔德什-贝肯-安息日数"（Erdös-Bacon-Sabbath number，简称EBS数），即一个人的埃尔德什数、贝肯数、安息日数之和）。很少有人拥有一位数的EBS数。

2008年，微软公司的研究表明，地球上每个人与其他人之间的平均间隔仅为6.6人。随着社交媒体将人们之间的距离拉近，这一数字可能会进一步减小。■

我希望，"六度"（一个慈善项目）能……为社交网络（带来）社会良知。

——凯文·贝肯

微小的正向扰动可以改变整个宇宙

蝴蝶效应

背景介绍

主要人物
爱德华·洛伦茨（1917—2008年）

领域
概率

此前

1814年 皮埃尔-西蒙·拉普拉斯对宇宙决定论的后果进行了思考。在这种宇宙中，倘若我们知晓当前全部的状况，便可预知永恒的未来。

1890年 亨利·庞加莱证明，三体问题没有一般解。三体问题指如何对受到万有引力吸引的3个天体的运动情况进行预测。通常来说，这些天体并不会按照重复的、有规律的方式运动。

此后

1975年 本华·曼德博用计算机图形学创造了更为复杂的分形（自身重复的图形）。揭示了蝴蝶效应的洛伦茨吸引子就是一种分形。

19 72年，英国气象学家、数学家爱德华·洛伦茨发表了题为"巴西的蝴蝶扇动翅膀，是否会引发得克萨斯州的龙卷风？"的演讲，这正是"蝴蝶效应"一词的由来。蝴蝶效应指的是大气情况的微小变化（不一定是由蝴蝶引起的，还可能是由其他任何原因引起的）足以改变未来其他某处的天气。如果蝴蝶没有给初始条件带来一丁点改变，那么龙卷风或其他天气事件将根本不会发生，也有可能这些事件将发生在得克萨斯州以外的地方。

世界上某个角落的一只蝴蝶扇动翅膀，就能改变大气状况，并最终导致另一处出现龙卷风。这种思想引发了众人遐想。

这场演讲的标题并非洛伦茨本人所选，而是由物理学家菲利普·梅里利斯（Philip Merilees）

爱德华·洛伦茨

爱德华·洛伦茨于1917年出生于康涅狄格州西哈特福德，他曾在达特茅斯学院和哈佛大学学习数学，并于1940年在哈佛大学获得硕士学位。经过训练，他成为一名气象学家，并在第二次世界大战期间服役于美国陆军航空兵团。战后，洛伦茨在麻省理工学院学习了气象学，并着手开发大气行为的预测方法。当时，气象学家曾使用线性统计模型来预测天气，但收效甚微。在研究大气的非线性模型时，洛伦茨偶然步入混沌理论领域，这一理论后被称为"蝴蝶效应"。他证明，即便是性能最强大的计算机，也无法给出准确的长期天气预报。洛伦茨始终保持积极乐观，直到2008年去世。

主要作品

1963年 《确定性非周期流》

参见: 极大值问题 142~143页, 概率 162~165页, 微积分 168~175页, 牛顿运动定律 182~183页, 拉普拉斯妖 218~219页, 拓扑学 256~259页, 分形 306~311页。

> 一只蝴蝶在亚马孙热带雨林中扇动了翅膀, 随后, 一场风暴席卷了半个欧洲。
>
> ——特里·普拉切特与尼尔·盖曼
> 英国作家

敲定的。他是那次美国科学促进会的召集人。由于洛伦茨迟迟未提供有关他的演讲的信息, 因此, 梅里利斯基于他对洛伦茨工作的了解, 以及他之前评述的"海鸥扇动一下翅膀, 就足以改变天气", 即兴创造了演讲题目。

混沌理论

　　一些复杂系统对初始条件高度敏感, 因而极难预测。混沌理论探讨的就是这种现象的形成机制。蝴蝶效应是对混沌理论的一种广为人知的概述。混沌理论与人口动力学、化学工程和金融市场等实际场景紧密相关, 还有助于人工智能的发展。洛伦茨自20世纪50年代开

始研究气候模型。到了20世纪60年代, 一个"玩具"气候模型("玩具"指它是一种可以简化说明过程的简易模型)给出的出乎意料的结果吸引了他。该模型基于3个数据点(例如气压、温度和风速)来预测大气的演化方式。洛伦茨发现, 预测结果是混沌的。他对两组初始值几乎相等的数据进行预测, 并对结果加以比较, 随后发现, 两组预测得出的大气情况最初几乎相同, 但接下来就以截然不同的方式变化。他还发现, 尽管给模型输入各个初始值, 都将分别得出唯一的结果, 但这些结果都局限于某一范围内。

奇特的吸引子

　　20世纪60年代初期, 洛伦茨可用的计算能力有限, 还无法在三维空间中将模拟的大气变量绘制成图象, 例如, 用x、y、z3条轴的取值分别表示气温、气压和湿度, 或

> 令人啧啧称奇的是, 混沌系统并非永远处于混沌状态。
>
> ——康妮·威利斯
> 美国作家

其他任意3种天气数据。到了1963年, 绘制这些图象已然成为可能, 利用这些数据绘成的图象被称作"洛伦茨吸引子"。在这种图象中, 每个初始点都会演化成一条环状曲线, 这条曲线在空间中从一个象限延伸至另一个象限。比方说, 其含义可能是, 天气会从潮湿多风转变为干燥炎热, 且途经介于二者

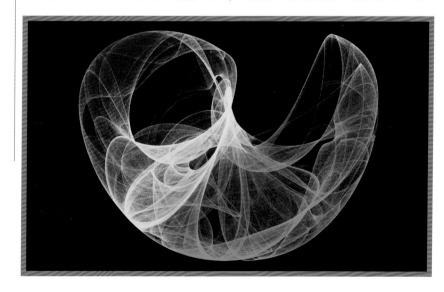

在洛伦茨吸引子中, 初始条件的微小变化就会导致其对应的路径发生巨大改变, 但这些路径仍落在相同形状的范围内。因此, 混沌之中出现了秩序。

> 现在可以决定未来，
> 但近似的现在却无法近似
> 确定未来。这就是混沌。
> ——爱德华·洛伦茨

自然界的许多**动力系统**似乎是具有**确定性的**，它们**始终遵循**一些定律。

如果我们可以**精确**知晓**初始**条件，便可精准地**确定未来**的状况。

然而，这些系统是高度**敏感**的。初始条件的微小变化就会**导致未来状况的巨大改变**。

如果我们只知道初始条件的近似值，那么我们的**预测**就将是**不准确**的。

这些**系统**是**混沌**的。

之间的各种状态。每个初始点都会衍生出唯一的一条演化路径，但无论初始点如何变化，所有的路径都会落于空间中的同一区域。时间足够长、迭代次数足够多后，这一区域就会变成一种美丽的环状曲面。吸引子中各条路径的轨迹十分不稳定：从同一区域出发的初始点，其轨迹在一段时间后可能相去甚远；而相去甚远的初始点最终可能在很长一段时间内保持相近的轨迹。然而，吸引子的图象表明，该系统在总体上是稳定的，因为从吸引子中任意初始点出发的轨迹都不可能超出吸引子的范围。这种看似矛盾的特性正是混沌理论的核心。

寻找正确的轨迹

混沌理论源于人们理解并预测运动（尤其是天体运动）的早期尝试。例如，17世纪时，伽利略明确表述了摆的摆动方式以及物体下落方式的规律；约翰尼斯·开普勒阐释了行星绕太阳旋转时将如何在太空中扫过；艾萨克·牛顿将万有引力、运动学等物理定律与这些知识结合到一起。牛顿与戈特弗里德·莱布尼茨一同发明了微积分。微积分可用于分析并预测更复杂的系统的变化行为。理论上，我们可通过求解特定的微分方程来预测任意复杂变量之间的关系。

这些物理定律与分析工具表明，宇宙应当是确定的——如果已知物体的具体位置与状态，且已知施加在物体之上的全部作用力，我们便可百分百精准地预测这一物体的未来位置和状态。

三体问题

然而，牛顿发现了这种宇宙决定论的一个缺陷。他报告说，在对受万有引力吸引的3个天体（即使是看似很稳定的地球、月球和太阳）的运转情况加以分析时会遇到困难。后来，为了提升导航系统的性能，人们尝试分析月球的运动，但仍受结果不稳定的困扰。1890年，法国数学家亨利·庞加莱证明，相互吸引的3个天体并不具有某种一般的、可预测的运转方式。在某些情形下，天体从某些特定位置出发，会进行周期性的运动。也就是说，它们将沿着相同的路径重复运动。但庞加莱认为，在大多数情况下，这3个天体并不会走重复的路径，它们会进行一种非周期性运动。

数学家希望解决这种三体问题。他们将该问题抽象化，想象在某种曲面或空间内，有一些虚拟物体按照特定的曲率运动。虚拟物体运动的曲率正是施加在其上的作用力（例如万有引力）的数学表示。这种虚拟物体运转的轨道被称为"测地线"（见下图）。我们先考虑摆的摆动、行星绕恒星旋转等简单情形。在这种简单情形下，这些虚拟物体将围绕曲面上的某一定点往复振动（前后运动），形成一个所谓的"极限环"。而如果我们考虑阻尼摆（受摩擦作用影响，能量逐渐衰减的摆），这些虚拟物体的振动就会逐渐减弱，最终定格在那个定点。

当虚拟物体的运动受其他物体影响时，测地线就会变得十分复杂。若给定精确的初始条件，我们便可得到所有可能的路径。有些运动是周期性的，它们将沿着任意复杂的一条路径重复运动；还有一种情形是，其最初可能很不稳定，但最终会逼近极限环；第3种情形是，物体会立刻飞到无穷远，或是经过看起来稳定的一段时间后再飞至无穷远。

近似

尽管物理学家与数学家均已对三体问题进行了研究，但这些研究大多数是理论上的。当考虑实际的物理系统时，我们无法精确地确定天体的初始条件。这正是混沌理论的精髓。虽然这套系统是具有确定性的，但每次的测量结果都只是对真实值的近似而已。因此，任何基于这种不确定性测量的数学模型

> 在洛伦茨之前，确定性等同于可预测性。而在洛伦茨之后，我们开始发现……从长远来看，未来的事情或许是无法预知的。
>
> ——斯蒂芬·斯托加茨
> 美国数学家

都很可能沿与实际情况不同的趋势发展。一丁点微小的不确定性也足以造成混沌。 ∎

行星的测地线

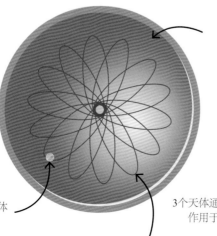

左图展示的是行星以可预测的方式绕恒星运转时形成的测地线轨迹。右图展示的是其他3个天体（可能是附近的行星或其他恒星）的存在将如何扭曲行星的轨道，使其变得复杂且不可预测，即变得混沌。

恒星的重力井

没有邻近天体的行星

这一行星的测地线呈现出一种可预测的形状。

3个天体通过万有引力作用于这一行星。

由于这一行星紧邻3个天体，因而它的测地线变得杂乱无章。

从逻辑上讲，事情只能是部分正确的

模糊逻辑

背景介绍

主要人物
卢特菲·泽德（1921—2017年）

领域
逻辑

此前

公元前350年 亚里士多德提出一套逻辑体系，该体系在19世纪前始终主导着西方的科学推理。

1847年 乔治·布尔发明了一种代数形式，其变量取值只能为"真""假"二值中的一个。这套体系为符号数学逻辑奠定了基础。

1930年 波兰逻辑学家扬·卢卡西维茨（Jan Łukasiewiecz）与阿尔弗雷德·塔斯基（Alfred Tarski）定义了一种可取无穷多个真值的逻辑体系。

此后

20世纪80年代 日本电子公司在工业和家用电器中使用了模糊逻辑控制系统。

计算机的二进制逻辑体系十分清晰：给定有效的输入，就会得到确切的输出。然而，对于真实世界中模棱两可、模糊不清的输入值，二进制逻辑体系未必能给出合理的答案。例如，对于手写识别问题，二进制逻辑体系就没法给出足够精妙的解决方案。然而，由模糊逻辑（fuzzy logic）控制的系统可以对取值为真的程度加以分析，进而可以更好地研究人类行为与思维过程等复杂现象。1965年，伊朗裔美国计算机科学家卢特菲·泽德

> 现实世界中遇到的对象，并未按照某种标准被精确界定为隶属于哪一类。
> ——卢特菲·泽德

提出了模糊集合论，模糊逻辑便是它的一个分支。泽德认为，随着系统变得越来越复杂，有关它的精确表述就变得没有意义，只有非精确的表述才有价值，而要想实现非精确表述，人们需要一种多值的（模糊的）推理系统。

在标准的集合论中，元素只能属于或不属于某一集合；而模糊集合论则允许元素具有一定隶属度，隶属度可以取值连续。类似的是，模糊逻辑允许命题的取值为一系列真值，而不局限于布尔逻辑的"绝对真"与"绝对假"两个取值。模糊真值需要有相应的模糊逻辑运算。例如，布尔代数的"且"运算对应模糊逻辑的"交"运算，其输出结果为两个输入值的最小值。

创造模糊集合

设想有一套基础的计算机程序，它能模仿人类的一项简单任务——煮溏心蛋。它可能只有一条规则：把鸡蛋煮5分钟。而一套更复杂的程序可能会像人类一样，把鸡蛋的重量也考虑在内。它可能

参见: 三段论逻辑 50-51页,二进制数 176~177页,布尔代数 242~247页,维恩图 254页,数学的逻辑 272~273页,图灵机 284~289页。

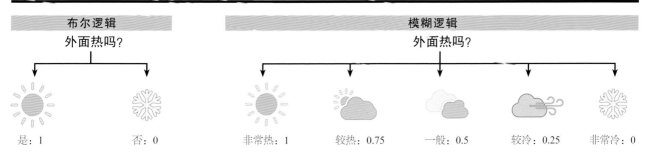

布尔逻辑		模糊逻辑				
外面热吗?		外面热吗?				
是: 1	否: 0	非常热: 1	较热: 0.75	一般: 0.5	较冷: 0.25	非常冷: 0

模糊逻辑的真值取值是连续的,而不像布尔逻辑那样只能取"是"(1)或"否"(0)。这些模糊值与概率颇为相似,但从根本上讲,二者是截然不同的。模糊值表示的是命题为真的程度,而并非命题为真的可能性。

将鸡蛋分为两类:不超过50克的小鸡蛋和超过50克的大鸡蛋。前者只需煮4分钟,后者则需煮6分钟。模糊逻辑学家称之为"清晰集合"(crisp set):每颗鸡蛋要么属于这一类,要么不属于这一类。

但是,要想煮出一颗完美的溏心蛋,烹饪时长必须与鸡蛋重量相匹配。基于传统逻辑的算法可能会将鸡蛋划分为更精细的重量范围,再分别设定精确的烹饪时长;而模糊逻辑则使用一种更为一般的方法来实现目标。首先,将数据模糊化:每颗鸡蛋都被视作或大或小,在不同程度上隶属于两个集合。例如,一颗50克的鸡蛋将以0.5的隶属度同时属于两个集合;而一颗80克的鸡蛋将以接近1的隶属度属于大鸡蛋集合,以接近0的隶属度属于小鸡蛋集合。然后,算法将根据每颗鸡蛋在模糊集合中的隶属度,通过一个叫作"模糊推断"的过程,将模糊规则(将大鸡蛋煮6分钟,小鸡蛋煮4分钟)应用于每颗鸡蛋。这套体系的推断结果是,80克的鸡蛋需要同时煮4分钟和6分钟(隶属度分别接近于0和1)。接下来,算法还需将输出结果去模糊化,得出一个控制系统可用的清晰逻辑输出结果。最终,这颗80克的鸡蛋需要大致煮6分钟。

如今,模糊逻辑在计算机控制系统中随处可见。从天气预报到股票交易,都有模糊逻辑的用武之地。模糊逻辑还在人工智能系统编程中发挥着至关重要的作用。■

基于人工智能的仿人机器人在东京的"奇怪酒店"前台工作。据说该酒店是全球首家有机器人员工的酒店。

人工智能

模糊逻辑可以有效处理日常生活中的不确定性,因此可以被应用于人工智能系统中。人工智能的模糊性给人一种"它具有自我指导的智能"的幻觉,但事实上,模糊逻辑处理数据的过程也是在消除不确定性。因此,人工智能纯粹是由预先编辑好的一系列规则形成的产物。

所谓机器学习,指的是人工智能通过一系列的试错来为自己编码的过程;而所谓专家系统,是人类程序员提供给人工智能的知识数据库,人工智能可以从中获取信息。这些技术极大地提升了人工智能的性能。然而,大多数人工智能较为"狭隘",虽然可以很好地完成一项任务,且往往完成得比人类更好,但它无法学会做其他任何事情,对其他的一切一无所知。计算机科学的下一个目标是研制出"通用人工智能",这种人工智能可像进化后的智能(例如人类的智能)那样指导人工智能学习。

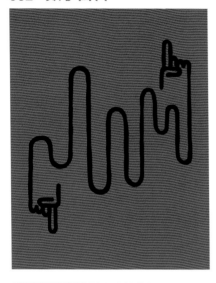

数学的大统一理论

朗兰兹纲领

1967年,年轻的加拿大裔美国数学家罗伯特·朗兰兹(Robert Langlands)提出了两个看似毫无关联的主要数学领域之间的一系列深刻联系,这两个领域就是数论与调和分析(harmonic analysis)。数论是与整数(尤其是素数)相关的数学;而调和分析(朗兰兹专门研究调和分析)是对波形的数学研究,其研究的是如何将波形分解为正弦波。这两个领域看似完全不同,因为正弦波是连续的,而整数是离散的。

朗兰兹的信

在1967年写给数论学家安德烈·韦伊的17页手写信中,朗兰兹提出了几个将数论与调和分析联系起来的猜想。韦伊意识到了这封信的重要性,便将其打印出来,于20

数论研究的是整数的性质及整数之间的关系。

调和分析研究的是复杂函数,它将复杂函数分解为一系列正弦波。

朗兰兹纲领将这两个看似相去甚远的数学分支联系起来。

这一纲领被誉为"数学的大统一理论"。

参见： 傅里叶分析 216~217页，椭圆函数 226~227页，群论 230~233页，素数定理 260~261页，艾米·诺特与抽象代数 280~281页，费马大定理的证明 320~323页。

世纪60年代末至70年代将其传播给众多数论学家。朗兰兹猜想被公开后，在数学界影响深远，并在随后50年里一直影响着数学研究。

揭示关联

朗兰兹的思想涉及高深的数学知识。用基本的术语来讲，他感兴趣的领域是伽罗瓦群与所谓的自守形式函数。数论中所说的伽罗瓦群，是对埃瓦里斯特·伽罗瓦研究多项式方程的根时使用的群的推广。

朗兰兹猜想意义重大，因为它让我们可以用调和分析的语言来表述数论问题。朗兰兹纲领（Langlands Program）被誉为"数学的罗塞塔石碑"，因为它可将一个数学领域的思想转换至另一数学领域。朗兰兹本人也提出了研究这一纲领的手段，例如将函子性（functoriality）一般化。这是一种可对不同群的结构加以比较的方法。

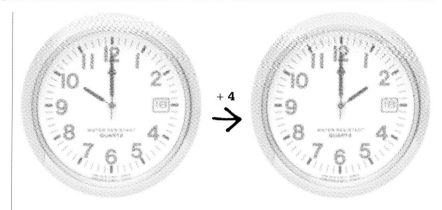

模算术（也叫"时钟算术"）研究的是只有有限个数的计数系统。以12小时制为例，如果你从10点开始往后数4小时，你得到的将是2点。也就是说，$10 + 4 = 2$，因为$14 \div 12$的余数是2。在朗兰兹纲领中，人们通常使用模算术来处理数。

朗兰兹将调和分析与数论相结合，可能促使了大量新工具的出现；正如19世纪时，电和磁被统一为电磁学，让人们对物理世界的理解焕然一新。这一纲领试图构建看似有天壤之别的数学领域之间的新联系，揭示数学核心之处的某些结构。20世纪80年代，乌克兰数学家弗拉基米尔·德林费尔德（Vladimir Drinfel'd）对该纲领进行了拓展，他认为，调和分析的一些内容可能与几何学的一些领域存在着如朗兰兹所说的那种联系。1994年，安德鲁·怀尔斯借助朗兰兹的一个猜想，最终证明了费马大定理。■

罗伯特·朗兰兹

罗伯特·朗兰兹于1936年出生于加拿大的新威斯敏斯特。他最初并未打算上大学，直到后来，一位老师"花了一个小时的课堂时间"公开请求他发挥自己的才华。他是一位极具天赋的语言学家，但在16岁时，他来到加拿大的不列颠哥伦比亚大学，开始学习数学。后来，他移居美国，并于1960年获得耶鲁大学博士学位。朗兰兹先后在普林斯顿大学、伯克利大学和耶鲁大学任教，随后来到普林斯顿高等研究院，成为爱因斯坦的老办公室的新主人。朗兰兹着手研究整数与周期函数之间的关系，这是对素数特性的研究的一部分。2018年，他因提出"富有远见"的朗兰兹纲领而被授予阿贝尔奖。

主要作品

1967年《欧拉乘积》

1967年《给安德烈·韦伊的信》

1976年《论爱森斯坦级数满足的函数方程》

2004年《内窥以外》

另一个屋顶，另一个证明

社会数学

匈牙利数学家保罗·埃尔德什在一生中独自或与他人合作撰写了约1,500篇学术论文。他曾与全球数学界的500多个人合作，横跨数学的不同分支，例如数论（对整数的研究）以及组合数学（研究一个集合中对象的可行排列方法数的数学分支）。"另一个屋顶，另一个证明"是他的座右铭，也就是说，他习惯留在其他数学家家中，以便与其"合作"一段时间。

埃尔德什数于1971年被首次使用，它表示的是，一名数学家在发表论文方面与埃尔德什相隔多远。只有撰写过数学论文的人才有埃尔德什数。曾与埃尔德什共同撰写过论文的人的埃尔德什数是1，曾与埃尔德什的合作者合作过（但未与埃尔德什本人合作过）的人的埃尔德什数是2，以此类推。阿尔伯特·爱因斯坦的埃尔德什数是2，而保罗·埃尔德什本人的埃尔德什数是0。

美国奥克兰大学开展了一项埃尔德什数项目（Erdös Number Project），该项目分析了数学家之间的合作情况。埃尔德什数的平均值在5左右，超过10的埃尔德什数很罕见，这体现了数学界的协作程度。■

埃尔德什具有惊人的与人协作解决问题的能力。这也正是许多数学家都因他而获益的原因。

——贝拉·波罗巴斯
匈牙利籍英国数学家

参见： 丢番图方程 80~81页，欧拉数 186~191页，六度分隔 292~293页，费马大定理的证明 320~323页。

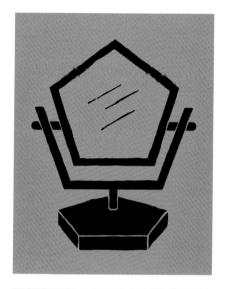

五边形就是很好看

彭罗斯铺砖

千年来，铺砖图案始终是艺术与建筑的一大特色。人们希望能尽可能高效地填充二维空间，因而对密铺（tessellation）进行了研究。所谓密铺，指的是不留空隙、没有重叠地用多边形铺满平面的方式。像蜂窝这种天然结构就是密铺。

有3种规则图形可以自身实现密铺，无须借助其他图形。这3种图形是正方形、等边三角形和正六边形。然而，许多不规则图形也可以密铺；而所谓的半规则密铺指用不止一种规则图形实现的密铺。如此得到的图案通常会重复出现，这就是所谓的周期性密铺。

非周期性密铺指图案不重复的密铺方法。虽然一些规则图形组合到一起也能实现非周期性密铺，但我们很难找到这种例子。英国数学家罗杰·彭罗斯曾研究，是否存在只能形成非周期性密铺的多边形。1974年，他用筝形（kite）

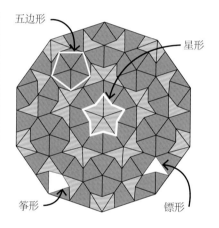

彭罗斯铺砖由筝形与镖形组成，它们构成了一种非周期性密铺。我们还能从中找到五边形、星形等五重对称的图形。

与镖形（dart）制作出了一种铺砖图案。如上图所示，各个筝形、镖形的图案必须完全相同，镖形与筝形的面积之比刚好就是黄金比。尽管这种铺砖图案没有完全相同的部分，但这一图案会在更大的尺度上重复出现，类似于分形。■

参见：黄金比 118~123页，极大值问题 142~143页，分形 306~311页。

千变万化，
纷繁复杂

分形

背景介绍

主要人物
本华·曼德博（1924—2010年）

领域
几何、拓扑

此前
约公元前4世纪　欧几里得的《几何原本》奠定了几何学的基础。

此后
1999年　在有关"异速生长"的研究中，学者将分形生长应用于生物系统的新陈代谢过程中，并得到了有价值的医学应用。

2012年　澳大利亚最大的三维天空图表明，宇宙在一定程度上是分形的：大物质团中会有小物质团，但最终从整体上来看，物质是均匀分布的。

2015年　分形分析被应用于电力网络之中，从而使人们可对电力故障频率进行建模。

一种可以刻画山峦与云层的几何学已经出现了……与科学中的一切事物一样，这种全新的几何学也有非常非常深远的根源。
——本华·曼德博

图中展示的是计算机绘制的由曼德博集合生成的分形图案。这种利用分形生成软件绘制出的图绚丽多彩、令人着迷。

继欧几里得之后，学者和数学家开始用简单的几何图形对世界建模，比如用曲线和直线、圆、椭圆、多边形，以及5种柏拉图立体（正四面体、正六面体、正八面体、正十二面体与正二十面体）。过去2,000年来的大多数时间里，人们做出的最为普遍的假设是，山脉、树木等大多数自然事物均可被分解为这些形状的组合，从而使我们可以确定它们的大小。然而，1975年，波兰裔数学家本华·曼德博对分形产生了兴趣。分形指某种不规则的形状在同一结构中以更小或更大的尺度反复出现，就像锯齿形的山顶一样。"分形"（fractal）一词源自拉丁语fractus，意为"破碎"，人们对分形的研究最终孕育出了分形几何学。

全新的几何学

虽然曼德博将分形引入了世人的视野，但这一切都建立在早期数学家的发现的基础之上。1872年，德国数学家卡尔·魏尔斯特拉斯正式定义了"连续函数"（continuous function）这一数学概念，其表示输入值的变化量与对应的输出值的变化量大致相等的函数。然而，所谓的魏尔斯特拉斯函数（Weierstrass function）完全由尖角组成，无论怎样将其放大，都处处不光滑。当时的人们觉得这是一种"异常现象"，它不像欧几里得图形那样合乎情理，与现实世界毫无关联。

1883年，另一位德国数学家格奥尔格·康托尔在英国数学家亨利·史密斯（Henry Smith）的成

参见: 柏拉图立体 48~49页,欧几里得的《几何原本》52~57页,复数平面 214~215页,非欧几里得几何 228~229页,拓扑学 256~259页。

果之上,说明了如何画出一条长度为0的处处不连续的线。他的方法是,先画一条直线段,再去掉中间三分之一(剩下两条线段,中间有个间隙),随后重复这一过程无穷多次。这样操作得到的将是一条由一系列完全不相连的点组成的线,也就是康托尔集。与魏尔斯特拉斯函数类似,数学界认为康托尔集也同样令人疑惑,并称这些新图形是"病态的",即它们"不具有常规性质"。

1904年,瑞典数学家海里格·冯·科赫构造了一种新图形,即"科赫曲线"或"科赫雪花"(Koch snowflake)。这一图形会在更小的尺度上重复出现三角形图案。随后,1915年出现了完全由三角形洞组成的谢尔宾斯基三角形。

所有这些图形都呈现出分形几何的关键特性——自相似性。也就是说,将图形的某一部分放大,会出现形状完全相同的更小的复制

版本。数学家意识到,从宏观到微观,某一样式在各个尺度上重复出现,是自然生长的一种基本特性。

1918年,德国数学家费利克斯·豪斯多夫(Felix Hausdorff)认为,维数可以是分数。直线、平面、立体这些简单图形分别对应着一维、二维、三维,但那些新图形的维数可以不是整数。例如,理论上,我们可以用一维的绳子测量英国海岸线的长度。然而,水湾处需要用细绳测量,而海岸裂缝处则只能用更细的绳测量。因此,我们无法用一维方法测量海岸线。英国海岸线与科赫曲线类似,它的豪斯多夫维数是1.26。

动态自相似性

法国数学家亨利·庞加莱发现,动力系统(随时间变化的系统)也具有自相似的分形特征。动力学状态从本质上看是"非确定性"的,因为两个大致相同的系

本华·曼德博

本华·曼德博于1924年出生于波兰华沙的一个犹太家庭。为逃离纳粹,他于1936年离开波兰。他随家庭先来到巴黎,后辗转至法国南部。第二次世界大战后,曼德博获得了奖学金,先后在法国和美国学习,然后返回巴黎,并于1952年在巴黎大学获得数学科学博士学位。

1958年,曼德博在纽约加入IBM公司。作为一名研究人员,他拥有了可以启发新思想的地盘和设施。1975年,他发明"分形"一词;1980年,他提出曼德博集合,这种集合后来成为全新的分形几何学的代名词。1982年,他的著作《大自然的分形几何学》出版,使这一话题广受欢迎。曼德博因他的研究成果而备受赞誉,荣获了许多奖项。1989年,他获得了法国荣誉军团勋章。他于2010年去世。

主要作品

1982年 《大自然的分形几何学》

曼德博集合具有一种精美绝伦的结构。

它的边界极其复杂、千回百转。

将其中任何一部分放大,不论它原本有多小,它都呈现出一种与这一集合本身完全相同的样式。

没有人能彻底理解这一集合的千变万化、纷繁复杂。

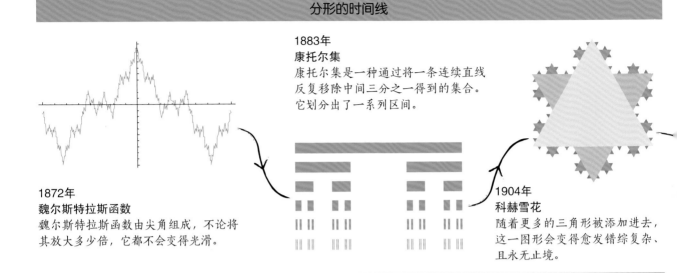

分形的时间线

1883年
康托尔集
康托尔集是一种通过将一条连续直线反复移除中间三分之一得到的集合。它划分出了一系列区间。

1872年
魏尔斯特拉斯函数
魏尔斯特拉斯函数由尖角组成，不论将其放大多少倍，它都不会变得光滑。

1904年
科赫雪花
随着更多的三角形被添加进去，这一图形会变得愈发错综复杂、且永无止境。

统，即使初始条件几乎一样，最终仍然会得到完全不同的结果。这种现象俗称"蝴蝶效应"，因为人们常举例子说，一只蝴蝶扇动翅膀，施加一个微小扰动，理论上会为天气系统带来巨大影响。庞加莱在证明他的理论时提出的微分方程表明，像分形结构这样具备自相似性的动力学状态是存在的。诸如气旋这种常见的大型天气系统就会在更小的尺度（甚至小到阵阵微风）上都在重复自身的特性。

法国数学家加斯顿·朱利亚（Gaston Julia）是庞加莱以前的学生。1918年，他在对复数平面进行映射时，探索了自相似的概念。他研究时使用了一种叫作"迭代"的方法，即给某一函数输入一个值，得到输出结果，再将结果反过来输入给该函数。朱利亚与皮埃尔·法图（Pierre Fatou）分别独立进行了相关研究。朱利亚发现，如果取一个复数，将其平方，再加上一个常数（一个定值，或一个表示

定值的字母），然后重复这一过程，那么有一些初始值将最终发散至无穷，而另外一些将收敛到有限值。朱利亚和法图将这些不同的值映射到复数平面上，并标出哪些收敛、哪些发散。这些区域的边界呈现出自我重复的特点，也就是分形。然而，由于当时计算能力

有限，朱利亚和法图未能看到他们的发现的真正意义，但他们发现了后来所谓的"朱利亚集合"（Julia set）。

曼德博集合

20世纪70年代末，本华·曼德博首次使用"分形"一词。在互联网技术公司IBM工作期间，曼德博对朱利亚与法图的发现产生了兴趣。他在IBM可以使用计算机，进而可以详细分析朱利亚集合的特点。他注意到，有些常数（c）的取值会得到"连通"集，即各个点相互连在一起；而另外一些是非连通的。曼德博将c的各个取值映射到复数平面上，然后将连通集对应的取值着色，并将非连通集用另一种颜色着色。于是，1980年，曼德博集合（Mandelbrot set）诞生。

罗马花椰菜呈现出一种纷繁复杂的自相似性。从蕨类植物与向日葵，再到菊石与贝壳，分形在自然界中无处不在。

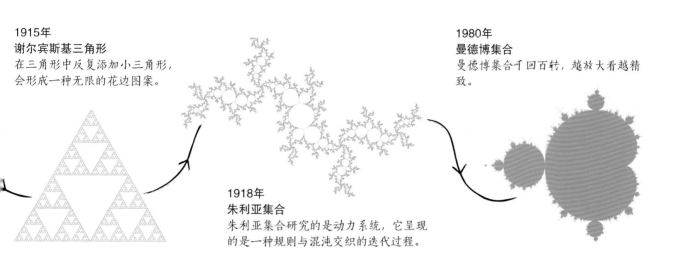

1915年
谢尔宾斯基三角形
在三角形中反复添加小三角形，会形成一种无限的花边图案。

1918年
朱利亚集合
朱利亚集合研究的是动力系统，它呈现的是一种规则与混沌交织的迭代过程。

1980年
曼德博集合
曼德博集合千回百转，越放大看越精致。

曼德博集合在各种尺度上均呈现出优美又复杂的自相似图案，也就是说，将曼德博集合放大，会看到它自身的更小的复制版本。1991年，日本数学家宍仓光广证明，曼德博集合的边界的豪斯多夫维数是2。

分形的应用

数学家可以利用分形几何刻画现实世界的不规则性。山脉、河流、海岸线、云层、天气系统、血液循环系统，甚至是罗马花椰菜，如此种种，许多自然事物呈现出自相似性。虽然它们的行为并非具有完全确定性，但用分形几何学对这些纷繁复杂的现象加以建模，也能让我们更好地了解它们的行为和演化过程。

分形在医学研究中有大量应用，例如，我们可以用其了解病毒的习性以及肿瘤的发展。分形还被应用于工程，特别是聚合物及陶瓷材料的开发中。宇宙的结构与演化过程也可用分形建模，经济市场的波动亦可由分形刻画。随着应用范围的扩大与计算能力的提高，分形已然成为我们理解这看似混沌的世界不可或缺的一部分。■

分形与艺术

日本画家葛饰北斋（1760—1849）创作的《神奈川冲浪里》中，也采用自相似的概念，形成了引人注目的效果。

无穷多个尺度上的自相似性在哲学与艺术学中得到了深入研究。这种自相似性常产生一种冥想的效果。分形是佛教冥想以及曼荼罗（在宗教仪式上用以表示宇宙的符号）的重要原则；在铺砖等装饰中，它还被用于暗指上帝永无穷尽的本质。甚至19世纪英国诗人威廉·布莱克的诗《天真的预言》也曾暗中提到自相似性，这首诗的首句是"一沙一世界"。

日本画家葛饰北斋的作品中有重复出现的旋涡图案，其经常被用作分形艺术的例子。加泰罗尼亚艺术家安东尼奥·高迪的建筑亦如此。

20世纪80年代末至90年代初，美国和英国出现了一种"锐舞"（rave）音乐文化现象，其也与人们对分形艺术的兴趣激增有关。如今，人们设计了许多能生成分形图案的软件，从而使大众亦可创造分形图案。

4种颜色，无须更多

四色定理

若想为一张地图着色，且相邻的两个国家或地区不能用同一颜色，那么你一共需要用**多少种颜色**？

只用**两种或3种**颜色是无法实现的。

1890年，人们证明了任何地图都可用**5种颜色着色**。

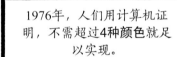

1976年，人们用计算机证明，不需超过**4种颜色**就足以实现。

用**4种颜色**就足以为地图着色。

制图师很久以前就已经知道，无论为多么复杂的地图着色，都只需用4种颜色，即可保证相邻两个国家或地区的颜色不相同。虽然有的地图看似需要5种颜色，但我们总能找到一种方法为其重新着色，使其只用其中4种。这

一定理看似简单，但120多年来，数学家一直在试图证明它。它是数学中持续时间最长的悬而未决的难题之一。

据说最早提出四色定理的人是一名南非的法学学生弗朗西斯·格思里。他在为地图着色时，只用了

参见: 欧拉数 186~191页,图论 194~195页,复数平面 214~215页,费马大定理的证明 320~323页。

4种颜色,并且认为不论多么复杂的地图均可用4种颜色着色。1852年,他请教他的弟弟弗雷德里克(Frederick)能否证明这一定理,他的弟弟此时正在伦敦师从数学家奥古斯塔斯·德·摩根学习。德·摩根承认他无法证明该定理,并与爱尔兰数学家威廉·哈密顿分享了这一问题。随后,哈密顿尝试自己证明这一定理,但也未能成功。

错误的开始

1879年,英国数学家艾尔弗雷德·肯普(Alfred Kempe)在科学杂志《自然》上给出了四色定理的一个证明。肯普因这项成果备受赞誉。两年后,他成为英国皇家学会会员,也在一定程度上要归功于他的证明。然而,1890年,英国数学家珀西·希伍德发现了肯普的证明中的一个漏洞,且肯普本人也承认自己犯了一个无法修正的错误。之后希伍德成功地证明,要想为任

在平面中,将任何图形组合到一起,不论有多复杂,均可只用4种颜色着色,使得相邻两个图形的颜色各不相同。

意一张地图着色,所用颜色不超过5种。

数学家们继续研究,并逐步取得了进展。1922年,菲利普·富兰克林(Philip Franklin)证明,任何不超过25个区域的地图均可用4种颜色着色。后来,这一数字逐渐增加。1970年,挪威数学家奥斯丁·欧尔(Øystein Ore)与美国数学家乔尔·斯坦普尔(Joel Stemple)共同使其提升为39;1976年,法国学者让·迈耶(Jean Mayer)将其提高至95。

新的希望

20世纪70年代,超级计算机的问世重新激发了人们对解决四色定理的兴趣。虽然德国数学家海因里希·希施(Heinrich Heesch)提出了一种尝试证明的方法,但他没有使用超级计算机的权限,因而无法进行尝试。沃夫冈·哈肯(Wolfgang Haken)是希施以前的学生,他对这一问题很感兴趣。在与美国伊利诺伊大学的计算机程序员凯尼斯·阿佩尔(Kenneth Appel)会面后,他着手研究这一难题。二人最终在1976年攻克这一难题。他们完全依靠计算机完成了这一证明,检查了大约2,000个实例,进行了数十亿次运算,耗费了将近1,200小时。这是数学史上首个依靠计算机完成的证明。∎

计算机证明

1976年,阿佩尔与哈肯证明了四色定理,这是有史以来人们首次用计算机证明数学定理。这一做法在数学家之间引起了争议,因为数学家习惯于用可供其他同仁检查的逻辑方法来求解问题。阿佩尔与哈肯借助计算机,通过穷举完成证明。所谓穷举,就是仔细地逐个探究所有可能情形,这是一项无法由人类手动完成的壮举。但问题是,经过一段无法由人类检查的冗长的计算过程,然后简单地得出"是的,该定理已得证"的结论,这种做法是否可被认可?许多数学家是不认可这种做法的。计算机证明仍备受争议,但技术的进步让我们愈发相信这种方法的可靠性。

1970年左右,IBM的370系统(System/370)是最早使用虚拟内存的计算机之一。所谓虚拟内存,是一种可运行并处理大量数据的存储系统。

用单向的计算保护数据

密码学

背景介绍

主要人物
罗纳德·李维斯特（1947—）
阿迪·萨莫尔（1952—）
伦纳德·阿德曼（1945—）

领域
计算机科学

此前
9世纪 阿尔·肯迪提出频率分析法。

1640年 皮埃尔·德·费马表述了他关于素数的"费马小定理"。当人们在寻找公钥加密所需的素数时，仍会借助这一定理进行检验。

此后
2004年 椭圆曲线首次在密码学中得以应用。它使用的密钥更小，但能提供与RSA算法相同的安全性。

2009年 一位匿名的计算机科学家挖到了首个比特币，这是一种无须中央银行参与的加密货币。

密码学是研究保密通信方法的学科。密码学在现代生活中已无处不在，几乎任何一个数字设备与另一个数字设备建立的连接均以"握手"开始，两个设备可通过握手协议来商定一种为双方的连接加密的方式。握手协议通常使用的是3位数学家罗纳德·李维斯特（Ron Rivest）、阿迪·萨莫尔（Adi Shamir）与伦纳德·阿德曼（Leonard Adleman）的成果。1977年，他们发明了RSA算法（以他们名字的首字母命名），这一加密算法让他们于2002年获得了

参见: 群论 230~233页, 黎曼猜想 250~251页, 图灵机 284~289页, 信息论 291页, 费马大定理的证明 320~323页。

> **这项工作确实不太需要什么数学,但数学家通常更擅长完成这项工作。**
>
> ——琼·克拉克
> 英国密码专家

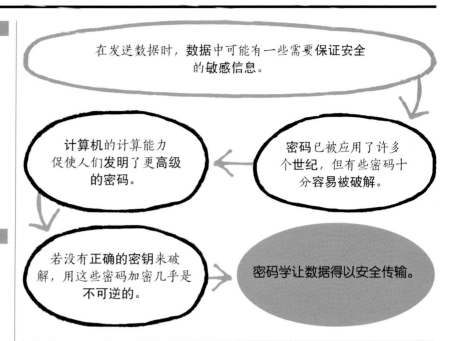

在发送数据时,**数据中可能有一些需要保证安全的敏感信息。**

计算机的计算能力促使人们**发明了更高级的密码。**

密码已被应用了许多个世纪,但有些密码十分容易被破解。

若没有正确的密钥来破解,用这些密码加密几乎是**不可逆的。**

密码学让数据得以安全传输。

图灵奖。RSA算法之所以特别,是因为它确保任何监听了这一连接的第三方都无法窃取任何私人信息。

之所以要对通信进行加密,是因为人们需要确保在信息不落入不法分子手中的前提下进行金融交易。但除此之外,加密手段还可用于对抗任何第三方("对手方"),例如竞争对手公司、敌对势力等。密码学是一门古老的实践学科。公元前1500年左右,美索不达米亚的泥板就常被加密,用以保护陶器釉面的配方,或是其他此类具有商业价值的信息。

加密算法与密钥

"密码学"(cryptography)一词来自希腊语,意为"隐藏的书面研究"。在许多历史文明进程中,人们都用密码来保护书面消息。未经加密的消息叫明文,加密后的叫密文。例如,"HELLO"一词经过加密可能会变成"IFMMP"。从明文到密文,需要一个加密算法和一个密钥。算法是一种系统性的、可重复的方法,而在本例中,加密算法就是将每个字母替换为字母表中的另一个字母,即其密钥是+1,因为明文中的每个字母都被替换为字母表中该字母的后一位字母。而如果密钥是-6,则加密算法会将同样的明文"HELLO"加密为"BYFFI"。

这种简单的替换式密码被称为"恺撒密码"(或"恺撒移位"),以在公元前1世纪使用了这种密码的尤利乌斯·恺撒(Julius Caesar)的名字命名。恺撒密码是一种对称加密算法,因为我们在解密消息时,需要(反过来)使用同样的加密算法与密钥。

解密过程

只要时间充足、纸张足够,我们便可相对简单地通过尝试所有可能的替换方法来破解恺撒密码。用现代术语来说,这种方法叫暴力破解法。随着加密算法和密钥日趋

图中是1802年英国使用的密码转轮,这种密码转轮加速了恺撒密码的破译。一旦人们找到了密钥,便可将两个转轮匹配起来。

复杂，暴力破解法将愈发耗时。此外，在计算机问世前，这种方法也无法解密存储了大量信息的冗长消息。

但这种冗长消息更容易受到一种被称为"频率分析"的解密方法的攻击。这个方法最早由9世纪的阿拉伯数学家阿尔·肯迪提出，它利用某种语言的字母表中每个字母出现的频率来破解密码。英语中最常见的字母是e，因此密码专家会找出密文中最常见的字母，将其指定为e。第二常见的字母是t，然后是a，以此类推。像th、ion这种常见的字母组合亦可用于解密。无论加密方式多复杂，这种方法都可有效地应对任何替换式密码。

抵抗频率分析的方法有两种。第1种方法是用代号来掩盖明文。"代号"一词在密码学中有特殊定义，我们可以在加密明文前，用代号来替换整个单词或短语。例如，给一段明文添加代号后，原先的明

文可能会变成"星期四买柠檬"，其中"买"是"杀"的代号，而"柠檬"则是袭击名单中某个特定目标的代号。在这个袭击名单上，或许所有目标都有对应的水果代号。若没有代号列表，就无法获知消息的全部含义。

恩尼格玛密码机

第2种方法是使用多字母密码，它可提升加密安全性。这种方法指的是，明文中的一个字母在密文中可被替换为几个不同字母，这样也可以消除被频率分析的可能性。这种加密算法最早出现于16世纪，但最著名的一次尝试是第二次世界大战中轴心国使用的恩尼格玛密码机（Enigma machine）加密技术。

恩尼格玛密码机是一台强大的加密机器。这台机器大体上由一个电池连着26个小灯泡组成，每个灯泡对应着字母表中的一个字母。当信号员按下键盘上的一个字母时，灯板上便会有另一个字母相应亮起。若再次按下同一按键，会有不同的灯亮起（亮起的字母永远都不是按下的字母）。这是因为，电池与灯板的连接方式受3个转子控制，每按一次按键，转子就会改变连接关系。插接板这一设计让密码变得更为复杂。插接板会交换10对字母，进一步打乱消息内容。要想用恩尼格玛加密并解密一条消息，

恩尼格玛密码机于1923年至1945年间被用于德国的间谍活动中。3个转子位于灯板后侧，插接板位于正前方。

两台密码机均需用正确的方式设定好。其中，3个转子要安装好，且被放置在正确的初始位置；此外，插接板上的10个插头要连接准确。密码机的这套设定方式便是加密密钥。装有3个转子的恩尼格玛密码机共有超过1,589,625,552,178亿种可行的设定方式，且每天都会更改。

恩尼格玛密码机的缺陷在于，它无法将一个字母加密为它本身。于是，同盟国的密码破译员便可用常用短语来设法找出当天的密钥，因为那些没有出现这些字母的密文很可能就是这些短语的密文。同盟国的密码破译员使用图灵"甜点"机来破解密码。英国使用的加密设备Typex是恩尼格玛的改进版本，它可将一个字母编码为自身。

非对称加密

在对称加密体制下，消息的安全等级和密钥一样。人们在传递密钥时，必须通过物理方法，例如写在军事密码本中，或是找一个僻

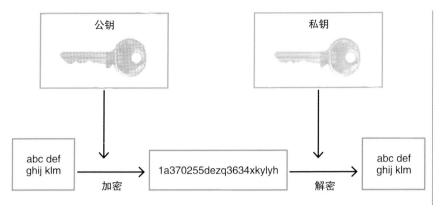

公钥

私钥

abc def ghij klm

加密

1a370255dezq3634xkylyh

解密

abc def ghij klm

公钥密码加密技术使用一种任何人都可使用的加密密钥来加密数据。只有私钥所有者才能用私钥来解密数据。这种方法对少量数据十分有效，但对大量数据则太过耗时。

静的汇合处在耳边小声传递。倘若密钥落入他人之手，加密就将徒劳无功。

计算机网络的兴起让人们无须见面便可轻松进行长距离通信。然而，互联网是公开的。因此，任何通过互联网连接传输的密钥都可能落入他人手中，使密钥变得毫无用处。RSA算法是人们在寻找非对称加密算法时提出的一种早期算法。在这种算法中，发送方与接收方使用两个密钥：一个私钥，一个公钥。如果爱丽丝（Alice）与鲍勃（Bob）两人希望进行秘密通信，爱丽丝可将公钥传递给鲍勃。公钥由 n 与 a 两个数组成。爱丽丝将私钥 z 留在自己手中。明文消息（M）由一串数字（或由字母加密成的数字）组成，鲍勃用 n 与 a 对它加密。对于每个明文数字，鲍勃先计算这一数字的 a 次方，再除以 n。这里的除法就是模运算（记作 mod n），也就是说，计算结果是除法的余数。因此，假如 n 是10，M^a 是12，那么计算结果就是2；如果 M^a 是2，计算结果也是2。$M^a \bmod n$ 的计算结果即为密文（C），在本例中即为2。一些间谍可能会监听到公钥 n 与 a，但他并不知道 M 是2，还是12，或是1,002（因为这些数除以10都余2）。只有爱丽丝能用她的私钥 z 解密，因为 $C^z \bmod n = M$。

该算法中，n 是一个关键数字，它等于两个素数 p 与 q 之积。接下来，a 与 z 可由 p 与 q 用某种公式计算得到，这一公式要保证前面的模运算成立。唯一一种破译的方法就是找出 p 与 q，再计算 z。要想实现这一点，密码破译者必须找出 n 的素因数，但如今的RSA算法使用的 n 高达600多位。一台超级计算机要花上千年的时间通过反复试错才能计算出 p 与 q，因此，RSA以及其他类似的加密协议几乎是牢不可破的。■

用随机方法寻找素数

计算机可与熔岩灯相连，进而可基于熔岩灯的运动情况来生成一组随机数。

RSA算法及其他公钥密码体制都需要大量的素数来充当 p 与 q。如果这一体制惯用的素数过少，那么攻击者便有可能找到日常加密中常用的 p 与 q 的值。解决此问题的方法是，使用更多的新素数。具体的方法是，我们可以先生成随机数，再利用皮埃尔·德·费马的费马小定理来测试其素性：如果某数（p）是素数，那么如果计算另一个数（n）的 p 次方，再将结果减去 n，得到的将是 p 的倍数。

我们很难通过计算机编程产生真正的随机数序列。因此，各个公司常使用物理现象来生成随机数。例如，在对计算机编程时，可以跟踪熔岩灯的运动，测量放射性衰变的情况，或是接收无线电传输产生的白噪声，再将这些输入转成随机数，用于加密。

由尚不可见的一根线串起的宝石

有限单群

背景介绍

主要人物
丹尼尔·戈伦斯坦(1923—1992年)

领域
数论

此前
1832年 埃瓦里斯特·伽罗瓦定义了单群的概念。

1869—1889年 法国数学家卡米尔·若尔当(Camille Jordan)与德国数学家奥托·赫尔德(Otto Hölder)证明,所有有限群均可由有限单群组成。

1976年 克罗地亚数学家兹沃尼米尔·扬科(Zvonimir Janko)提出了一个散在单群——扬科群J_4,这是最后一个被发现的有限单群。

此后
2004年 美国数学家迈克尔·阿什巴赫(Michael Aschbacher)与斯蒂芬·D. 史密斯(Stephen D. Smith)完成了自丹尼尔·戈伦斯坦开始的有限单群的分类。

单群(simple group)被誉为代数的原子。1889年左右被证明的若尔当-赫尔德定理(Jordan-Hölder theorem)说明,所有有限群均可由有限单群组成,正如所有正整数均可由素数组成一样。

"群"在数学中并非只是一个简单的事物集合,它还规定了如何用群中的元素生成更多元素,例如通过乘法、减法或加法等。20世纪60年代初期,美国数学家丹尼尔·戈伦斯坦(Daniel Gorenstein)开群了对群的分类研究,并于1979年发表了他对有限单群的完整分类。

单群与几何对称之间有很多相似之处。对一个正方体进行90°旋转,得到的形状与最初的完全相同。与之类似,对其他二维或三维规则图形进行的变换(旋转或翻转)亦可构成一种单群,即所谓的

群是由一组元素(数、字母或图形)组成的集合,此外还有一种将这个群中的各个元素结合起来的**运算**(例如加法、减法或乘法)。

如果一个群的**元素个数有限**,则被称为"有限群"。

如果一个群无法被分解为更小的群,则被称为"单群"。

有限单群是组成全部有限群最基础的"积木块"。

参见: 柏拉图立体 48~49页, 代数 92~99页, 射影几何 154~155页, 群论 230~233页, 密码学 314~317页,
费马大定理的证明 320~323页。

空间对称群 (symmetry group)。

无限群与有限群

有些群是无限的。例如,所有整数在加法运算下构成的群就是无限群,因为整数可被加至无穷大。然而,由数字-1、0、1与乘法运算构成的群即为有限群,因为群中任何数字相乘只能得到-1、0或1。我们可以利用凯莱图 (Cayley graph) 将群中所有元素以及生成这些元素的规则可视化表示 (见右图)。

若一个群无法被分解为更小的群,则被称为"单群"。虽然单群有无穷多个,但单群的种类数并非无穷多——至少可以说,大小有限的单群种类并非无穷多。1963年,美国数学家约翰·G.汤普森 (John G. Thompson) 证明,除了平凡群 (例如0+0=0、1×1=1),几乎所有单群的元素个数均为偶数。这促使丹尼尔·戈伦斯坦提出一项更为艰巨的任务:对所有有限单群进行分类。

魔群

有18类有限单群有精确的定义,且每类都与某种几何结构的对称性有关。此外,还有26种单独的群,被称为"散在群" (sporadic group)。最大的散在群被称为"魔群" (the Monster),它有196,883维,且有将近8×10^{53}个元素。每个有限单群要么属于这18类之一,要么属于26种散在群之一。■

这幅凯莱图展示的是A_5群 (由正二十面体的旋转对称变换构成的群; 正二十面体是一种有20个面的三维图形) 的全部60个元素 (处于不同方位),以及它们彼此的联系。由于A_5的元素个数有限,因此它是一个有限群。A_5还是一个单群。它有两个生成元 (可组合到一起并得到群中其他元素的元素)。

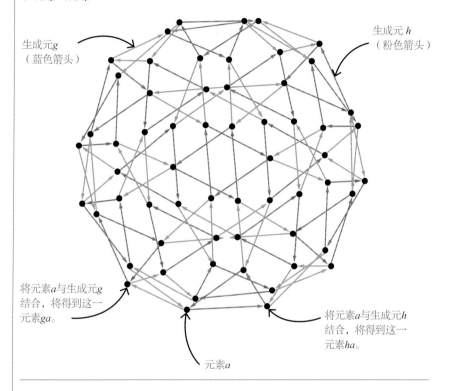

生成元g
(蓝色箭头)

生成元h
(粉色箭头)

将元素a与生成元g结合,将得到这一元素ga。

将元素a与生成元h结合,将得到这一元素ha。

元素a

丹尼尔·戈伦斯坦

丹尼尔·戈伦斯坦于1923年出生于美国马萨诸塞州的波士顿,他在12岁时就自学了微积分,后就读于哈佛大学。他在那里了解到有限群,后来有限群也成为他毕生的研究方向。1943年毕业后,他在哈佛大学待了几年,在第二次世界大战期间向军事人员讲授数学,之后师从数学家奥斯卡·扎里斯基,并获得博士学位。

1960—1961年,戈伦斯坦在芝加哥大学参加了为期9个月的群论课程,这促使他提出有限单群分类问题。他继续进行这项研究,直到1992年去世。

主要作品

1968年 《有限群》

1979年 "有限单群的分类"

1982年 《有限单群》

1986年 "为有限单群分类"

一个真正美妙的证法

费马大定理的证明

背景介绍

主要人物
安德鲁·怀尔斯（1953—）

领域
数论

此前
1637年 皮埃尔·德·费马指出，当 n 大于2时，满足方程 $x^n + y^n = z^n$ 的正整数 x、y 与 z 并不存在。然而，他没有给出证明。

1770年 瑞士数学家莱昂哈德·欧拉证明，费马大定理在 $n=3$ 时成立。

1955年 日本的谷山丰（Yutaka Janiyama）与志村五郎（Coro Shimura）提出，每个椭圆曲线都有对应的模形式。

此后
2001年 谷山-志村猜想得证，它也被称为"模性定理"（modularity theorem）。

法国数学家皮埃尔·德·费马于1665年去世，他为世人留下了一部公元3世纪古希腊数学家丢番图所著的《算术》的复印本。这本书被翻得很旧，其空白处写有费马的一些想法。费马在空白处潦草写下的几乎所有问题后来都得以解决，只有一个问题难倒世人。他在空白处写下一句惹人好奇的注释："我确信已发现了一种美妙的证法，可惜这里空白的地方太小，写不下。"

费马的注释与丢番图对勾股定理的讨论有关。勾股定理指在

参见： 毕达哥拉斯 36~43页，丢番图方程 80~81页，概率 162~165页，椭圆函数 226~227页，卡塔兰猜想 236~237页，20世纪的23个问题 266~267页，有限单群 318~319页。

皮埃尔·德·费马在书的空白处写下了关于**勾股定理**的注释。

→

他认为，对于任意大于2的正整数n，都有
$$x^n + y^n \neq z^n。$$

↓

"我确信已发现了一种美妙的证法，可惜这里空白的地方太小，写不下。"

↓

3个多世纪以来，数学家一直在尝试证明**费马大定理**，但均以失败告终。直到1994年，这一定理才被证明。

直角三角形中，斜边（直角的对边）的平方等于另外两条边的平方和，即$x^2 + y^2 = z^2$。费马知道这一方程的x、y与z有无穷多个整数解，例如3、4、5（9 + 16 = 25），还有5、12、13（25 + 144 = 169）。这种数组被称为"勾股数"。然后，他想知道在次数等于3、4或其他大于2的整数时，能否找到其他的勾股数。费马得出的结论是，n不能取任何大于2的整数。费马写道："一个立方数不可能等于两个立方数之和；一个四次方数（以4为指数的幂）不可能等于两个四次方数之和。或者更一般地，任何一个指数大于2的幂都不可能等于另外两个相同指数的幂之和"。费马从未公开过他所说的这一定理的证明，因此这一问题变得悬而未决，被称为"费马大定理"（或"费马最后

定理"，Fermat's last theorem）。

费马去世后，许多数学家尝试重建费马的证明，或是给出他们自己的证明。然而，尽管问题看似简单，而且一个世纪后莱昂哈德·欧拉已经证明了$n=3$的情形，但仍然无人能解决这一问题。

寻求答案

300多年来，费马大定理始终是数学界悬而未决的重要问题之一，直到1994年，英国数学家安德鲁·怀尔斯才将其证明。怀尔斯10岁时就"读到"了费马留下的挑战。人们为一个小男孩能理解这一问题而感到惊奇，而当时世界上最优秀的数学家也无法解决这一问题。这激发了他的兴趣。他在牛津大学攻读数学，后来在剑桥大学获得博士学位。他在剑桥大学将椭

圆曲线作为自己博士论文的研究方向，但这一方向似乎与他对费马大定理的兴趣没有太大关系。然而，正是这一数学分支，帮助怀尔斯后来证明了费马大定理。

20世纪50年代中期，日本数学家谷山丰与志村五郎将两个看似毫无关联的数学分支联系起来，让数学迈出了一大步。他们认为，每条椭圆曲线（一种代数结构）都对应一个唯一的模形式。模形式是数论中一类高度对称的结构。

后来的30年里，人们逐渐理解了他们这一猜想的潜在重要性。数学家始终致力将不同数学领域联系起来，这一猜想也成为其中重要的一环。然而，无人知晓如何证明。

1985年，德国数学家格哈德·弗雷（Gerhard Frey）建立了这一猜想与费马大定理之间的联系。他假设费马的方程有解，并构造了一条看似不具有模形式的椭圆曲线。

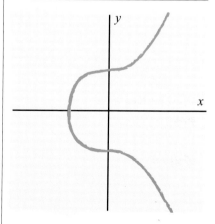

怀尔斯对费马大定理的探索始于对椭圆曲线的研究。椭圆曲线是一种由方程$y^2 = x^3 + Ax + B$表示的曲线，其中A与B是常数（定值）。

格哈德·弗雷提出，每个满足 $x^n + y^n = z^n$（其中 $n > 2$）的情形都对应一条椭圆曲线，这条椭圆曲线没有对应的模形式。

谷山-志村猜想说的是，每条椭圆曲线都有对应的模形式。

安德鲁·怀尔斯证明，每条椭圆曲线都有对应的模形式。

这即证明，$x^n + y^n = z^n$（其中 $n > 2$）没有成立的情形。

怀尔斯证明了费马大定理。

他认为，只有在谷山-志村猜想错误的情况下，这种曲线才能存在，与此同时，费马大定理亦不再成立。而反过来，如果谷山-志村猜想正确，那么费马大定理就自然成立。1986年，普林斯顿大学的肯·里贝特（Ken Ribet）设法证明了弗雷的猜想。

证明无法证明的定理

里贝特的证明让怀尔斯兴奋不已。他终于等到这一机会——如果他证明了那看似不成立的谷山-志村猜想，他也就证明了费马大定理。怀尔斯与大多数喜欢合作的数学家不同，他决定独自攀登这一高峰。除了妻子，他没有告诉任何人。他觉得，公开讨论与费马相关的工作会激起数学界的兴趣，并招致不必要的竞争。但当潜心研究7年，证明到最后关头时，他意识到他需要帮助。

怀尔斯当时受聘于普林斯顿高等研究院，这是世界上一些最杰出的数学家的"家"。怀尔斯向同事们透露了自己一直在研究费马大定理。同事们非常震惊，因为怀尔斯仍坚持进行着演讲、写作和教学等日常工作。

怀尔斯召集了一些同事，帮助他完成证明的最后一步。他请美国数学家尼克·卡茨（Nick Katz）帮助检查他的推导过程。卡茨未能找出错误，于是怀尔斯决定将这一成果公之于众。1993年6月，怀尔斯在剑桥大学的一次会议上发表了他的成果。他将自己的研究成果一个接一个呈现给听众，人们看到了最终的结果，紧张感也随之攀升。他演讲的最后一句话是"这便证明了费马大定理"。接着，他笑着补充道："我想我就在这里结束。"

修正错误

第2天，全球都在宣传这一故事，怀尔斯也成为世界上最著名的数学家之一。每个人都好奇这一问题最终是如何被解决的。怀尔斯很高兴，但随即陷入窘境：他的证明存在漏洞。

一个数学证明在发表之前必须经过验证，而怀尔斯的证明长达几十页。他的朋友尼克·卡茨是审稿人之一，卡茨用一整个夏天来逐行检查、询问并质疑他的证明，以确保每一步都清晰准确。一天，他发觉自己找到了证明中的一个漏

一些数学问题看起来很简单。这些问题根本没有理由不简单，然而事实证明它们极其复杂。

——安德鲁·怀尔斯

我享受到了这种难得的特权，那就是能在成年后达成儿时的梦想。

——安德鲁·怀尔斯

洞。卡茨发电子邮件给怀尔斯，怀尔斯给出回复，但并未让卡茨满意。随后，二人又通过电子邮件交流了许多次，直到真相浮出水面——卡茨找到了怀尔斯证明的核心错误。怀尔斯在证明的一个关键点上犯了错，这让怀尔斯的努力付之东流。

怀尔斯的证法立刻遭到质疑。倘若他当时并非独自一人进行研究，而是与他人合作，可能这一错误早已被发现。全世界当时都以为

怀尔斯已经证明了费马大定理，并在等待他给出最终发表的证明。怀尔斯承受着巨大的压力。虽然他当时已有非常显赫的数学成就，但他的名誉"危在旦夕"。怀尔斯日复一日尝试用不同方法解决问题，但都徒劳无功。正如他在高等研究院的数学家同仁彼得·萨奈克（Peter Sarnak）所述，"就像你在房间的一角把地毯的一边按住，一定会发现地毯的另一边又会鼓起来"。怀尔斯最终向好友查德·泰勒（Richard Taylor）求助，他是一位英国的代数专家。二人在接下来的9个月里一同致力完成证明。

怀尔斯几乎不得不承认，他过早地宣称自己给出了证明。而在1994年9月，他突然有了灵感。如果他保留目前的求解方法，并将其优势融入他以前的方法之中，便可解决另一处问题。这样，他即可完成最终的证明。这是一个看似很不起眼的想法，但它让一切都变得不同。几周之内，怀尔斯与泰勒便填补了证明的空缺。如今，尼克·

卡茨以及更多数学家都认为他的证明已经完美无瑕，怀尔斯第2次成为费马大定理的征服者。这一次，他站稳了脚。

定理背后

费马提出最初的猜想，实属具有远见卓识。然而，他声称自己发现的"美妙的证法"似乎不太可能"货真价实"。17世纪以来，所有数学家都没能找出证法，可费马却在那个时代找到了证法，这是无法想象的。除此之外，怀尔斯在证明此定理时，使用了在费马去世之后很久才问世的高级数学工具与思想。

从许多角度来看，更具意义的并非证明了费马大定理，而是怀尔斯给出的证法。他将数论与代数几何相结合，用现有的方法以及一些新技巧，解决了一个与整数相关的看似不可能的问题。反过来，这也为我们研究如何证明其他数学猜想开辟了新途径。■

安德鲁·怀尔斯

安德鲁·怀尔斯于1953年出生于剑桥。怀尔斯从小就热衷于解决数学问题。怀尔斯在牛津大学墨顿学院获得数学学士学位，后又在剑桥大学卡莱尔学院获得博士学位。1981年，他在普林斯顿大学高等研究院任职，并于次年被任命为教授。

怀尔斯在美国期间为他的领域中一些最难攻克的问题做出了贡献，其中就包括谷山-志村猜想。他还开始尝

试独自证明费马大定理。最终的成功让他在2016年获得数学界的最高荣誉——阿贝尔奖。

怀尔斯还曾在波恩、巴黎和牛津大学任教，他于2018年被任命为牛津大学数学教授。牛津大学的一座新数学大楼，以及一颗小行星9999（怀尔斯星）都以他的名字命名。

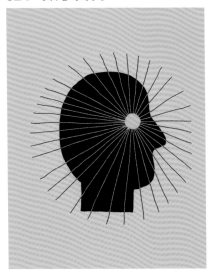

无须其他认可

庞加莱猜想的证明

"三维球面"是存在于四维空间中的一种三维球体曲面。

庞加莱认为，任何没有洞的三维图形都能被扭曲为三维球面。

他的猜想可被推广至任意维数。

佩雷尔曼给出的庞加莱猜想的证明于2006年被接受。

2000年，美国的克雷研究所提出了世界七大数学难题。庞加莱猜想就是其中之一，它已被数学家挑战了将近一个世纪。几年之后，一位鲜为人知的俄罗斯数学家格里戈里·佩雷尔曼证明了这一猜想。

庞加莱猜想由法国数学家庞加莱在1904年提出。这一猜想说，"任意一个单连通的、闭的三维流形一定同胚于一个三维球面"。拓扑学是一门研究图形的几何性质、结构及空间关系的学科。在拓扑学中，球面（几何学中的一种三维物体）是一个二维流形，它是三维空间中的一种二维曲面。实心球的表面就是球面。而诸如三维球面这种三维流形，纯粹是一种理想化概念：它是四维空间中的三维曲面。虽然"是否每个单连通的、闭三维流形都能变形为三维球面"还是一个假想的问题，但佩雷尔曼认为，它是理解宇宙形状的关键。

寻找严格的证明

最初人们发现，证明四维、

参见: 柏拉图立体 48~49页,图论 194~195页,拓扑学 256~259页,闵可夫斯基空间 274~275页,分形 306~311页。

五维或更高维流形的猜想要比证明三维流形更容易。1982年,美国数学家理查德·哈密顿(Richard Hamilton)尝试用里奇流(Ricci flow)证明这一猜想。里奇流是一种能让任何一个四维图形扭曲得越来越平滑,最终变成一个三维球面的数学过程。然而,这种流无法处理像尖峰一样的奇点(singularity),这种奇点包括"雪茄形"(cigar)以及密度无穷大的"颈形"(neck)等畸变形状。

20世纪90年代初,佩雷尔曼来到伯克利进行为期两年的研究工作,他从哈密顿那里学到了很多东西。回到俄罗斯后,他继续研究里奇流以及它在庞加莱猜想中的应用。他巧妙地克服了哈密顿在用一种被称为"手术"(surgery)的技巧时受到的局限性,有效地消除了奇点,让这一猜想得以证明。

震惊数学界

佩雷尔曼悄无声息地取得了成功。与往常不同,他于2002年在网上发布了他的首篇关于该问题

图中展示的球表面是二维球面,这是一种二维球形曲面。而三维球面是球面的三维等价形状。要想欣赏图中这个球的形状,我们必须在三维空间中看它;而要看一个三维球面,就需要置身于四维空间中。

长达39页的论文,并通过电子邮件将一篇综述发给了美国的12位数学家。1年后,他又发表了两篇补充论文。其他人整理重构了他的成果,并在《亚洲数学杂志》上解释了这些成果。最终,他的证明于2006年被数学界完全接受。

从此之后,佩雷尔曼的成果得到了深入研究,推动了拓扑学进一步发展。人们后来发展了一套比他与哈密顿"用里奇流来平滑奇点"这一技巧更为强大的版本。■

佩雷尔曼的证明……解决了这一问题。一个多世纪以来,它始终是一颗人们难以理解的、位于拓扑学核心的种子。

——达纳·麦肯齐
美国科学作家

格里戈里·佩雷尔曼

格里戈里·佩雷尔曼于1966年出生于圣彼得堡,他的母亲是数学老师,她唤起了他对数学的兴趣。16岁时,他在布达佩斯的国际数学奥林匹克竞赛上斩获金牌,取得了完美的成绩。随后,他开启了成功的学术生涯。他曾在美国几家研究所工作,并解决了"灵魂猜想"(soul conjecture)这一重要的几何问题。他在此与理查德·哈密顿相识,哈密顿的成果影响了他对庞加莱猜想的证明。

习惯隐居的佩雷尔曼并不喜欢他的证明为他带来的荣誉。他拒绝了数学界的两个最高荣誉——2006年的菲尔兹奖以及2010年的克雷数学研究奖(及其100万美元的奖金)。他认为哈密顿应当收获与之同样的荣誉。

主要作品

2002年《里奇流的熵公式及其几何应用》

2003年《一类三维流形上里奇流解的有限灭绝时间》

DIRECTORY

人名录

人名录

除 本书前面各章介绍的数学家外，还有许多男性与女性数学家对数学的发展产生了影响。从古埃及人、古巴比伦人和古希腊人开始，到中世纪波斯、印度与中国的学者，再到欧洲文艺复兴时期的城邦统治者，这些试图兴建土木、增进贸易、发动战争和调控货币的人逐渐意识到，测量与计算至关重要。到了19~20世纪，数学成为一门全面庞杂的学科，数学工作者在所有科学门类中均崭露头角。随着太空探索、医学创新、人工智能和数字革命时代的到来，数学在21世纪仍然不可或缺。在数学的帮助下，越来越多的宇宙奥秘被世人揭开。

泰勒斯
约公元前624年—约公元前545年

泰勒斯居住在米利都。这是一座古希腊城市，现位于土耳其境内。作为一名数学与天文学学生，泰勒斯打破了用神话传说阐释世界的传统。他曾用几何知识计算金字塔的高度及船舶到海岸的距离。有一个定理以他的名字命名，定理是说，如果圆中一个三角形的最长边是圆的直径，那么该三角形一定是直角三角形。还有一些天文学发现也应归功于泰勒斯，例如他预测了公元前585年的日食。

参见：毕达哥拉斯36~43页，欧几里得的《几何原本》52~57页，三角学70~75页。

希波克拉底
约公元前470年—约公元前410年

希波克拉底最初是古希腊希俄斯岛的商人。后来他移居雅典，一开始在此求学，此后又在此练习数学。后世学者的参考文献表明，他曾负责进行几何知识的首次系统性汇编。他会计算相交圆中月牙形区域的面积。

该图形后被称作"希波克拉底的月牙"。

参见：毕达哥拉斯36~43页，欧几里得的《几何原本》52~57页，三角学70~75页。

欧多克索斯
约公元前390年—约公元前337年

欧多克索斯居住于古希腊城市尼多斯（今土耳其境内）。他发明了"穷竭法"，即用逐步逼近的方式证明有关面积和体积的理论。例如，他会证明圆的面积关系依赖于半径的平方、球的体积关系依赖于半径的立方，还会证明圆锥的体积是相同高度的圆柱体积的三分之一。

参见：莱因德纸草书32~33页，欧几里得的《几何原本》52~57页，圆周率的计算60~65页。

亚历山大港的海伦
约公元10年—约公元75年

海伦（或希罗）是古埃及亚历山大港人，曾是一名工程师、发明家和数学家。他曾撰文讲解一种叫汽转球的蒸汽动力装置、一种能演奏风琴的

风轮，还有一种可以分配"圣水"的自动售卖机。他在数学方面也有所成就，例如他曾给出一种计算数的平方根与立方根的方法。他还提出了一个根据各边边长计算三角形面积的公式。

参见：欧几里得的《几何原本》52~57页，三角学70~75页，三次方程102~105页。

阿耶波多
476—550年

阿耶波多是古印度数学家与天文学家，他曾在古印度的学习中心库什马布拉工作。他的诗集《阿里亚哈塔历书》中，有一些章节与代数和三角学相关，其中还有精确到小数点后4位的圆周率（π）近似值3.1416。阿耶波多还正确地认为圆周率是无理数。他计算了地球的周长，计算结果与目前广为接受的数值很接近。他曾定义一些三角函数，制造了完整且精确的正弦与余弦表，并曾计算二次方程组的解。

参见：二次方程28~31页，圆周率的计算60~65页，三角学70~75页，代数92~99页。

婆什迦罗第一
约600年–约680年

婆什迦罗第一可能出生于古印度西海岸的索拉什特拉地区，但我们对他了解甚少。他是阿耶波多（见328页）创办的天文学学校中最重要的学者之一，曾为阿耶波多早期的《阿里亚哈塔历书》撰写评注——《阿里亚哈塔历书注》。婆什迦罗第一是首位在阿拉伯十进制数字系统中用圆圈表示零的人。629年，他还发现了正弦函数非常精确的近似方法。

参见： 三角学70~75页，零88~91页。

本·海什木
约965年–约1040年

本·海什木又名海桑，是数学家和天文学家。他生于巴士拉（现伊拉克境内），曾于开罗的法蒂玛王朝的哈里发宫廷任职。他是科学方法论的先驱，坚持认为各种假设应当通过实验检验，而不应直接被认为是正确的。他取得了诸多成就，例如他以欧几里得的成果为基础，试图补全阿波罗尼奥斯失传的《圆锥曲线论》第8卷，进而建立了代数与几何的联系。

参见： 欧几里得的《几何原本》52~57页，圆锥曲线68~69页。

婆什迦罗第二
1114–1185年

婆什迦罗第二是中世纪最伟大的印度数学家之一。他生于卡纳塔克邦的维贾耶普拉，据说曾担任乌贾因天文台负责人。他引入了微积分的一些初步概念；论述了除以零等于无穷大；找到了二次、三次和四次方程的解（包括负数解与无理数解）；还提出了二阶丢番图方程（最高次数为2）的解法，这种方程在欧洲直到18世纪才得解。

参见： 二次方程28~31页，丢番图方程80~81页，二次方程102~105页。

纳西尔丁·图西
1201–1274年

波斯数学家图西出生于图斯。幼年丧父后，他便一生致力学习。他成为当时最伟大的学者之一，在数学与天文学领域均取得了重要发现。他将三角学建立为一门学科，并在《天文学大成评注》（一本三角学入门图书）中阐述了正弦表的计算方法。虽然图西于1255年被俘，但俘虏他的人任命他为科学顾问，后来他又在马拉盖（现伊拉克境内）建立了天文台。

参见： 三角学70~75页。

卡迈勒·丁·法里西
约1260年–约1320年

法里西出生于波斯的大不里士（现伊朗境内）。他是博学家库特布丁·设拉子的学生，而设拉子本人是纳西尔丁·图西的学生（见上文）。法里西和他们一样，是马拉盖学校数学家与天文学家中的一员。在数论领域，他对亲和数与因数分解进行了探究。他还将圆锥曲线（圆、椭圆、抛物线和双曲线）的理论应用于光学问题的求解中，并阐明了彩虹的不同颜色是光的折射导致的。

参见： 圆锥曲线68~69页，二项式定理100~101页。

尼克尔·奥里斯姆
约1320–1382年

奥里斯姆出生于法国诺曼底的一个农民家庭。他曾就读于纳瓦尔大学。在这所大学中，贫穷家庭的学生将受到王室的资助。后来他成为鲁昂大教堂的主持牧师。奥里斯姆发明了一种有两条轴的坐标系，用于表示一个量随另一个量的变化情况，例如温度随距离的变化。他对分数指数和无穷级数进行了研究，并且是首位证明了调和级数发散的人。但他的证明随后失传，直到17世纪这套理论才被重新证明。他还认为，地球在太空中也会旋转，教会信仰的"其他天体绕地球旋转"的说法并不正确。

参见： 代数92~99页，坐标144~151页，微积分168~175页。

尼科洛·塔尔塔利亚
1499–1557年

塔尔塔利亚幼年时被入侵威尼斯的法国士兵袭击。他虽然得以幸存，但面部遭到重创，语言系统也出现障碍，因而有了"塔尔塔利亚"（口吃者）这一绰号。塔尔塔利亚基本靠自学成才，他成为一名土木工程师，从事防御工事的设计工作。他意识到，掌握炮弹的轨迹对他的设计至关重要，因此开辟了弹道学领域的研究。塔尔塔利亚发表的数学成果包括一个三次方程的求根公式，一部数学方法的百科全书《论数字和度量》，以及一些欧几里得和阿基米德的作品译本。

参见： 柏拉图立体48~49页，三角学70~75页，三次方程102~105页，复数平面214~215页。

吉罗拉莫·卡尔达诺
1501–1576年

卡尔达诺是与尼科洛·塔尔塔利亚同时代的人，他出生于伦巴第区，并成为一名杰出的医师、天文学家、生物学家和著名的数学家。他曾就读于帕维亚大学和帕多瓦大学（今意大利境内），获得医学博士学位，并在成为数学教师前当过医生。卡尔达诺发表了三次方程与四次方程的解法，并认可虚数的存在。据说，他曾预言他去世的确切日期。

参见： 代数92~99页，三次方程102~105页，虚数与复数128~131页。

约翰·沃利斯
1616—1703年

沃利斯曾在剑桥大学学习医学，后又担任牧师。尽管如此，他仍保持着小时候在肯特郡上学时萌生的对算术的兴趣。沃利斯是议会派的支持者，在英国内战期间，他曾破译保皇派的密电。1644年，他被任命为牛津大学几何学教授，并成为算术与代数方面的权威。他对微积分发展的贡献包括提出了数轴的概念，引入了无穷大的记号，以及提出了幂的规范表示法。他是1662年促成伦敦皇家学会成立的部分学者中的一员。

参见： 圆锥曲线68~69页，代数92~99页，二项式定理100~101页，微积分168~175页。

纪尧姆·德·洛必达
1661—1704年

洛必达出生于巴黎，他年轻时便热衷于数学，于1693年入选法国科学院。3年后，他出版了首部关于无穷小量微积分的教科书《阐明曲线的无穷小分析》。虽然洛必达是一位出色的数学家，但他的许多思想并非原创。1694年，他向瑞士数学家约翰·伯努利支付了300里弗，以获取伯努利的最新发现。他们还达成协议，要求伯努利不与其他数学家分享这些发现。

参见： 微积分168~175页。

让·勒朗·达朗贝尔
1717—1783年

达朗贝尔是巴黎一位著名的沙龙女主人的私生子，由一名玻璃匠的妻子抚养长大。父亲与他关系疏远，但仍资助他学习了法律与医学。他随后转向数学。他于1743年提出，牛顿第三定律对自由运动的物体也成立，正如对固定物体成立一样（达朗贝尔原理）。他还发展了偏微分方程理论，阐释了地球与其他行星的轨道变化情况，并对积分学进行了研究。达朗贝尔同伏尔泰和让-雅克·卢梭等法国哲学家一样，均认为人类理性高于信仰。

参见： 微积分168~175页，牛顿运动定律182~183页，方程的代数解法200~201页。

玛丽亚·加埃塔纳·阿涅西
1718—1799年

阿涅西出生于米兰。她是个神童，在十几岁时就为父亲的朋友讲授各类科学知识。1748年，阿涅西成为首位编写数学教科书的女性，她撰写的两卷《分析讲义》涵盖算术、代数、三角学和微积分等方面的知识。两年后，教皇本尼狄克十四世认可了她的成就，并任命她为博洛尼亚大学数学与自然哲学院院长，让她成为首位女性大学数学教授。一种表示一类特殊钟形曲线——"箕舌线"的方程就以她的名字命名，被称为"阿涅西的女巫"，但"女巫"一词仅是对意大利语中表示"曲线"的词的误译。

参见： 三角学70~75页，代数92~99页，微积分168~175页。

约翰·海因里希·兰伯特
1728—1777年

兰伯特是瑞士与德国的博学家，他生于米卢斯（现法国境内），曾自学数学、哲学与亚洲语言。他担任过私人教师，后于1759年成为慕尼黑科学院的一员，5年后又加入柏林科学院。他有许多数学成就，例如他曾给出圆周率是无理数的严格证明，还将双曲函数引入三角学研究中。他提出了关于圆锥曲线的定理，简化了彗星轨道的计算，并创设了几种全新的地图投影法。兰伯特还发明了第一台实用湿度计，用以测量空气湿度。

参见： 圆周率的计算60~65页，圆锥曲线68~69页，三角学70~75页。

加斯帕尔·蒙日
1746—1818年

蒙日是一位商人之子，17岁时，他便开始在法国里昂讲授物理学。后来，他在梅济耶尔皇家学院担任制图师，并于1780年成为科学院的一员。1792年，他被任命为海军部长，并致力法国教育体系改革。1794年，他为巴黎综合理工学院的创立提供了帮助；1795年，他为公制计量体系的建立做出了贡献。蒙日被誉为"工程制图之父"，他发明了画法几何学（技术制图的数学基础研究）和正交投影法。

参见： 十进制小数132~137页，射影几何154~155页，帕斯卡三角形156~161页。

阿德利昂-玛利·勒让德
1752—1833年

1775年至1780年，勒让德在巴黎军事学院讲授物理与数学。在此期间，他还忙于开展英法调查，用三角学计算了巴黎天文台与格林尼治皇家天文台之间的距离。他在法国大革命期间倾家荡产，但他于1794年出版《几何学基础》，此书成为下一个世纪重要的几何学教材。后来他被任命为巴黎综合理工学院的数学主考官。在数论方面，他提出了二次互反律与素数定理的猜想。他还曾提出最小二乘法，这种估计方法将测量误差考虑在内。3类椭圆积分也因他而得名。以他的名字命名的数学工具还有勒让德变换和勒让德多项式。

参见： 微积分168~175页，代数基本定理204~209页，椭圆函数226~227页。

索菲·热尔曼
1776—1831年

索菲·热尔曼的父亲很富有。轰轰烈烈的法国大革命期间，年仅13岁的她在巴黎被庇护在父亲的住所中，并开始在父亲的藏书馆内学习数学。身为女性，她没有资格进入巴黎综合理工学院学习，但她获取了课程讲义，并与数学家约瑟夫-路易斯·拉格朗日建立了通信往来。在研究数论的过程中，热尔曼还与阿德利昂-玛利·勒让德（见上文）和卡尔·弗里德里希·高斯保持联系。她对费马大定理的一些想法启发了勒让德，帮助他证明了费马大定理在$n=5$时的情形。1816年，她因对金属板弹性的研究而荣获巴黎科学院的奖项，成为首位获此殊荣的女性。

参见： 代数基本定理204~209页，费马大定理的证明320~323页。

尼尔斯·亨利克·阿贝尔
1802—1829年

阿贝尔是一位英年早逝的挪威数学家。1822年阿贝尔从克里斯蒂安尼亚大学（今奥斯陆大学）毕业，随后在欧洲游学，拜访了许多著名数学家。他于1828年回到挪威，但1年后就因肺结核去世，年仅26岁。去世后不久，授予他柏林大学数学教授职位的信件才被寄到。阿贝尔最重要的数学贡献是证明了五次方程没有一般的求根公式。为了证明他的结论，他发明了一套群论，各个元素的顺序在这种群中无关紧要。如今我们称之为"阿贝尔群"。为纪念阿贝尔，数学界每年都会颁发阿贝尔奖。

参见： 代数基本定理204~209页，椭圆函数226~227页，群论230~233页。

约瑟夫·刘维尔
1809—1882年

刘维尔出生在法国北部，1827年毕业于巴黎综合理工学院，1838年在此任教。他的学术研究涉及数论、微分几何、数学物理和天文学等领域。1844年，他首次证明了超越数的存在。刘维尔共发表了400多篇论文，并于1836年创立世界上第二老牌的数学杂志《纯粹数学与应用数学》，至今仍每月发行。

参见： 微积分168~175页，代数基本定理204~209页，非欧几里得几何228~229页。

卡尔·魏尔斯特拉斯
1815—1897年

魏尔斯特拉斯出生于德国威斯特伐利亚，他幼年时便对数学产生了兴趣。父母希望他从事行政管理相关工作，因此让他在大学学习法律和经济学，但他选择退学，未能获得学位。后来他接受教师培训，最终成为柏林洪堡大学的数学教授。魏尔斯特拉斯是数学分析的发展者，也是现代函数论的开创者，他将微积分理论重新严格化。他是一位有影响力的教师，开创性数学家索菲娅·柯瓦列夫斯卡娅（见332页）就是他的学生。

参见： 微积分168~175页，代数基本定理204~209页。

弗洛伦斯·南丁格尔
1820—1910年

弗洛伦斯·南丁格尔得名于她的意大利出生地。她是英国的社会改革家，也是现代护理学的先驱，她的大部分成果建立在统计学之上。克里米亚战争爆发后，南丁格尔于1854年前往土耳其斯库塔里的战地医院护理伤兵。她在那里致力改善卫生状况，并收获了"提灯女神"的绰号。回到英国后，南丁格尔成为用图表展示统计数据的先驱。她发明了"玫瑰图"，这是饼图的一种变体，用不同大小的扇形区域展示数据变化情况。例如，她曾用玫瑰图展示士兵死亡的原因。1856年，她的举措促成了军队的皇家卫生委员会的成立。1907年，她成为首位获得功绩勋章的女性，这是英国公民的最高荣誉。

参见： 现代统计学的诞生268~271页。

阿瑟·凯莱
1821—1895年

凯莱出生于萨里的里士满，他可能是19世纪英国最重要的纯数学家。凯莱毕业于剑桥大学三一学院，毕业后成为一名产权交易律师。然而在1860年，他放弃了高薪的法律工作，以低得多的薪酬担任了剑桥大学纯数学教授。凯莱是群论和矩阵代数的先驱，他提出高维奇异性和不变量理论，研究高维几何学，并对威廉·哈密顿的四元数进行推广，提出了八元数。

参见： 非欧几里得几何228~229页，群论230~233页，四元数234~235页，矩阵238~241页。

理查德·戴德金

1831—1916年

戴德金是卡尔·弗里德里希·高斯在德国哥廷根大学的学生之一。他毕业后曾担任无薪讲师，后在瑞士的苏黎世联邦理工学院任教。1862年回到德国后，他在不伦瑞克技术高中工作，并在此度过余生。他提出了戴德金分割，如今戴德金分割已成为实数的标准定义。他还定义了相似集和无限集等集合论概念。

参见： 代数基本定理204~209页，群论230~233页，布尔代数242~247页。

玛丽·埃弗里斯特·布尔

1832—1916年

年轻时，玛丽·埃弗里斯特曾研读父亲书房中的书籍，萌生了对数学的热爱。她的父亲是一名牧师，是发明了差分机的博学家查尔斯·巴贝奇的好友。18岁时，玛丽在爱尔兰与著名数学家乔治·布尔（和她一样，也是自学成才的）相识。他们于5年后结婚，但在他们的第5个孩子出生后不久，乔治便离开了人世。1864年，需要抚养5个孩子却又没有经济来源的玛丽回到伦敦，开始在皇后学院（一所女子学校）担任图书管理员。后来她成为一位负有盛名的儿童教师。她还撰写了《代数的哲学与趣味》等读物，这些书让数学更易被青少年学生接受。

参见： 代数92~99页，代数基本定理204~209页。

戈特洛布·弗雷格

1848—1925年

弗雷格是位于德国北部维斯马的一所女子学校的校长之子，他曾在耶拿大学和哥廷根大学学习数学、物理、化学和哲学。此后，他一生都在耶拿大学讲授数学。他曾讲授数学的所有领域，并专门研究了微积分，但他的著作主要探讨的是这一学科的哲学理论。他将数学与哲学这两门学科结合，几乎凭一己之力发明了现代数理逻辑。他曾评论说："一个好的数学家，至少是半个哲学家；一个好的哲学家，至少是半个数学家。"弗雷格很少与学生和同事打交道。虽然他为伯特兰·罗素和路德维希·维特根斯坦等数理逻辑学家的著作产生了重要影响，但他一生并未获得广泛认可。

参见： 数学的逻辑272~273页，模糊逻辑300~301页。

索菲娅·柯瓦列夫斯卡娅

1850—1891年

索菲娅生于莫斯科，是欧洲首位获得数学博士学位的女性，是首位加入科学期刊编辑委员会的女性，也是首位被聘为数学教授的女性。虽然她因性别而被俄国的大学拒之门外，但她仍凭借自己的努力获得了以上成就。17岁时，索菲娅与古生物学家弗拉基米尔·柯瓦利夫斯基私奔到德国，并先后就读于海德堡大学与柏林大学。她在柏林大学接受了德国数学家卡尔·魏尔斯特拉斯（见331页）的指导。她因3篇论文而被授予博士学位，其中最重要的一篇论文与偏微分方程有关。索菲娅最后担任的职位是斯德哥尔摩大学数学教授。41岁时，她因流感而去世。

参见： 微积分168~175页，牛顿运动定律182~183页。

朱塞佩·皮亚诺

1858—1932年

皮亚诺在意大利北部皮德蒙特地区的一个农场长大。他曾就读于都灵大学，1880年在此获得数学博士学位。不久之后，他便开始在此讲授无穷小微积分理论，并于1889年被聘为正教授。皮亚诺的首本关于微积分的教科书于1884年出版。1891年，他开始撰写共5卷的《数学公式汇编》，全书使用他自创的一套符号语言体系，涵盖许多数学基本定理。他在书中使用的许多符号和缩写沿用至今。他提出了自然数公理（皮亚诺公理），发展了自然逻辑与集合论符号体系，并为现代数学归纳法这一证明技巧做出了贡献。

参见： 微积分168~175页，非欧几里得几何228~229页，数学的逻辑272~273页。

海里格·冯·科赫

1870—1924年

科赫出生于瑞典斯德哥尔摩，曾就读于斯德哥尔摩大学和乌普萨拉大学，后任斯德哥尔摩大学数学教授。他最著名的成就是在1906年的一篇论文中阐释了分形的概念。这种分形由等边三角形构成，等边三角形各边的中间三分之一被作为另一个等边三角形的底边，这一过程将无限重复下去。如果所有三角形都朝外延伸，将会生成一条雪花形的曲线。

参见： 分形306~311页。

阿尔伯特·爱因斯坦

1879—1955年

爱因斯坦是一名杰出的物理学家和数学家。他出生于德国，年轻时随家人移居意大利，并在瑞士求学。1905年，他被苏黎世大学授予博士学位，并发表了有关布朗运动、光电效应、狭义相对论与广义相对论，以及质能等价理论等的开创性论文。他于1921年因对物理学的贡献而被授予诺贝尔奖，随后几年继续从事对量子力学的研究。他是犹太人，因此1933年希特勒上台后，他并未返回德国，而选择定居美国，并于1940年成为美国公民。

参见： 牛顿运动定律182~183页，非欧几里得几何228~229页，拓扑学256~259页，闵可夫斯基空间274~275页。

L. E. J. 布劳威尔
1881—1966年

布劳威尔（朋友称他为"博特斯"）出生于荷兰。他于1904年毕业于阿姆斯特丹大学数学专业，并于1909年至1951年在此任教。布劳威尔曾对戴维·希尔伯特和伯特兰·罗素拥护的数学逻辑基础加以批判。他建立了数学直觉主义逻辑，这套逻辑认为数学应当建立在一些不证自明的公理之上。在他的不动点定理中，他将拓扑学与代数结构联系在一起，转变了拓扑学的研究方向。

参见： 拓扑学256~259页，20世纪的23个问题266~267页，数学的逻辑272~273页。

尤菲米娅·洛夫顿·海恩斯
1890—1980年

洛夫顿·海恩斯生于华盛顿哥伦比亚特区，是首位获得数学博士学位的非洲裔美国女性。她于1914年从马萨诸塞州史密斯学院毕业并获得数学学士学位，此后开始从事教学工作，于1930年在迈纳师范学院建立数学系，后与哥伦比亚特区大学合并。1943年，她因一篇关于集合论的论文被美国天主教大学授予博士学位。1959年，洛夫顿·海恩斯因其对教育和社会活动所做的贡献而获得教宗奖章，并在1966年成为首位担任华盛顿哥伦比亚特区州教育委员会主席的女性。

参见： 数学的逻辑272~273页。

玛丽·卡特赖特
1900—1998年

卡特赖特是一名英国乡村牧师的女儿，是最早研究混沌理论的数学家之一。她于1923年毕业于牛津大学，获得数学学士学位。7年后，数学家约翰·E.李特尔伍德审阅了她的博士论文。他们二人进行了长期的学术合作，合作内容以函数与微分方程为主。1947年，卡特赖特成为首位入选英国伦敦皇家学会会员的女数学家。她与剑桥大学格顿学院颇有渊源，曾于1930年至1968年在此任教、科研，并担任此学院的女教师。

参见： 蝴蝶效应294~299页。

约翰·冯·诺依曼
1903—1957年

约翰·冯·诺依曼是匈牙利布达佩斯的一对富裕的犹太夫妇之子。他是个神童，6岁时就可以心算8位数的除法。他从十几岁起就发表重要数学论文，并从24岁开始在柏林大学讲授数学。1933年，他移居美国，在新泽西州普林斯顿高等研究院任职，并于1937年成为美国公民。他一生致力数学研究，几乎对数学各个领域都有所贡献。他是博弈论的先驱，他研究的"二人零和博弈"指一方胜利所得即为另一方落败所失的博弈。这套理论能帮助我们深入理解经济、计算和军事等日常生活中的复杂体系。他还提出了现代计算机体系结构的设计模型，并从事量子与核物理研究，于第二次世界大战期间为制造原子弹做出了贡献。

参见： 数学的逻辑272~273页，图灵机284~289页。

格蕾丝·赫柏
1906—1992年

赫柏出生于纽约市，原名格蕾丝·穆雷，是一位取得了开创性成就的计算机程序员。她于1934年获得耶鲁大学博士学位，在第二次世界大战爆发前从教数年。她曾申请加入美国海军，但未获成功，随后加入海军后备舰队，并转向计算机领域。战后，她被聘为一家计算机公司的资深数学家，开发了面向商业的通用语言（COBOL），该语言随后成为使用最广的编程语言。1966年赫柏从海军后备舰队退役，但第2年即被召回，担任海军少将，直至1986年才最终退役。她曾在调试设备时发现一只飞蛾飞入设备电路之中，随即发明了"bug"（原指"臭虫"）一词，用以表示计算机故障。

参见： 机械计算器222~225页，图灵机284~289页。

玛乔丽·李·布朗
1914—1979年

布朗出生于田纳西州，是第3位获得数学博士学位的非洲裔美国女性。在她所处的时代，有色人种女性很难开启学术生涯。布朗的父亲是一名铁路职员。在父亲的支持下，她于1935年从华盛顿哥伦比亚特区的霍华德大学毕业。在新奥尔良短暂任教后，她继续在密歇根大学学习，并于1949年获得博士学位。两年后，她被任命为北卡罗来纳中央大学数学系主任。玛乔丽因她出色的教学与研究（尤其是拓扑学）而广受赞誉。

参见： 拓扑学256~259页。

琼·克拉克
1917—1996年

克拉克出生于伦敦。她曾在剑桥

大学数学专业获得两门学科的优等成绩，但却因性别而未能获得完整学位。即便如此，她的数学能力仍备受认可。布莱切利园项目确立后，她被招募进该项目，从事德国恩尼格玛密码机的破译工作。她在布莱切利园成为主要的密码分析师之一，曾与艾伦·图灵密切合作并短暂订婚。虽然克拉克和布莱切利园的其他女性从事着与男性密码破译员同样的工作，但她们的薪资更低。布莱切利园项目大获成功，缩短了战争时间，挽救了无数生命。战后，克拉克在英国政府的监听中心GCHQ工作。克拉克的大部分工作是保密的，因此她的成就尚未被全部公开。

参见： 图灵机284~289页，密码学314~317页。

凯瑟琳·约翰逊
1918—2020年

凯瑟琳·约翰逊（原名科尔曼）是一名数学神童，是计算研究与美国太空计划的先驱。她对飞行轨迹的计算结果让艾伦·谢泼德得以成为首位进入太空的美国人（1961年），让约翰·格伦得以成为首位环绕地球飞行的美国人（1962年），让阿波罗11号得以登陆月球（1969年），并让航天飞机计划得以启动（1981年）。约翰逊于1937年毕业于西弗吉尼亚州立大学，是首批在西弗吉尼亚州立大学攻读研究生项目的非洲裔美国人之一。她自1953年开始在美国国家航空咨询委员会（NACA）工作，是一群被称作"西部计算员"的非洲裔美国女数学家的一员。这段经历后被改写为电影《隐藏人物》（2016年）。此后，约翰逊从1958年开始在美国国家航空航天局（NASA）的太空任务小组工作。2015年，时任美国总统的奥巴马授予约翰逊总统自由勋章。

参见： 微积分168~175页，牛顿运动定律182~183页，非欧几里得几何228~229页。

朱莉娅·鲍曼·罗宾逊
1919—1985年

罗宾逊生于圣路易斯，于1948年在加州大学伯克利分校获得数学博士学位。1951年，她提出了初等博弈论的一个基本定理（见333页约翰·冯·诺依曼），但她最著名的成果是解决了戴维·希尔伯特于1900年列出的23个问题中的第10个问题——是否存在一种能求解所有丢番图方程（一种使用整数且有有限个未知数的方程）的算法。罗宾逊与尤里·马季亚谢维奇（见335页）等数学家一同证明了这种算法并不存在。1975年，罗宾逊被聘为伯克利大学教授；1976年，她成为首位入选美国国家科学院的女性。

参见： 丢番图方程80~81页，20世纪的23个问题266~267页。

玛丽·杰克逊
1921—2005年

玛丽·杰克逊（原名温斯顿）是一位航空航天工程师。她参与了美国太空计划，并致力在工程学方面为女性和有色人种提供更好的机会。杰克逊毕业于弗吉尼亚州的汉普顿大学数学和物理科学专业，曾任教一段时间，随后于1951年开始在美国国家航空咨询委员会的西部计算小组工作。该小组又名"西部计算员"，由非洲裔美国女数学家组成，凯瑟琳·约翰逊就在其中（见左侧）。杰克逊于1958年成为美国国家航空航天局首位黑人女工程师。1958年到1963年，她投身水星计划，该计划让美国人首次进入太空。

参见： 微积分168~175页，牛顿运动定律182~183页，非欧几里得几何228~229页。

亚历山大·格罗滕迪克
1928—2014年

格罗滕迪克被许多人视作20世纪下半叶最伟大的纯数学家，然而，他在诸多方面并非正统。他出生于德国，父母是无政府主义者。10岁那年，他逃往法国，余生大多数时间都在法国度过。他曾在诸多方面取得丰硕成果，但大部分未被发表。例如，他在代数几何方面取得了革命性进步，提出了概形理论，并在代数拓扑、数论和范畴论等方面做出了贡献。格罗滕迪克进行过一些激进的政治活动。越南战争期间，他曾在河内被轰炸时，在河内近郊进行数学讲座。

参见： 非欧几里得几何228~229页，拓扑学256~259页。

约翰·纳什
1928—2015年

约翰·纳什是美国数学家，因建立了博弈论的数学原理而闻名（见333页约翰·冯·诺依曼）。他于1948年从卡内基·梅隆大学毕业，并于1950年获得普林斯顿大学博士学位。此后，他加入麻省理工学院（MIT），在此从事偏微分方程的研究，并开始钻研博弈论。1994年，他因对博弈论的研究而获诺贝尔经济学奖。纳什一生中大部分时间都在与偏执型精神分裂症做斗争，电影《美丽心灵》（2001年）将他的经历戏剧化。

参见： 微积分168~175页，数学的逻辑272~273页。

保罗·寇恩
1934—2007年

寇恩出生于新泽西州，他因证明了"不存在元素个数介于整数集与实数集之间的集合"而于1966年获得菲尔兹奖（相当于数学界的诺贝尔奖），这是戴维·希尔伯特列出的23个未解决数学问题中的第一个问题。寇恩毕业于芝加哥大学，于1958年在此获得博士学位。随后他来到麻省理工学院和普林斯顿大学，最后加入斯坦福大学，并于2004年成为斯坦福大学名誉教授。

参见： 20世纪的23个问题266~267页。

克里斯汀·达登
1942—

同凯瑟琳·约翰逊和玛丽·杰克逊（见334页）一样，达登也是为美国的太空计划做出重要贡献的非洲裔美国女性之一。达登毕业于汉普顿大学，随后在弗吉尼亚州立大学任教，最终于1967年加入美国国家航空航天局的兰利研究中心。她在这里成为著名的航空工程师，进入超声速飞行领域。1989年，她被任命为声爆小组的负责人，致力设计可以降低噪声污染并减少超声速飞行其他负面影响的飞机。

参见： 微积分168~175页，牛顿运动定律182~183页，非欧几里得几何228~229页。

凯伦·凯斯库拉·乌伦贝克
1942—

2019年，乌伦贝克成为首位获得阿贝尔数学奖的女性。乌伦贝克于1942年出生于俄亥俄州克利夫兰，1968年在马萨诸塞州沃尔瑟姆的布兰迪斯大学获得数学博士学位。此后，

她在数学物理、几何分析和拓扑学等方面均取得重大突破。她在科学与数学领域捍卫性别平等，并于1990年成为自艾米·诺特以来首位在国际数学家大会上做报告的女性。1994年，她在新泽西州的普林斯顿高等研究院创立了"女性与数学"计划。

参见： 拓扑学256~259页。

伊芙琳·纳尔逊
1943—1987年

加拿大数学会颁发的克里格-纳尔逊奖是为了纪念伊芙琳·纳尔逊和加拿大数学家塞西莉亚·克里格而设立的，用以表彰女数学家的杰出研究工作。纳尔逊于1970年获得博士学位，此后在麦克马斯特大学从事教学与研究工作。她在20年的执教生涯中发表了40多篇研究论文，但因癌症而被迫终止。她的主要贡献在泛代数（研究代数理论与模型的学科）和代数逻辑等方面，并将它们应用于计算机科学领域。

参见： 代数基本定理204~209页，数学的逻辑272~273页。

尤里·马季亚谢维奇
1947—

马季亚谢维奇在列宁格勒（今圣彼得堡）的斯捷克洛夫数学研究所攻读博士学位时，曾沉迷于求解戴维·希尔伯特提出的第十个难题。正当他快要放弃时，他阅读了美国数学家朱莉娅·鲍曼·罗宾逊（见334页）的论文《不可解的丢番图问题》，并逐渐找到了解法。1970年，马季亚谢维奇给出了"第十个问题并不可解"的最终证明，因为判断丢番图方程是否有解的通用方法并不存在。1995年，他被任命为圣彼得堡大学教授，首先担任软件工程系主任，后担任代数与数论系主任。

参见： 丢番图方程80~81页，20世纪的23个问题266~267页。

拉迪亚·珀尔曼
1951—

珀尔曼出生于弗吉尼亚州，被誉为"互联网之母"。她在还是麻省理工学院的学生时，就曾投身于一项教3岁小孩子计算机编程的项目。1976年，珀尔曼获得数学硕士学位，随后在一个负责软件开发的政府承包商那里工作。1984年，她在美国数字设备公司（DEC）工作期间发明了生成树协议（STP），该协议保证两个网络设备之间只有一条活动链路。这套协议对此后互联网的发展至关重要。珀尔曼曾在麻省理工学院、华盛顿大学和哈佛大学任教，并继续致力研究计算机网络与安全协议。

参见： 机械计算器222~225页，图灵机284~289页。

玛丽安·米尔扎哈尼
1977—2017年

米尔扎哈尼在17岁时成为首位在国际数学奥林匹克竞赛中斩获金牌的伊朗女性。她毕业于德黑兰的谢里夫理工大学，随后于2004年获得哈佛大学博士学位，并获得普林斯顿大学的教授职位。10年后，米尔扎哈尼因关于黎曼曲面的研究成果而成为首位获得菲尔兹奖的女性，也是首位获得该奖项的伊朗人。她40岁时死于乳腺癌，当时她还在斯坦福大学工作。

参见： 非欧几里得几何228~229页，黎曼猜想250~251页，拓扑学256~259页。

术语表

本术语表中，楷体字表示由其他词条定义的术语。

抽象代数 Abstract Algebra
代数的一个分支，主要研究群与环等抽象数学结构。其主要发展于20世纪。

锐角 Acute Angle
小于90°的角。

代数 Algebra
数学的一个分支，在计算过程中用字母表示未知数或变量。

代数数 Algebraic Numbers
可通过计算有理系数多项式的根得到的有理数与无理数。不是代数数的无理数（例如π和e）叫超越数。

算法 Algorithm
为解决一类问题而定义的一串数学或逻辑的指令与规则。算法在数学与计算机科学中有广泛应用，例如可用来计算、整理数据或执行诸多其他任务等。

亲和数 Amicable Numbers
一对整数，二者中任何一个数的所有因数（除自身外）之和都等于另一个数。最小的一对亲和数是220和284。

分析学 Analysis
数学的一个分支，研究极限的性质、无穷大量与无穷小量的处理方法，以及微积分问题的求解。

解析几何 Analytic Geometry
将表示代数函数（例如$y = x^2$）的直线与曲线绘制成图象的学科。

应用数学 Applied Mathematics
用数学方法求解科学与技术问题的学科。它包括求解某些种类的方程的技巧。

弧 Arc
组成圆周的一段曲线。

面积 Area
二维图形内部区域的大小。面积用平方单位来度量，例如平方厘米（cm^2）。

结合律 Associative Law
结合律要求，在进行像$1+2+3$这种加法运算时，你可以按任意顺序计算加法。这一规律对一般的加法与乘法有效，但不适用于减法与除法。

均值 Average
一组数据的典型值或中间值。均值有不同的类型，参见平均数、中位数和众数。

公理 Axiom
一种规则，尤指那些作为某一数学领域之基础的规则。

轴 Axis（复数Axes）
固定的参考线。例如坐标系中竖直的y轴与水平的x轴。

基数 Base
一个计数系统的基数是多少，指该计数系统建立在哪一个数字之上。如今我们主要使用的是以10为基数的计数系统，即十进制计数系统。这套系统使用0至9这十个数字。下一个数记作10，其表示"有1个十位且没有个位"。另参见位值制计数系统。

底数 Base
对数有一个固定的底数（通常为10或欧拉数e）。对于任一给定数x，底数的多少次幂等于x，就称x的对数是多少。

二进制计数系统 Binary Notation
用二进制计数系统计数，仅使用0与1两个数字。例如，数字6在二进制计数系统中被记作110。这里最左边的1对应的值为4（$2×2$），中间的1对应的是2，最后的0表示没有个位。$4+2+0$即为6。

二项式 Binomial
由两项相加构成的表达式，例如$x+y$。若将$(x+y)^3$这一二项式的幂展开，将得到$x^3 + 3x^2y + 3xy^2 + y^3$。这一过程叫二项式展开，各项前面所乘的数（本例中的3）叫二项式系数。二项式定理是一种在复杂情形下计算二项式系数的方法。另参见多项式。

微积分 Calculus
数学的一个分支，用于处理连续变化的量。其包含微分学（研究变化速率）与积分学（研究曲线下方面积与曲面内部体积）两部分。

基数 Cardinal Numbers
表示数量的数，例如1、2、3（与序数相对）。

弦 Chord
将圆划分为两部分但不穿过圆心的直线段。

加密算法 Cipher
系统性的消息编码方法，目的是保证这些信息在不被事先解密的情况下无法为人所理解。

圆周 Circumference
圆形轨迹。

周长 Circumference
沿圆外侧走一圈的总距离。

系数 Coefficient
一种写在另一个数（尤其是变量）之前且与之相乘的数或表达式（通常是常数）。例如，表达式ax^2与$3x$的系数分别为a与3。

重合 Coincident
几何学中，当将两条（个）或多条（个）直线（图形）彼此重叠时，它们各点所处位置均相同，占据的区域也完全相同。

组合数学 Combinatorics
数学的一个分支，研究一组数、图形或其他数学对象的可行组合方式。

交换律 Commutative Law
交换律要求，在计算时无须考虑数的先后顺序，例如$1+2=2+1$。这一规律对一般的加法与乘法有效，但不适用于减法与除法。

复数 Complex Number
一个实数与一个纯虚数结合得到的数。

复数平面 Complex Plane
一种二维无限平面，复数可被绘制在其上面。

合数 Composite Number
一种不是素数的、可被表示为一些比它小的数的乘积的整数。

圆锥 Cone
一种底面是圆、侧面向上不断收缩至同一点（顶点）的三维图形。

全等 Congruent
有相同的大小和形状（在比较几何图形时使用）。

猜想 Conjecture
尚未被证明或证伪的数学陈述或断言。一对相关的猜想可能具有强弱关系：若强猜想得证，则弱猜想也得证，反之则不成立。

常数（常量）Constant
数学表达式中固定不变的量。常用字母a、b或c表示。

收敛 Convergence
一类无穷级数的性质，不仅满足后面的项一般比前面的项更小，还满足相加后可得到一个有限值。圆周率等数学常数的值可借助收敛级数估计。

坐标 Coordinates
用于描述图象上的点、线或图形位置的一组数，也可用于表示地图上的地理位置。在数学文章中，坐标被记作(x,y)的形式（二维情形），其中x表示水平位置，y表示竖直位置。

余弦 Cosine（缩写cos）
三角学中与正弦类似的一种函数。不同之处在于，余弦的定义是直角三角形中给定角的邻边长度与斜边长度之比。

正方体 Cube
一种三维几何图形，其6个面均为全等的正方形。立方数（完全立方数，cubenumber）是一种可通过将某一更小的整数与自身相乘两次得到的整数，例如8等于$2\times2\times2$，即2^3。这种乘法运算与正方体体积的计算方法较为类似，即长×宽×高。

三次方程 Cubic Equation
一种包含至少一个与自身相乘了两次的变量（例如$y\times y\times y$，也记作y^3）且不含相乘了更多次幂的变量的方程。

肘 Cubit
古代的一种长度量单位，以人体小臂长度为基准。

圆柱 Cylinder
一种像易拉罐一样的三维图形，将两端的两个全等的圆通过一个曲面连接起来。

演绎 Deduction
基于已知或假设的数学原理求解问题的过程。另参见归纳。

角度（度）Degree
几何学中，角的一种度量方式。旋转出一个完整的圆需要旋转360°。

次数 Degree
一个多项式的次数（或阶数）对应于该多项式的最高次幂。例如，一个多项式是"3次"（或"3阶"）的，指其以x^3这样的三次项为最高次项。类似的是，在微分方程中，微分次数最多的项决定了该方程的次数或阶数。

分母 Denominator
分数中位于下方的数，例如 $\frac{3}{4}$ 中的4。

导数 Derivative
参见微分。

直径 Diameter
圆中连接圆的边缘上两点且穿过圆心的直线段，也指这条直线段的长度。

微分方程 Differential Equation
一种表示某一函数的方程，其中有函数关于某一变量的导数。

微分 Differentiation
在微积分中，计算某一给定的数学函数的变化速率的过程。计算结果是另一个函数，其被称作原函数的微分或导数。

发散 Divergence
该术语常用于表示不会越来越接近某一终值的无穷级数。另参见收敛。

除数 Divisor
某个数或数量所除以的数。

十二面体 Dodecahedron
一种由12个五边形的面围成的三维多面体。正十二面体是5种柏拉图立体之一。

椭圆 Ellipse
一种将圆沿一个方向对称延伸后得到的图形，与圆类似。

加密 Encryption
将数据或消息转换为安全的编码形式的过程。

方程 Equation
对两个数学表达式或量彼此相等的一种陈述。方程是表示数学函数的一种常用

方式。当某一方程对变量的所有取值都成立时（例如方程 $y \times y \times y = y^3$），其被称作"恒等式"。

等边三角形 Equilateral Triangle
3条边的长度均相等且3个内角的大小均相同的三角形。

存在性证明 Existence Proof
通过构造例子或进行一般的演绎推理来论证某个事物存在的数学证明。

展开 Expansion
在代数中，表达式的展开与分解相对。例如，$(x+2)(x+3)$ 可被展开为 $x^2 + 5x + 6$，只需将第1对括号中的每项与第2对括号中的每项相乘即可。

指数 Exponent（或Index）
写成上标的数字，表示一个数或量被计算了多少次幂，例如 x^2 中的2。

指数函数 Exponential Function
一种数学函数。随着数值变大，其增长速率也随之变大。其导致的结果常被称作"指数级增长"。

表达式 Expression
有意义的数学符号组合，例如 $2x+5$。

面 Face
三维图形的扁平表面。

因数（因式）Factor
可完整整除另一个数或表达式的数或表达式。例如，1、2、3、4、6和12都是12的因数。

阶乘 Factorial
某一正整数与比它小的所有正整数之积。例如，5的阶乘记作5!（5加一个感

叹号），表示 $5 \times 4 \times 3 \times 2 \times 1 = 120$。

分解 Factorization
将一个数或数学表达式表示为一些因数（或因式）的乘积，这些因数（或因式）相乘将得到原先的数或表达式。

公式 Formula
一种刻画各个量之间的关系的数学法则。

分形 Fractals
由一些不同大小的自相似曲线或图形组成的复杂图案，在不同放大倍数下看有相同的外观。许多自然现象（例如云层和岩层）有这一特征。

函数 Function
一种数学关系，表示根据某种规则，一个变量的取值唯一对应另一个变量的取值。例如，在函数 $y = x^2 + 3$ 中，y 的取值可通过 x 的平方再加3来计算。该函数还可记作 $f(x) = x^2 + 3$，其中 $f(x)$ 表示 "x 的函数"。

几何 Geometry
数学的一个分支，研究图形、线、点及它们的关系。另参见非欧几里得几何。

梯度 Gradient
直线的斜率。

图象 Graph
用直线、点、曲线或柱绘制数据得到的图形。

图 Graph
在图论中，图是由点（叫作"顶点"）和线（叫作"边"）构成的集合。在众多科学与社会领域中，其可被用于对理论或实际的网络、关系和过程建模。

图论 Graph Theory
数学的一个分支，研究点如何组成图，以及各条线在图中如何连接。

群 Group
一种带有一个运算的数学集合，若对该集合中的元素进行这种运算，得到的结果仍是该集合中的元素。例如，整数集在加法运算下构成了一个群。群可以是有限的，也可以是无限的。研究群的数学分支叫作"群论"。

调和级数 Harmonic Series
级数 $1 + \frac{1}{2} + \frac{1}{3} + \frac{1}{4} + \frac{1}{5} + \cdots$。该级数的各项可以表示拉紧的琴弦或管中的空气振动产生声音的不同方式。由此得到的一系列音调构成了音阶的基础。

双曲线 Hyperbola
一种看起来像抛物线的数学曲线，但这种曲线的两端将分别延伸至两条假想的相交直线，且永远不与这两条直线相切或相交。

斜边 Hypotenuse
直角三角形的最长边，位于三角形中直角的对侧。

二十面体 Icosahedron
一种由20个三角形的面围成的三维多面体。正二十面体是5种柏拉图立体之一。

理想 Ideal
在抽象代数中，理想是一种由某一更大的环的部分元素构成的环。

单位元 Identity Element
对于一个由数或其他数学对象组成的集合，该集合上的运算（例如乘法或加法）一般都有一个单位元，即在进行该运算后不改变其他项的一个数或表达式。例如，一般乘法的单位元是1，即 $1 \times x = x$；而实数的加法运算中单位元是0，即 $0 + x = x$。

虚数 Imaginary Number
不是实数的复数。

纯虚数 (Pure) Imaginary Number
$\sqrt{-1}$ 的非零实数倍，不是实数。$\sqrt{-1}$ 也可用符号 i 表示。

不可公度 Incommensurable
无法用另一个事物精确度量的事物。

归纳 Induction
数学里的一种得出一般性结论的方法。这种方法是说，在某一过程中，如果某陈述对某一步是正确的，那么对下一步也是正确的，进而该陈述对接下来所有情形都正确。参见演绎。

无穷（无限）Infinite
无限大且没有极限。数学中，无穷有不同的类型：例如，自然数组成的集合是可数无穷集（可以逐个计数但永远无法完成）；而实数是不可数无穷集。

无穷级数 Infinite Series
一种有无穷多项的级数。参见级数。

无穷小量微积分 Infinitesimal Calculus
微积分的另一种说法，过去较常用。历史上，微积分被视作研究如何对无穷小量（无穷小但非零的量）求和的学科。

输入 Input
提供给某一函数后能得到输出结果的变量。

整数 Integer（Integral, Whole Number）
正整数、负整数和零，例如 -1、0、19、55等。分数不是整数。

积分 Integral
指积分学中的一种常见的数学表达式，亦指积分（Integration）的计算结果。

积分 Integration
积分学中的一种计算过程。

逆 Inverse
与某一数学表达式（或数学运算）相反的数学表达式（或数学运算），二者可以互相抵消。例如，除法是乘法的逆运算。

无理数 Irrational Number
无法表示为一个整数除以另一个整数，且不是虚数的数。

等腰三角形 Isosceles Triangle
有两条边长度相等且有两个角大小相同的三角形。

迭代 Iteration
重复进行同一运算，以得到预期结果。

极限 Limit
重复进行某种运算无穷多次后最终趋向的结果。

一次方程（线性方程）Linear quation
不存在与自身相乘的变量（例如不存在 x^2 和 $1x^3$）的方程。若将一次方程绘制成图象，将得到一条直线。

线性变换 Linear Transformation
一个向量空间到自身的映射。

对数 Logarithm

某数（叫作"底数"，通常为10或欧拉数e）的多少次幂等于该数，就称该数的对数是多少。例如，$10^{0.301} = 2$，因此（以10为底数）2的对数即为0.301。以e（2.71828…）为底数的对数叫自然对数，记作ln或$\log_e$。使用对数的优势在于，我们可通过计算对数的加法来简化乘法运算。

逻辑 Logic

一门研究推理的学科，即一门研究"如何根据给定的初始信息（前提），并基于一些有效的规则，正确地进行演绎推理并得出结论"的学科。

流形 Manifold

一种抽象的数学空间，其任何一个特定的小区域都与普通的三维空间类似。这是拓扑学的一个概念。

映射 Mapping

在一个数学集合中的元素与另一个数学集合中的元素之间建立的对应关系。映射经常（但未必）指代双射（一一映射），即一个集合中的每个元素都与另一个集合的某一元素相对应，反之亦然。

矩阵 Matrix（复数Matrices）

由数（或其他可在计算过程中被视作单个对象的数学量）组成的正方形或矩形数组。矩阵有特殊的加法与乘法运算规则。矩阵有很多用途，例如求解方程组、刻画向量、计算几何图形的位置与形状变换，以及表示实际数据等。

平均数 Mean

通过将一组数据的数值相加再除以数据个数得到的均值。例如，1、4、6和13这4个数的平均数等于$\frac{1+4+6+13}{4} = 6$。

中位数 Median

将一组数据的数值按从小到大的顺序排列后得到的中间值。

经线 Meridian

地球表面上连接北极点与南极点且穿过某一特定位置的假想的线。又名"子午线"。

众数 Mode

一组数据中出现次数最多的数值。

模算术 Modular Arithmetic

又名"时钟算术"，是一种当计数达到某一特定值后就重新记0，并不断重复这一过程的算术。

自然对数 Natural Logarithm

参见对数。

自然数 Natural Number

正整数与零。另参见整数。

非欧几里得几何 Non-Euclidean Geometries

如远古时代欧几里得所述，传统几何学的一个重要公设是平行线永不相交（也常被表述为平行线相交于无穷远处）。此条公设或其他欧几里得公设不再成立的几何学被称为"非欧几里得几何"。

数轴 Number Line

一条水平线，上面写有数字，用于计数或计算。小的数值写在左侧，大的数值写在右侧。所有实数均可在数轴上表示。

计数系统 Number System

记录并表示数的系统。如今我们使用的阿拉伯数字系统是以10为基数、包含0到9这些数字的计数系统。若数达到10，就再次写成1，并在其后写0。这套系统既是位值制计数系统，也是以10为基数（或十进制）的系统。

数论 Number Theory

数学的一个分支，研究数（尤其是整数）的性质、特征和关系，其中还包括对素数的研究。

分子 Numerator

分数中位于上方的数，例如$\frac{3}{4}$中的3。

钝角 Obtuse Angle

90° 到180° 之间的角。

八面体 Octahedron

一种由8个三角形的面围成的三维多面体。正八面体是5种柏拉图立体之一。

运算 Operation

标准的数学过程，例如加法或乘法。表示这些运算的符号叫作"运算符"。

阶数 Order

参见次数。

序数 Ordinal Numbers

表示位次的数，例如第一、第二或第三。另参见基数。

原点 Origin

坐标系中x轴与y轴的交点。

振动 Oscillation

在一个位置（或值）与另一个位置（或值）之间的规律往复运动。

输出 Output

为函数提供输入后得到的结果。

抛物线 Parabola
一条类似于椭圆的一侧的曲线。与椭圆的区别在于，抛物线的两侧会向外发散。

抛物型的 Parabolic
与抛物线相关的，或基于与抛物线相关的函数的。例如二次函数，其图象是一条抛物线。

平行 Parallel
一条线与另一条线平行指两条线方向完全相同。

平行四边形 Parallelogram
对边长度相同，且对边相互平行的四边形。正方形、矩形和菱形是不同种类的平行四边形。

偏微分方程 Partial Differential Equation
一种含多个变量的微分方程，方程中每次只对单个变量进行微分运算。

周期函数 Periodic Function
一种函数值周期性重复的函数。如正弦函数图象所示，正弦函数就具有周期性的波的形式。

垂直 Perpendicular
与另一个物体交成直角。

圆周率（π）Pi
圆的周长与直径之比，近似等于 $\frac{22}{7}$ 或 3.14159。圆周率是一个在诸多数学分支中都会出现的超越数。

位值制计数系统 Place Value System
一种标准的计数系统，数字的真实值取决于其在整个数中所处位置。例如，120中的2对应的位值是20，而210

中的2对应的位值是200。

占位符 Placeholder
在位值制计数系统中，能将诸如1和100这些数区分开来的一个数字。通常是零。但在"大约100千米远"这种短语中，它未必表示一种精确的度量。

平面 Plane
扁平的表面。

平面几何 Plane Geometry
研究平面上二维图形的几何学。

柏拉图立体 Platonic Solid
5种形状完全规则且对称的多面体之一。这种立体图形的各个面都是全等的多边形，各面之间的夹角也都相同。5种柏拉图立体分别为正四面体、正六面体（正方体）、正八面体、正十二面体和正二十面体。

多边形 Polygon
有3条或更多条直边的平面图形，例如三角形和五边形。

多面体 Polyhedron
各个面均为多边形的三维图形。

多项式 Polynomial
一种由两项或更多项加在一起构成的数学表达式。多项式常包含变量的不同次幂，还包括常数，例如 $x^3 + 2x + 4$。

位置数 Positional Number
一种真实取值依赖于其在整个数中所处位置的单个数字。参见位值制计数系统。

公设 Postulate
数学中的一种陈述，其真实性被视作理

所当然的或显而易见的，但并非通过证明得到。

幂 Power
一个数与自己反复相乘得到的结果。例如，4个 y 连续相乘（$y \times y \times y \times y$）叫作"$y$ 的4次幂"，记作 y^4。

幂级数 Power Series
一种级数，后一项比前一项有更高次幂，例如 $x + x^2 + x^3 + x^4 + \cdots$。

素数（质数）Prime Number
一种只能被1和其本身整除的自然数。

概率 Probability
数学的一个分支，研究未来不同情况发生的可能性。

积 Product
一个数（或量）与另一个数（或量）相乘得到的结果。

证明 Proof
确凿地论证"一个数学陈述或结果是正确的"的方法。证明分为不同种类，例如归纳证明和存在性证明。

比例 Proportion
一个事物关于另一个事物的相对大小。例如，若两个量成反比，则其中一个量越大，另一个就会越小。

纯数学 Pure Mathematics
纯粹为数学自身而进行的数学研究，不关注其任何实际应用。另参见应用数学。

二次方程 Quadratic Equation
一种包含至少一个与自身相乘了一次的变量（例如 $y \times y$，也记作 y^2）且不含相乘了更多次幂的变量的方程。

四边形 Quadrilateral
有4条直边的二维平面图形。

四次的 Quartic
次数为4的方程或表达式，其所含最高次幂为4次幂，例如x^4。

四元数 Quaternion
一种数学对象，是对复数的思想的拓展。与复数不同的是，其不是两个部分相加，而是4个部分相加构成的。

五次的 Quintic
次数为5的方程或表达式，其所含最高次幂为5次幂，例如x^5。

商 Quotient
一个数除以另一个数得到的结果。

弧度 Radian
角的一种度量方式，可以替代角度。弧度建立在圆的半径与周长之上。"旋转$2\times$圆周率（2π）弧度"与"旋转360度"的含义相同（旋转一整个圆）。

半径 Radius
从圆心或球心出发，到圆周或球面的直线段。也指这条直线段的长度。

有理数 Rational Number
可表示为"一个整数除以另一个整数"这种分数形式的数。另参见无理数。

实数 Real Number
有理数或无理数。实数包括分数，也包括负数，但不包括虚数。

倒数 Reciprocal
一个数（或表达式），它是另一个数（或

表达式）的一种逆，满足二者之积为1。例如，3的倒数是$\frac{1}{3}$。

循环 Recurring
某数将不断重复且没有尽头。例如，$\frac{1}{3}$的小数形式是$0.333333\cdots$，读作"零点三，三循环"。

菱形 Rhombus
一种四条边长度均相等的四边形。通俗地说，菱形即为钻石形。正方形是一种特殊的菱形，其各个内角均为90°。

直角 Right Angle
90° 的角（旋转四分之一圆）。例如，水平线与竖直线的夹角即为直角。

环 Ring
与群类似的一种数学结构。不同之处在于，群只有一个运算，但环有两个运算。例如，所有整数组成的集合与加法运算和乘法运算共同构成一个环，因为对该集合内元素进行这两种运算得到的结果仍在该集合内。

根 Root
（1）对于一个数，若另一个数与自身相乘后能得到该数，则称另一个数是该数的根。例如，4和8都是64的根，其中8是平方根（$8\times8=64$），4是立方根（$4\times4\times4=64$）。
（2）方程的根即为方程的解。

标量 Scalar
只有大小、没有方向的量。与向量相对。

不规则三角形 Scalene Triangle
各条边长度不相等且各个角大小不同的三角形。

线段 Segment
直线的一部分，有确定的两个端点。

弓形 Segment
在圆中，由一条弦与其外侧（圆周）对应的弧围成的图形。

序列（数列）Sequence
将一串数或有数学含义的项逐个排列。它们通常遵循某种特征。

级数 Series
一串有数学含义的项的加和。级数通常遵循某种数学规则。即便该级数有无穷多项，其求和结果也可能是有限值。另参见序列。

集合 Set
整理到一起的一组数或一组基于数的数学结构。集合可以是有限的，也可以是无限的（例如整数集）。

集合论 Set Theory
数学的一个分支，研究与集合相关的理论。如今，集合论是许多其他数学分支的基础。

六十进制 Sexagesimal
古巴比伦人使用的一种基于60的计数系统。如今，人们在时间、角度与地理坐标等领域中仍在应用六十进制的改良形式。

方程组 Simultaneous Equations
由几个方程组成的集合。它们有相同的未知量，例如x、y和z。通常来说，只有同时计算这些方程才能求解这些未知量。

正弦 Sine（缩写sin）
三角学中的一种重要函数，其定义是直

角三角形中给定角的对边长度与斜边长度之比。这一比值从0开始，随角的大小而变化，且其取值将在角达到360°后开始重复。正弦函数的图象和很多种波的波形相同，例如光波。

斜率 Slope
一条直线相对于水平线的倾斜程度，或一条曲线的切线相对于水平线的倾斜程度。

平方数（完全平方数）Square Number
一种可通过将某一更小的整数与自身相乘一次得到的整数。例如，25是平方数，其等于5×5（也写作5^2）。

统计量 Statistics
出于某种目的，按某种规则收集的可度量的数据。

统计学 Statistics
数学的一个分支，对分析数据与研究数据的方法加以发展和应用。

不尽根 Surd
含根号的表达式，且是一个无理数，例如$\sqrt{2}$。由于其无法被简化或被精确地写为十进制小数，因此记作根号的形式。

表面积 Surface Area
平面或曲面区域的面积，或三维物体外侧的面积。

切线 Tangent
一条在曲线外侧掠过的线，其与曲线只相交于一点。

正切 Tangent（缩写tan）
三角学中的一种函数，其定义是直角三角形中给定角的对边长度与邻边长度之比。

项 Term
代数表达式中通常出加号（+）或减号（−）分隔开来的单个（或多个）数或变量；也指序列中由逗号或顿号分隔开的单个或多个数或变量。例如，表达式$x+4y+2$中有3项：x、$4y$和2。

密铺 Tessellation
通过重复一种或多种规则几何形状得到的二维平面上的图案。这些几何形状需要覆盖整个表面，且中间没有空隙。也叫"铺砖"。

超正方体 Tesseract
四维空间中的一种图形，每个顶点处都有4条边。正方体的每个顶点处有3条边，正方形的每个顶点处有两条边。

四面体 Tetrahedron
一种由4个三角形的面围成的三维多面体。正四面体是5种柏拉图立体之一。

定理 Theorem
某一数学领域中已被证明的重要结论，尤指那些并非显然的结论。尚未被证实的陈述叫作"猜想"。

拓扑学 Topology
数学的一个分支，研究曲面与物体的各部分的连接方式，而不关注其具体的几何形状。例如，一个甜甜圈和一个茶杯在拓扑上是相似的，因为这两种图形中间都有一个洞（茶杯的洞位于手柄处）。

超越数 Transcendental Number
不是代数数的无理数。圆周率π和欧拉数e都是超越数。

超限数 Transfinite Number
无穷数的另一种说法。主要在对不同大小的无穷大或由不同对象组成的无穷集

合进行比较时使用。

变换（变形）Transformation
根据特定规则将给定的形状或数学表达式转换成另一个与之相关的形状或表达式。

平移 Translation
可将某对象沿某一方向移动一定距离的函数，其不改变对象的形状、大小和方向。

三角学 Trigonometry
最初是对直角三角形中各边长度的比例随其他内角变化情况的研究，随后拓展至对所有三角形的研究。

变量 Variable
一种可以取不同数值的数学量，通常用x或y等字母表示。

向量（矢量）Vector
既有大小，又有方向的数学量或物理量。在示意图中，向量常用粗箭头表示。

向量空间 Vector Space
一种复杂的抽象数学结构，其中不同向量之间、向量与标量之间可进行乘法运算。

维恩图 Venn Diagram
一种用交叠的圆圈来展示数据的示意图。交叠的部分表示集合之间有公共部分。

顶点 Vertex（复数形式Vertices）
两条或多条直线、曲线或边相交形成的拐角。

体积（容积）Volume
三维物体内部空间的大小。

原著索引

Page numbers in **bold** refer to main entries; those in *italics* refer to illustrations and captions.

C

D

E

引文出处

下列重要语录出自一些并非该主题关键人物的人。

致 谢

Dorling Kindersley would like to thank Gadi Farfour, Meenal Goel, Debjyoti Mukherjee, Sonali Rawat, and Garima Agarwal for design assistance; Rose Blackett-Ord, Daniel Byrne, Kathryn Hennessy, Mark Silas, and Shreya Iyengar for editorial assistance; and Gillian Reid, Amy Knight, Jacqueline Street-Elkayam, and Anita Yadav for production assistance.

PICTURE CREDITS